U0245954

社会主义新农村
文化建设研究

中国农业出版社
北京

郑风田 等 ■ 著

图书在版编目（CIP）数据

社会主义新农村文化建设研究 / 郑风田等著 . —北
京：中国农业出版社，2016.10
ISBN 978 - 7 - 109 - 22105 - 5

Ⅰ. ①社… Ⅱ. ①郑… Ⅲ. ①农村文化–文化事业–
建设–研究–中国 Ⅳ. ①G127

中国版本图书馆 CIP 数据核字（2016）第 218285 号

中国农业出版社出版
（北京市朝阳区麦子店街 18 号楼）
（邮政编码 100125）
责任编辑 刘 玮

北京科印技术咨询服务有限公司数码印刷分部印刷 新华书店北京发行所发行
2016 年 10 月第 1 版 2016 年 10 月北京第 1 次印刷

开本：700mm×1000mm 1/16 印张：15.75
字数：255 千字
定价：48.00 元
（凡本版图书出现印刷、装订错误，请向出版社发行部调换）

《神农书系》编委会 ▶

《神农书系》总序 / Shennong Series

科学研究与问题意识

温铁军

中国人民大学农业与农村发展学院随自身科研竞争力的提高，从建院第 5 年之 2009 年起资助本院教师科研成果出版，是为神农书系。本文针对学术界之时弊而作，引为总序。

一、问题：关于科学的问题意识

1. 科学不必"实技求术"

20 世纪 80 年代中国进入新的一轮对外开放的时候，我被公派到美国学习抽样调查和统计分析[1]。第一次上课，教师就先质疑社会科学的科学性！问：什么是科学成果？按照自然科学领域公认的实验程序简而言之——只有在给定条件下沿着某个技术路线得出的结果可被后人重复得出，才是科学成果。

亦即，任何后来者在对前人研究的背景条件有比较充分了解的情况

---

[1] 我是 1987 年在国务院农村发展研究中心工作期间被上级公派去美国密执安大学进修社会科学研究方法（1980—2000 年的 20 年里先后 3 次去了以方法论见长的社会调查研究所 ISR 和 ICPSR 进修学习）；后续培训则是在世界银行总部直接操作在发展中国家推进制度转轨的援助项目；随后，即被安排在中国政府承接世界银行首次对华政策性贷款的工作班子里，从事"监测评估"和应对世界银行组织的国外专家每年两次的项目考察评估；这就使我在 1980—1990 年的农口部门有了直接对话世界银行从发达国家聘请的经济专家和从事较高层次的涉外研究项目的机会，因此，当年被人戏称为农村政策领域中的"洋务派"。此外，我在 20 世纪 80 年代中期即介入了第一个专业的"中国社会调查所"的早期研究，1988 年参与了"中国民意调查中心"的民间创办，1990—1992 年实际主持了"中国人民大学社会调查中心"的创办和科研工作；还在国务院农村发展研究中心直接操作过以全国城乡为总体的抽样调查，后来在农业部负责过多个全国农村改革试验区以县级为总体的抽样框设计和调查数据分析。20 世纪 90 年代以来则参与了很多国家级科研项目的立项评估或结项评审。因此，本文实属有感而发，目的在于立此存照。

下，假如还能沿着其既定的技术路线重复得出与前人同样的结果，那么，这个前人的研究，应该是被承认为科学的研究……如此看来，迄今为止的大多数社会科学成果，都因后人难以沿着同样的技术路线重复得出与前人同样的结果，而难以被承认为科学！？由此，无论东西方的研究只能转化为对某种或者某些特定经验归纳出的解释性的话语。

由于这些话语的适用性在特定时空条件下的有限，因此，越是无法还原那个时空条件的研究，就越是体现了人们追求书斋学术的"片面的深刻"的偏执。

也许，除了那些"被意识形态化"了的话语因内在地具有政治正确而不应该列入科学性讨论之外，人类文明史上还不可能找到具有普遍意义或者普世价值的社会科学成果……

20世纪90年代以来的社会科学研究强调的科学化虽然在提法上正确，但在比较浮躁的意识形态化的氛围之中，却可能成为普遍化的学术造假的内在动因。因为，很多以"定量分析"为名的课题研究尽管耗资购买模型而且有精确的计算，却由于既缺乏"背景分析"，也没有必须的"技术报告"，而既难以评估，也难以建立统一标准的数据库。更有甚者，有些科研课题甚至连做研究最起码的"基本假设"都提不出来，有些自诩为重大创新的、经院式的理论成果，却需要进一步讨论其理论逻辑与历史起点是否吻合等基本常识……

这些实际上与科学化背道而驰的缺憾，往往使得后人不能了解这种大量开展的课题研究的真实依据。如果科研人员不知道量化分析的基本功，不了解数据采集、编码和再整理、概念重新界定等各个具体操作环节的实际"误差"，就很难保证对该课题研究真正意义上的科学评价。对此，国内外研究方法论的学者多有自省和批评。

再者，由于很多课题结题时没有明确要求提供受国家基金资助所采集的基础数据和模型，不仅客观上出现把国家资金形成的公共财产变成"私人物品"的问题，而且后来者也无法检验该课题是否真实可靠。

何况，定性分析和定量分析作为两种分析方法，本来不是对立的，更没有必要人为地划线界定，非要偏向某个方面才能证明研究课题的科学性。

可见，科学研究还是得实事求是地强调具体问题具体分析，而不必刻意地"实技求术"，甚至以术代学。方法无优劣，庸人自扰之。如果当代学者的研究仍然不能具备起码的科学常识——理论逻辑的起点与历史经验的起点相一致，则难免在皓首穷经地执着于所谓普遍真理的进程中跌入谬误的陷阱！

2. 农经研究尤须分类

如果说，早期对不同方法的学习和实践仅形成了对"术"的分析；那么，后来得到更多条件从事大量的与"三农"发展有关的国际比较研究之后所形成的认识，就逐渐上升到了"学"的层次。诚然，面对中国小农经济的农业效率低下、农民收入徘徊的困局，任何人都会学看发达国家的农业现代化经验，但却几乎很少人能看到这枚硬币的另一面——教训。

我们不妨从农经研究的基本常识说起——

如果不讨论未涉及工业化的国家和地区，那么，由于农业自身具有自然过程与经济过程高度结合的特征，使其在世界近代通过殖民化推进资本主义工业化的文明史中没有被根除，因此，工业化条件下的世界农业发展分为三个异质性很强的不同类型：

一是前殖民地国家（美国、加拿大、澳大利亚为代表）的大农场农业——因殖民化造成资源丰富的客观条件而得以实现规模化和资本化，对应的则是公司化和产业化的农业政策。

二是前宗主国（欧盟为代表）的中小农场农业——因欧洲人口增长绝对值大于移出人口绝对值而资源有限，只能实现资本化与生态化相结合，并且60％农场由兼业化中产阶级市民经营，因此，导致一方面其农业普遍没有自由市场体制下的竞争力，另一方面与农业高度相关的绿色运动从欧洲兴起。

三是以未被彻底殖民化的居民为主的东亚传统小农经济国家（日本、韩国为代表）的农户经济——因人地关系高度紧张而唯有在国家战略目标之下的政府介入甚至干预：通过对农村人口全覆盖的普惠制的综合性合作社体系来实现社会资源资本化，才能维持三农的稳定。

由此看来，中国属于何者，应该借鉴何种模式，本来也是常识问题。

如果做得到"去意识形态化"讨论，那就会愿意借鉴本文作者更具有挑战性的两个观点：

其一，依据这三种类型之中任何一种的经验所形成的理论，都不可能具有全球普适性。

其二，这三种类型之中，也都没有形成足以支撑"农业现代化"成之为国家发展战略的成功典范①。

中国之于1956年提出"农业现代化"的目标，一方面是那时候在发展模式上全面学习苏联，并为此构建了意识形态化的话语体系和政策体系；另一方面，客观上也是迫于城市工业部门已经制造出来的大量工业产品急需借助国家权力下乡的压力——如果不能完成工农两大部类产品交换，中国人改革之前30年的国家工业化是难以通过从三农获取原始积累来完成的。

时至今日，虽然半个世纪以来都难以找到几个投入产出合理的农业现代化典型，人们却还是在不断的教训之中继续着50多年来对这个照搬于先苏后美的教条化目标的执着，继续着对继承了殖民地资源扩张遗产的发达国家农业现代化经验明显有悖常识的片面性认识。

显然，这绝对不仅仅是农经理论裹足不前的悲哀。

二、学科基础建设只能实事求是②

以上问题，可能是国家资助大量研究而成果却难以转化为宏观政策

---

① 参见温铁军，《三农问题与世纪反思》，生活·读书·新知三联书店，2005年第一版。
② 2004年暑假，当我以53岁高龄被"引进"中国人民大学、担任农业与农村发展学院院长之职的时候，曾经有两种选择：其一是随波逐流、颐养天年；其二是最后一搏、力振科研。本能告诉我，只能选择前者；良知却迫使我选择了后者。执鞭至今五年有余。在校领导大力支持和全体教职员工共同努力下，本院借国家关注"三农"之机，一跃成为全校最有竞争力的院系之一：教师人均国家级纵向课题1.5个，人均课题经费30万；博士点从1.5增加到4.5个，还新组建了乡村建设中心、合作社研究院、可持续高等研究院、农村金融研究所等4个校属二级科研教学机构。其间，我虽然了解情况仍然不够全面，但对于现行教育体制问题的认识还算比较新鲜；再者，在这几十年来的"三农"研究中，有很多机会在国外著名高校学习交流，或在几十个国家的农村进行考察，也算有条件做些比较分析。于是，便就科研进一步服务于我国"三农"问题的需求提出这些不成熟的意见；仅供参考。

依据、更难以真正实现中国话语权及学术研究走向国际性的内在原因。甚至，令学术界致毁的、脱离实际的形式主义愈演愈烈，真正严肃的学术空气缺乏，也使得这种科研一定程度上演化成为各个学科"小圈子"内部分配——各种各样的人情世故几乎难以避免地导致当今风行的学术造假和教育腐败。

我们需要从以下两个方面入手，实事求是地抓好基础建设。

首先是清晰我们的问题意识，从本土问题出发深入调查研究；敢于挑战没有经过本土实践检验的理论观点。当然，一方面要放弃我们自己的意识形态化的讨论；另一方面，尤须警惕海内外任何具有意识形态化内涵的话语权争论被学术包装成科研成果；尤其是那些被广泛推介为具有普适性的理论。在农经界，主要是力戒邯郸学步和以术代学等多年来形成的恶劣学风的影响。

其次是改进定量研究。如果我们确实打算"认真"地承认任何一种新兴交叉科学在基础理论上的不足本身就是常态，那么对于新兴学科而言，最好的基本研究方法，其实恰恰是"后实证主义"所强调的试验研究和新近兴起的文化人类学的参与式的直接观察，辅之以采集数据做定量分析。同时，加强深入基层的科学试验和对个案的跟踪观察。近年来，国外比较先进的研究方法讨论，已经不拘泥于老的争论，开始从一般的"个案研究"演变为资料相对完整、定性和定量结合的"故事研究"。我们应该在现阶段仍然坚持定性与定量分析并重的原则，至少应该把参与式的试验研究和对不同个案的实地观察形成记录，都作为与定量分析同等重要的科学方法予以强调。否则，那些具有吃苦耐劳精神、深入基层从事调查研究的学者会越来越少。

再次是改进科研评价体系。我们在科研工作中应该修改开题和结题要求，把支持科研的经费综合统筹，从撒胡椒面的投入方式，转变为建立能够容纳所有国家资助课题的数据库和模型的共享数据系统，从而，对研究人员的非商业需求免费开放（个别需要保密的应该在开题前申明），以真正促进社会科学和管理科学的繁荣；同时，要求所有课题报告必须提交能够说明研究过程的所有环节出现的失误或偏差的"技术报告"（隐瞒不报者应该处罚）；要求任何重大观点或所谓理论"创新"，都必须提供比较全面的相关背景分析。

　　既然中国人的实事求是传统被确立为中国人民大学的校训，那就从我做起吧。

　　　　　　　　　　　　（2009 年国庆中秋双节于北京后沙峪）

目　　录

第1章 引论[①]

1.1 研究背景

党的十六届五中全会提出，要按照生产发展、生活宽裕、乡风文明、村容整洁、管理民主的要求，稳步扎实推进社会主义新农村建设。乡风文明，是社会主义新农村建设的思想保证和精神动力，大力加强新农村文化建设是新农村建设的关键因素。国内许多学者（辛秋水，2006；温铁军，2005；贺雪峰，2005；刘湘波，2006；余方镇，2006）均认为农村新文化的建设是新农村建设的重要保证。因此，对我国新农村建设中的农村文化艺术发展进行研究具有重大的理论与现实意义。

在新农村建设中，我国农村的文化艺术发展存在不少的问题，概括起来主要包括：

1.1.1 "信仰流失"现象警示农村文化事业亟待发展

《瞭望》新闻周刊记者走访陕北、宁夏、甘肃等地发现，在西部部分农村地区，各种地下宗教、邪教力量和民间迷信活动正在快速扩张和"复兴"，一些地方农村兴起寺庙"修建热"和农民"信教热"，正在出现一种"信仰流失"，并有越演越烈之势（路宪民，陈蒲芳，2006）。比如，针对江苏、河北、西南山区、山东青岛、河南、湖北、辽宁、东南沿海农村等地的调查表明，宗教在当地农村发展较快。

多位受访的专家和基层干部都认为，农村"信仰流失"的出现，是一些农村基层组织薄弱、文化精神生活缺乏的表现，并有可能成为产生社会新矛盾的土壤。因此，重视农村居民的精神文化生活，增强基层组织的社会组织能力，探索新时期群众工作新思路，应成为我国新农村建设的重要组成部分。与一些农村寺庙"修建热"和"信教热"形成强烈反差的是，陕甘宁革命老区的农村普遍存在文化阵地缺设施、缺设备、缺人才、缺活动等问题。农村地下宗教活动泛滥，是当前一个带有倾向性的社会

---

① 执笔人：郑风田、刘璐琳、阮荣平。

现象。农村思想文化建设亟待加强，要用文化去抓住老百姓，创造文化氛围，形成主流文化场，提供丰富的文化产品。

1.1.2 城乡二元结构背景下城乡文化差距逐步拉大

在我国目前二元结构背景下，近年来城市和农村文化的差异性逐步加大。城乡差距、地区差距拉大也表现在文化上，新农村建设必须改变农村文化建设薄弱的状况。在我国改革开放的进程中，农村文化建设取得了历史性的进展，但同时存在着突出的问题。农村文化处于边缘化境地，投入严重不足，不少地方的农民文化生活贫乏、枯燥，人们"早上听鸡叫，白天听鸟叫，晚上听狗叫"。低俗和消极文化乘虚而入，侵蚀农村优秀的传统文化，甚至在不少地方"黄、赌、毒"卷土重来，封建迷信活动猖獗。郝锦花等（2006）认为中国传统社会文化城乡一体，近代兴学以来，教育资源、农村精英从农村地区的流出使久已存在的城乡差距进一步拉大，农村社会出现了全面危机。当前的农村文化建设不仅内部发展落后，还落后于城市文化，落后于时代的要求，不仅影响了城乡文化的建设，同时也不利于社会的稳定（翁志超，2004；祝影，2003）。

1.1.3 部分地区农村文化陷入结构性贫困

黄蔚（2004）认为，中国农村经济、政治、文化发展滞后，是制约农民增收、农村全面建设小康社会的根本原因。贺雪峰（2006）认为，物质文化盛行与农民物质需求不能得到满足的两难现状长期存在，导致农民精神贫困加深。刘湘波（2006）认为，农村的贫困，更为根本的贫困是精神贫困。而造成这种现象的根本原因在于农村的非组织化和农村自身缺少外来信息的有效流入。也有的学者认为，农村的贫困不仅是物质资源的贫困，更是社会资源的贫困，即智力贫困、信息贫困、观念贫困、文化贫困。贫困文化是贫困阶层所具有的一种独特的生活方式，是长期生活在贫困之中的人群的经济状况的反映（辛秋水，2006；伍应德，2006；马怡，2006；缪自锋，2006；郭鹏，2006）。而这种结构性的贫困在生活中表现为攀比性消费的增加（贺雪峰，2006）；在社会网络方面表现为社区记忆力从强到弱，社区记忆的丧失从被动到主动，社区记忆变迁的动力从政治权力转向市场力量，以及社区记忆的功能从认同转向功利（徐晓军，2002）；在乡村治理方面表现为村庄"权威意识"的淡漠。"去精英化"的状况进一步削弱村民对于村庄的心理认同感，低度心理认同感使得乡村的权威结构向"无权威"方向发展，严重影响村庄的秩序维持和发展（姚俊，2004）。

1.1.4 农村文化有陷入边缘化的危险

一方面，受人口流动以及无所不在的信息传媒的影响，城市文明中的一些糟粕，已经侵蚀并导致一部分农村传统文化消失。根深蒂固的农村传统文化又成为抵抗城市文明进入的屏障，传统文化的糟粕部分与现代文明的优良部分不相容，农村文化既逐步丧失了中国传统优良文化的特色性，又未能建立起两种文化的整合性，而表现出畸形的状态。这种畸形的文化状态对于农民的素质教育——世界观、价值观、人生观，以及构建新农村乡风文明都具有不利的影响（辛秋水，2006）。另一方面，当前农村社会秩序处于结构重组中，农村出现社会危机和村庄失序状况（贺雪峰、仝志辉，2002），村庄越来越不适合农民居住（贺雪峰，杜晓，2004）。潘家恩（2006）认为，文化现象看似丰富的背后是步步为营般文化资源的枯竭和功能的丧失。需要倡导一种新的文化，一种真正与大众生活高度相关的、鲜活的、为大众服务的文化。

1.2 分析框架

城乡二元结构背景下城乡文化差距逐步拉大，"信仰流失"现象警示农村文化事业亟待发展。为了解决这些问题，一方面需要开发真正符合农民需求、反映农民视角的农村文化艺术，避免农村文化城市化的倾向，另一方面应采取制度创新与组织创新措施来满足农村的文化艺术需要。有鉴于此，本研究以"农民文化艺术需求本位"为整体研究的一条主线，把制度创新与组织创新作为研究支撑，通过大量的实证调查、案例研究及定量分析等研究方法，提出解决我国新农村建设中的文化艺术建设对策建议。本项目的研究思路与分析框架（图1.1）如下。

1.3 研究方法

1.3.1 典型案例调查研究

不同地区在农村文化艺术发展方面有不少独特的经验，本课题通过网络搜集了全国各地有关农村文化艺术发展的资料，同时结合课题组于2008年11月16—18日和2008年12月15—25日在河南省嵩县所进行的两次田野调查的数据，对我国各地农村文化艺术的经验进行了总结和概括。

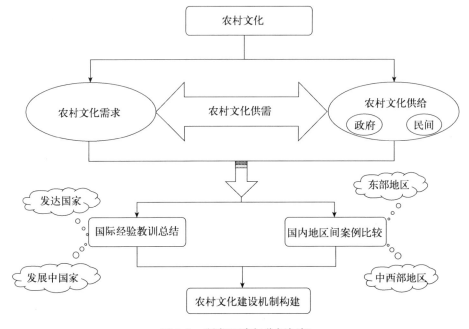

图 1.1　研究思路与分析框架

1.3.2　定量与定性相结合

在定性研究的基础上，本研究也注重定量研究和定性研究方法的结合和互补。本课题采用了结构性的定量分析技术和统计检验方法，并且注重定量研究方法的规范性和可靠性；同时应用定性分析方法对定量分析的内容进行验证，以识别传统的数据分析方法可能忽略的内容。

此外，本研究利用课题田野调查数据，运用多元回归等分析技术，对农村文化需求、农村文化供给等问题进行了多角度的分析。

1.3.3　文献查阅

为了全面总结国外有关农村艺术发展的经验、教训，课题组利用中国期刊网、sciencedirect、justor 等数据库进行了大量的文献查阅和收集，在此基础之上深入分析国外发展农村艺术的经验、教训，以及经验教训背后的原因，对比国内实际情况，指出其对我国农村文化艺术发展的借鉴意义。

第 2 章　我国农村文化需求总体状况研究①

2.1　引言

改革开放以来，农村文化问题逐步得到我国政府和学界的高度重视。2005 年，中国政府颁布了《关于进一步加强农村文化建设的意见》，将新时期农村文化建设提升到国家发展战略的高度。从 1995 年到 2007 年，据不完全统计，我国学界发表了关于农村文化建设的研究文章不下 300 篇（财政部教科文司、华中师范大学全国农村文化联合调研课题组，2007）。

虽然相对于对整个农村文化建设的关注程度而言，对农村文化需求的讨论要少得多，但是在国家提出"以人为本"的发展理念时，立足于农民的文化需求来进行农村文化建设的工作思路在各级政府中也在逐步地形成。如文化部教育科技司、全国艺术科学规划领导小组办公室、中国文化报社就曾于 2006 年在全国范围内开展了一次"关注农民文化需求"的调查，在此背景下各地宣传、文化部门也在本地区开展了大量有关农民文化需求的调查，如浙江百村农民文化生活调查（2006）。另外也有学者对农村文化需求开展了专题调查。

这些调查对于认识当前农村文化需求做出了重要贡献，但是它们往往缺乏统一的研究框架，同时研究框架也往往没有相应的理论支撑，所以给人的感觉是面面俱到却难识庐山真面，文章乍看条理明晰却难得其脉。

为克服这些弊端，本研究拟从需求理论出发，借鉴文化经济学的研究成果，按照显示性偏好的有关原理，从总体上考察目前我国农村文化需求的特点。

显示性偏好原理表述为，设（x_1，x_2）是价格在（p_1，p_2）时被选择的商品束，（y_1，y_2）是使得 $p_1x_1 + p_2x_2 \geqslant p_1y_1 + p_2y_2$ 的另一个商品束。在这种情况下，假如消费者总是在他能够购买的商品束中选择他最偏好的商品束，则我们一定有（x_1，x_2）＞（y_1，y_2）。显示性偏好原理告诉我们，如果商品束 X 先于商品束 Y 被选择，那么对 X 的偏好就一定超过对 Y 的偏好。根据这一原理，通过观察消费者所作的选择，就可以

---

① 执笔人：阮荣平、郑风田。

获知他的偏好①。消费支出比重可以说是消费者选择的一个结果，因此通过观察消费者的消费支出比重，就可以在很大程度上评估出消费者的偏好。

沿着这一思路，本研究主要就是根据农村文教娱乐用品及服务支出比重，从总体上宏观地考察我国农村文化需求状况。

2.2 我国农村文化娱乐支出的总体状况

2.2.1 文化娱乐支出总量不是很大，且消费性文化娱乐支出不足

从总量来看，农村文化娱乐支出并不是很大。2005 年我国农村居民家庭平均每人全年文教娱乐用品及服务支出比重仅为 11.56%，而同期城镇居民家庭平均每人全年的支出比重却为 13.82%，高于农村近 3 个百分点。

《中国统计年鉴》中"文教娱乐用品及服务"包括的内容大体可以分为两类，一类是投资性文化娱乐支出，主要是人力资本投资，如教育，一类是消费性文化娱乐支出。通过对这一指标的进一步细分可以发现，目前农村文化娱乐支出不但总量不大，而且其有限的消费能力多集中在投资性文化娱乐支出方面，消费性文化娱乐支出在目前的消费能力下显得更为不足。通过山东某村的农调队 2006 年记账式调查数据可知，农村居民在学杂费上的支出占农村文化服务支出的 65.1%。另外，臧旭恒、孙文祥(2003) 通过利用 ELES 模型对我国城镇和农村居民消费结构进行研究，其报告中也指出，农村居民文教娱乐用品及服务中绝大多数都为教育方面的硬性支出，娱乐方面的支出很少。财政部教科文司、华中师范大学全国农村文化联合调研课题组的调查数据也显示，2005 年，农民家庭的平均文化消费支出仅有 871.77 元，占全部平均开支(10 989.46 元) 的 7.93%，在所有开支项目中排在最后。这个比重也比《中国统计年鉴》中的比重要低。如果按照固定观察点数据对文教娱乐用品及服务的比重进行折算的话，这个比重就会变得更低，折算后的比重为 4.03%。

陕西省统计局对武功县农民的调查也显示②，多数农民文化消费欲望不足，与城市居民相比，农村文化气息相对较弱，文化消费观念相对滞后，农民将较多的消费用

---

① 参见 H. 范里安著，费方域等译，《微观经济学：现代观点》，152－155 页，上海三联书店、上海人民出版社。

② 武功县当前制约农民文化消费原因调查，陕西省统计局，2007 年 9 月 12 日，http：//sei. gov. cn/ShowArticle. asp？ ArticleID＝106018。

于交通通讯和居住，而在文化方面的支出则较低。

2.2.2 文化娱乐支出呈现明显的增长趋势，且增长速度较快

虽然从总量来看，目前我国农村文化娱乐支出并不是很大，但是从增长趋势来看，农村文化娱乐支出却呈现出很强的增长趋势。从图2.1中可以清晰地看到这一点。1985年我国农村居民家庭平均每人全年文教娱乐用品及服务占生活消费支出的比重仅为4%左右，而到2005年其比重达到了12%左右，增长了2倍。虽然中间也有波动，但是不明显。

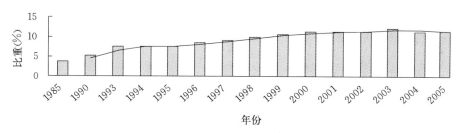

图 2.1　我国农村居民家庭年人均文教娱乐用品及服务占生活消费支出的比重
资料来源：根据2006年《中国统计年鉴》相关数据整理。

另外，对比农村居民家庭各个生活消费项所占总生活消费的比重，可以看出文教娱乐用品及服务支出的增长幅度是比较大的。从1990年到2005年，食品、衣着、居住、家庭设备用品及服务、交通通讯、文教娱乐用品及服务、医疗保健、其他商品及服务等项支出占总生活消费支出比重的年均增长速度分别为，-0.82%、-2.56%、-1.62%、-2.29%、25.71%、4.10%、3.47%、7.78%[1]。除了"交通通讯""其他商品及服务"的比重外，"文教娱乐用品及服务"的比重增长速度是最快的。

2.2.3 对未来农村文化娱乐支出的判断

根据前文描述，我们大体可以做出以下判断：随着人们收入的增加，用于消费部分的收入，将会越来越多地花在文教娱乐用品及服务上。由此也可以断定，农村居民的文化娱乐支出也将越来越多。

这一现象是符合相关理论的。根据有关学者对于文化用品需求弹性的研究，文化

---

① 根据2006年《中国统计年鉴》相关数据整理。

用品具有"奢侈品"的特点——具有较高的收入弹性和价格弹性（Ringstad et al，
2006；Bittlingmayer，1992；Hjorth-Andersen，2000；Fishwick et al，1998；Goolsbee
et al，2002）。如果文化用品真的具有较强的收入弹性，那么随着农村居民收入水平的
提高，农民对于文化娱乐用品的需求也必将越来越强烈。这一点也可以由2004—2006
年《中国统计年鉴》上不同收入组农户平均每人生活消费支出的相关数据得到印证。
从表2.1中可以清晰地看出，随着收入的增加，文教娱乐用品及服务所占总生活消费
支出的比重也在不断增加。

表2.1　农村不同收入组间文教娱乐用品及服务支出比重

年份	低收入户	中低收入户	中等收入户	中高收入户	高收入户
2003	10.33%	11.71%	12.60%	12.64%	12.39%
2004	9.86%	10.61%	11.28%	11.88%	11.93%
2005	10.04%	10.95%	11.26%	11.99%	12.44%
三年平均	10.08%	11.09%	11.71%	12.17%	12.26%

如果社会经济发展是一个趋势的话，那么农民收入增加也是必然的，而增加的用
于消费的收入，将会更多地用于文化消费方面。

2.3　我国农村文化娱乐支出的地区间比较

2.3.1　我国地区间农村文化娱乐支出差异较大

从对我国地区间农村文化娱乐支出的t检验中（表2.2），可以看出我国地区间的
农村文化娱乐支出还是存在着较大的差距的，其中，中部地区与西部地区，中部地区
与东部地区之间的差距尤为显著。

表2.2　东、中、西部地区1995—2005年文教娱乐用品及服务支出比重对比

	标准差	t值	自由度	显著性
中部地区与东部地区	0.00	13.51	10	0.00
西部地区与中部地区	0.01	−9.27	10	0.00
西部地区与东部地区	0.00	−0.33	10	0.75

资料来源：根据历年《中国统计年鉴》相关数据整理。

这里值得注意的是，通过对东、中、西三地文教娱乐用品及服务支出比重的计算，我们发现，比重最大的不是东部地区，而是中部地区，比重最小的地区是西部地区，并且这种排序并没有随着时间的改变而改变。由此可以看出，农村文化娱乐支出并非完全由收入决定，这里面还存在其他关键的变量。

2.3.2　地区间农村文化需求的差异呈现出不断扩大的趋势

通过计算我国31个省[①]历年（1996—2005）文教娱乐用品及服务支出比重的标准差，可以发现我国地区间农村文化需求的差异呈现出了不断扩大的趋势，这种差异以年均4%的速度扩大。参见图2.2。

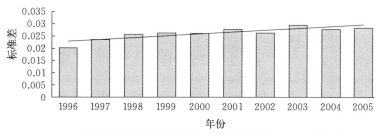

图2.2　地区间农村文化需求差异的变动趋势

资料来源：根据历年《中国统计年鉴》相关数据整理。

2.4　从农村文化需求的角度对目前我国农村文化供给的评价

对比农村文化需求增长速度和农村文化供给增长速度，可以发现农村文化供给的增长速度明显滞后于需求增长速度。这种情况在总体上可以从国家对文化事业的投入中得到说明。

在对比农村文化需求增长和供给增长速度之前，需要说明的是文化的生产和消费在很大程度上具有外部性，国家和各级政府在农村文化的供给中应该担任重要的角色。比如文化的一个主要形式之一——艺术就具有较强的外部效应。对此，Bruno S. Frey（2000）有着较为明确的论述。他指出：总的看来，国家应该对艺术进行资助，这被看

---

① 由于1997年以前没有重庆的相关统计数据，因此在标准差的计算中并没有将其包括进来。

作是理所当然的事情，因为艺术为整个社会带来了有利的外部效应。这些外部效应被称作"非使用价值"，因为它们为全部人口带来了好处，包括那些没有享用过任何具体文化活动的人。艺术所带来的外部效应包括"存在价值"（即使某个社会成员没有参加任何艺术活动，全体人口仍然能够从文化的存在这一事实中获益）、"选择价值"（即使人们现在不参加艺术活动，他们仍然能够在将来的某个时候参加以获益）、"遗赠价值"（即使人们不亲自参与任何艺术活动，他们仍然可以通过将艺术传给后人而获益）。

而国家对农村文化的投入状况在很大程度也反映出了农村文化的供给状况。但是对比国家对农村文化投入的增长速度和农村文化需求的增长速度可以发现，农村文化的供给具有明显的滞后性。

这一点在图2.3中有着更为直接的反映。从图2.3中可以清晰地看出，从"一五"时期到"十五"时期，我国文化事业财政拨款占国家财政总支出的比重基本上没有什么变化，大体一直维持在0.41%的水平。"一五"时期其比重为0.37%，到了"十五"时期其比重仍然为0.38%，增长速度近乎为零①。对比农村文化需求年均4.10%的增长速度，农村文化供给显然具有明显的滞后性。

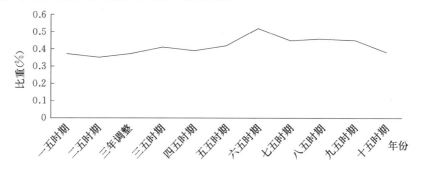

图2.3 全国文化事业财政拨款占国家财政总支出的比重变动情况

资料来源：《中国文化文物统计年鉴（2005）》。

长期以来，农村文化供给增长速度的滞后性是目前我国农村文化供给不足的主要原因，最终使得目前我国农村文化供给存在着严重的不足。以县级公共图书馆的新购书为例。2000—2004年，我国县级公共图书馆的新购书分别为0.11万册、0.11万册、0.13万册、0.17万册、0.20万册②。而在距离农村居民最近的乡镇、村几乎很难找到

---

① 需要指出的是这一比重指的是国家对文化事业总的投入比重，如果考虑国家投入在城乡之间分配的不均的话，投入在农村文化事业的比重会更加小。

② 数据来源：《中国文化文物统计年鉴（2005）》。

公共图书馆。根据财政部教科文司、华中师范大学全国农村文化联合调研课题组 (2007) 的调查，仅有 32.9% 的被访者报告其所在村有文化活动室或图书室。再者，从 1985 年以来，文化站的数量迅速减少。2006 年我国文化站的数量比 1985 年减少了 18265 个，减少 34.6%。详见表 2.3。

表 2.3 我国历年文化站机构数

年份	1985	1990	1995	2000	2002	2003	2004	2006
文化站机构数（个）	52 858	52 435	45 038	42 024	39 273	38 588	38 181	34 593

资料来源：《中国文化文物统计年鉴（2005）》。

2.5 发展农村文化的政策建议

2.5.1 发展农村文化应立足于农村的文化需求

特别是在新农村建设中，国家对农村文化的供给更应该立足于农村的文化需求。不能就农村文化而论农村文化，应该从整个农村居民的需求偏好出发开展新农村建设。虽然新农村建设在很大程度上是基于公平的理念，基于城乡协调发展的理念来开展的，但是国家财政对农村的支出还是有是否有效之分的，在财政支农的过程中应该注重效率，应将财政资金首先运用到最能提高农村居民社会福利的项目中。而衡量农村居民社会福利的指标之一就是农村居民的需求偏好，因此财政资金应首先运用到农村居民最为偏好的文化项目中。

2.5.2 增加对农村文化供给的投入，特别要使农村文化供给的增长速度与农村文化需求的增长速度相协调

虽然农村文化供给不足可以从需求乏力中找到部分答案，但是农村文化供给增长速度长期滞后，也是目前农村文化供给与需求不能很好协调的主要原因之一。因此，当下一方面要从农村需求的整体出发，改进农村的社会福利，另一方面也要考虑到农村文化供给不足的现状，增加对农村文化供给的投入。

Shennong
Series

第 3 章 农民的文化娱乐消费情况分析
——以嵩县为例[①]

3.1 引言

农村文化与农村经济、农村政治"三位一体"，三者几乎构成了农村居民生产和生活的全部。相对于当前农村经济的快速发展，农村政治体制改革的逐步深入，农村文化建设却远远落后于农村的经济和社会发展需要，已成为制约"三农"问题、影响农村全面建设小康社会目标实现的重要因素，正逐步成为社会主义新农村建设的重要障碍（财政部教科文司、华中师范大学全国农村文化联合调研课题组，2007）。

近年来，党和政府非常重视农村文化建设。其中，2005 年政府还专门颁布了《关于进一步加强农村文化建设的意见》的重要文件，重点明确了 2006—2010 年农村文化建设的指导思想和目标任务，并对加强农村公共文化建设、丰富农民群众精神文化生活、创新体制机制、繁荣农村文化、动员社会力量支持农村文化建设等，都做出了具体部署。尽管在《关于进一步加强农村文化建设的意见》的指导下，这几年政府在农村文化建设方面做了大量的工作，如实施了广播电视村村通、文化信息资源共享、乡镇综合文化站和村文化室建设、农村电影放映、农家书屋等文化惠民工程，农民群众精神文化生活极度匮乏的状况也因此有了一定程度的改善，农村文化建设总体开始呈现好转态势，但我们不能因此而忽视现有"政府唱主角，农民当配角"的农村文化建设模式存在的问题。

不少调查研究表明，这种政府主导的农村文化建设模式存在着文化产品供给和需求严重不对位（错位）的问题，政府提供的文化产品很多都不是农民真正想要的，更谈不上是他们真正喜欢的，结果导致很多地方的农村对政府提供的文化产品或设施利用率低，产品或设施大量闲置。它们对农民精神文化生活质量的提高和改善作用也并没有官员们报告中所说的那样大。因此，本研究认为，政府要提供农民真正所需的文化产品和设施，就必须知道农民都有了什么，平时都消费什么，他们都缺什么，现在

---

① 执笔人：江今启、郑风田。

最需要什么。为此，本研究将根据课题组 2008 年在河南农村的文化调研数据及其他调研数据来分析农村居民文化娱乐消费支出的构成、时间分配及影响支出构成和时间分配的因素，从而为政府了解农民的消费状况及消费需求等提供资料，为政府更有效地提供文化产品和设施提供参考依据。

3.2　农村居民的文化娱乐消费现状及存在问题

3.2.1　农村居民文化娱乐消费的总体状况

目前农村居民所消费的文化产品和设施要么是来自居民个人或所在家庭购买，要么来自政府、村集体及 NGO 等社会组织的提供或捐赠。在下文的分析中，我们将根据文化消费对象供给主体的不同，将整个农村居民的文化消费划分为公共文化产品消费和私人文化产品消费两部分。借鉴有关文章的分类（吴理财，夏国锋，2007），根据消费时参与群体的不同，本研究又将文化消费划分为"群体性文化消费"和"单体性文化消费"。这样，整个农村居民的文化消费就可划分为四种类型，见表 3.1。

表 3.1　农村居民文化消费活动的分类

划分依据		供给主体	
		个人或家庭	政府、村集体及社会组织
参与群体	个人或家庭	私人文化产品的单体性消费（如看电视、听广播、上网等）	公共文化产品的单体性消费（如到村图书室看书、到老年活动室下棋等）
	超出家庭以上的单位（如村）	私人文化产品的群体性消费（如红白喜事时的文化表演）	公共文化产品的群体性消费（如庙会、祭祖活动、放电影等）

不论哪种类型的文化消费活动都需要农村居民投入资金或（和）时间来完成。总体而言，随着收入水平的提高和物质生活水平的改善，农村居民用于文化娱乐方面的资金或（和）时间较以前都有一定程度的增加。根据官方统计，农村居民用于文教娱乐活动及服务方面的支出由 1980 年的人均 8 元上升到 2006 年的 305.1 元，占农村居民全部支出的比例则由 0.7% 上升到 12.6%，年均约增加 0.5 个百分点。另外，农村居民用于文教娱乐活动及服务方面的支出占农村居民全部支出的比例在近些年是有所下降的，已由最高时的 14.9%（2001 年）下降到 2006 年的 12.6%。

从比例值的时间变化来看，农村居民用于文化娱乐的支出上升速度比较快。但如果剔除官方统计指标中所包含的用于孩子教育方面的支出部分，这个比例的上升幅度就没有这么快，农户真正用于文化娱乐的支出比例肯定也会小很多。财政部教育科学文化司与华中师范大学联合课题组（以下称"全国农村文化联合调研课题组"）在2006年3～7月对全国东部、中部、西部以及宗教地区和少数民族地区的19个省（自治区）的70个县（市）200个乡镇的农村文化调查结果表明，文化消费在农村家庭消费支出中的地位极不重要。2005年，农民家庭平均文化消费支出仅有871.77元，占全部平均开支10 989.46元的7.93%，在所有家庭开支项目中排在最后。而课题组在河南嵩县调研的结果显示，该地农村文化娱乐支出的绝对数量和相对数量都是比较小的，二者都小于"全国农村文化联合调研课题组"的调研结果。就绝对数量来看，其支出数额在300元以下。在300个样本中，文化娱乐支出小于100元的农户有117户，文化娱乐支出在101～300元的农户有116人，二者占总样本的比例均约为39%，二者累计所占比重则达到了78%之多。以上两组数据都说明相对于物质生活水平的极大改善，农村居民在文化娱乐方面的投入增加幅度很小。农村居民的精神文化生活总体还处于极度匮乏的状态，跟他们的现有收入水平极不相称。此外，农民群众对文化生活的要求也很低。我们的调查结果表明，很多农民对能看到电视就感到很满足，并不奢望能像城里人那样经常能在家门口看到电影、戏曲及其他形式的文艺演出。

而且农民群众的文化消费主要表现为亲属之间、熟人之间组织的文化消费形式。调查表明，大部分农村居民选择闲暇时间与自己的亲属、朋友等进行娱乐互动。消费方式也比较简单，形式单一，如邻里亲朋之间打麻将、打牌，以及熟人间自发组织的扭秧歌等娱乐活动。参与者大都彼此熟悉，多属于传统范围内的娱乐活动。

3.2.2 农村居民消费私人文化产品的情况

3.2.2.1 消费项目构成 农村居民虽然平时可以消费的私人文娱活动挺多，如看电视、打麻将（牌）、看VCD或DVD、与人闲聊、读书看报、下棋、听广播、唱卡拉OK、上网、玩电子游戏等，但多项调查结果显示，看电视、打麻将（牌）是农村居民平时私人文化娱乐的最主要形式，在农村生活中最为普遍，其他的文化娱乐消费则都很少。其中，全国农村文化联合调研课题组（2007）的研究表明，在所调查人群中，选择看电视作为最主要文化娱乐活动的被调查者总数占到全部人群的27.35%，人均每天看电视时间约为 2.76 小时，打麻将（牌）占到 12.69％，其他的如读书看报（11.15％）、下棋（7.25％）和听广播（7.11％）等全部加总后的比例仍小于电视所占份额，仅为 26％。吴理财、夏国锋（2007）基于安徽的调查则显示，有一半的被访农民以打牌、打麻将自娱消遣，除此以外，就是看电视（占 44.1％），其他的则很少。

本课题组对嵩县农户的调查再次表明，看电视是农村居民平时文化娱乐消费的最主要形式。在 300 个对看电视问题给予明确回答的被访者中，只有 28 人表示在过去的一个月中没有看过电视，其他的 272 人都或多或少看过，其比例已达到 91％，平均每个被访者一个月将近有 23 天都会看电视。其次是看书报杂志和打麻将。在被访者中，有 88 人（29.33％）上个月看过书报杂志，平均每人有 4.44 天；有 55 人（18.39％）上个月打过麻将，每人平均 1.48 天，这其中有人天天都会去打麻将。如果再加上上个月打过扑克的 35 人，那上个月打过麻将或扑克的人群规模会更大。而其他的文化娱乐活动，如下棋、听广播、上网、旅游及玩电子游戏，除下棋参与人群比例有 10％以外，其他的参与人群比例都很小（表 3.2 和图 3.1）。此外，选择无所事事的人有 50 人，占到全部人群的 17％。

表 3.2　农村居民自娱文化内容

自娱活动	有效人数（人）	未参与人数（人）	参与比例（％）	月均天数	最小值	最大值
看电视	300	28	90.67	22.86	0	30
打麻将	299	244	18.39	1.48	0	30
打扑克	300	265	11.67	0.96	0	30
看书报杂志	300	212	29.33	4.44	0	30
下棋	300	270	10.00	0.81	0	30
听广播	301	290	3.65	0.62	0	30
玩电子游戏	301	298	1.00	0.10	0	20
上网	299	289	3.34	0.32	0	30
旅游	300	297	1.00	0.03	0	6
无所事事	294	244	17.01	2.74	0	30

资料来源：课题组 2008 年在河南省嵩县农村的调查。

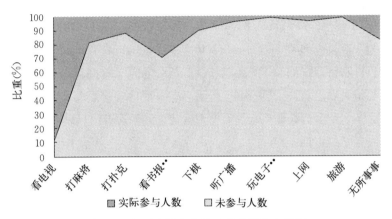

■ 实际参与人数 □ 未参与人数

图 3.1　各项自娱文化活动的人群参与情况

资料来源：课题组 2008 年在河南省嵩县农村的调查。

从参与各个自娱项目人群每天的时间花费来看，打麻将是耗时最多的项目，其次是看电视、打扑克和看书报杂志。统计结果显示，每个打麻将参与者平均每天能打 2.74 个小时麻将，最多时一天打 7 个小时，最少一天也有 1 个小时。看电视者能看 2.19 个小时，最多的一天看 10 个小时。虽然就每天时间花费来看，它略少于打麻将，但考虑到它是农村居民平时最主要的文化娱乐形式，参与人群和参与时间都远远大于打麻将（表 3.3），统计结果进一步表明看电视在农村居民日常文化生活中的重要地位。另外看书报杂志和打扑克的参与人群也相对较多，参与人数、日均小时数也较大，分别能达到 1.40 和 1.95 个小时。而其他各项由于参与人群极少，在此不再详述。

表 3.3　农村居民每天在自娱项目上的时间花费

自娱项目	参与人数（人）	日均小时数	最小值	最大值
看电视	272	2.19	0.2	10
打麻将	55	2.74	1	7
打扑克	35	1.95	0.5	6
看书报杂志	82	1.40	0.2	10
下棋	30	1.51	0.5	3
听广播	11	1.39	0.2	5
玩电子游戏	3	2.50	1	4
上网	10	1.65	0.5	3

资料来源：课题组 2008 年在河南省嵩县农村的调查。

另外，有调查表明，有些消费活动如上网、玩电子游戏，仅在青少年群体中可见，且较为普遍。在浙江农村的调查就显示，青少年中有42％的人把上网看成主要娱乐方式之一。

而在电视节目欣赏方面，课题组的调查结果显示，有73.74％的农民对现在的电视节目感到满意。他们比较喜欢看的电视节目是新闻、电视剧和戏曲，喜欢看新闻的农民占40.22％，喜欢看电视剧的农民占29.89％，喜欢看戏曲的农民占10.33％。而这一结果在吴理财、夏国锋（2007）的研究中得到验证。他们的研究表明农民所看节目也多集中于新闻（占83.8％）和电视剧（占63.1％），接下来依次是法律类（占38.4％）、娱乐类（占34.8％）、科技类（占26.1％）、体育类（占21.8％）节目。观看新闻节目成为多数农民了解国家政策的主要渠道，调查数据显示，96.1％的被访农民是通过电视来了解国家政策的。在他们所选择的电视台中，又以中央台和省台居多（分别占71.2％和24.1％）。

3.2.2.2　私人文化消费品的拥有和来源情况　调查结果显示（表3.4和图3.2），电视机、VCD或DVD在农村家庭非常普及。在307个被访者家庭中，295个家庭都拥有至少1台电视，其比例占到全部家庭的96％；141户有1台或多台VCD/DVD机，比例为45.93％。特别是在有孩子上学及有年轻人外出务工的家庭，VCD/DVD拥有比例会更高。其他的私人文化娱乐品都很少。如拥有麻将、扑克、报纸杂志、象棋的农户分别仅有44户（14.33％），46户（14.98％）、68户（22.15％）和32户（10.42％）；乒乓球、羽毛球、足球、篮球等球类运动器材也很少。在所有家庭中，仅有42户有羽毛球（13.68％），24户有乒乓球（7.82％），19户有篮球（6.19％），4户有足球（1.30％）。收音机则由于电视的普及而在农村变得十分罕见，仅有17户，不到6％。电脑在农村还是鲜见事物，在本次调查中，还没有发现有农户拥有电脑的情况。

此外，受访农民家庭中大约有69％的农户已经安装了有线电视，有20％的家庭安装了卫星接收设备，二者加起来约占全部农户的90％。这说明，随着国家"广播电视村村通"工程的实施和农村居民收入水平的提高，卫星电视网络基本实现了对农村的覆盖。

从家庭拥有文化娱乐物品的来源来看，电视机、VCD或DVD、麻将、扑克及球类器材基本来自家庭购买，很少有来自亲朋好友和社会组织的赠送。而日常所阅读的书报杂志的来源则相对较广。虽然在本次调查中，我们没有这方面的数据统计。但全国农村文化联合调研课题组2007年在全国的调查结果显示，有44.2％的家庭是自己

Shennong
Series

花钱购买书报杂志，有 21.3％的家庭是向他人借阅，还有部分家庭的书报杂志来自政府及有关单位赠送，比例约为 8.8％。

表 3.4　农村居民私人文化娱乐品的拥有情况

物品	有	无	缺失	拥有比例（%）
有线电视	212	89	6	69.06
卫星接收	60	225	22	19.54
电视	295	6	6	96.09
麻将	44	252	11	14.33
扑克	46	249	12	14.98
书报杂志	68	229	10	22.15
象棋	32	265	10	10.42
收音机	17	279	11	5.54
VCD/DVD 机	141	156	10	45.93
羽毛球	42	255	10	13.68
乒乓球	24	273	10	7.82
足球	4	293	10	1.30
篮球	19	278	10	6.19

资料来源：课题组 2008 年在河南省嵩县农村的调查。

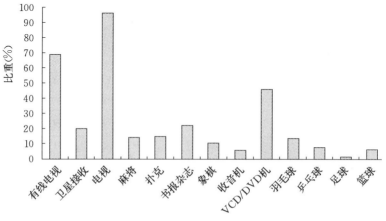

图 3.2　各项私人文化娱乐品的拥有家庭比例

资料来源：课题组 2008 年在河南省嵩县农村的调查。

3.2.3　农村居民消费公共文化产品（设施）的情况

3.2.3.1　公共文化活动形式及参与情况　从调查结果来看，农民对本地已开展的文化活动形式的所知比例都比较低，而参与这些公共文化活动的比例则更低（表3.5）。这其中，以放电影（81.43％）、庙会（27.36％）、唱戏（23.78％）、祭祖（22.48％）、宗教活动（19.54％）、文化下乡（17.26％）、烧香拜神（13.03％）为农民所知较多，以放电影（67.10％）、祭祖（17.59％）、唱戏（16.94％）、庙会（18.24％）、文化下乡（11.73％）、宗教活动（5.86％）、烧香拜神（5.21％）为农民参与较多。从统计结果可以看出，为大家所熟知且参与程度较高的公共文化活动大都是些传统文化活动，且有的带有较为浓厚的封建迷信色彩。而对于政府组织的放电影活动，农民所知比例最高，达到81.43％，但其参与率仅为67.10％。这说明放电影活动内容与农民的真实需要有一定差距，农民对它的认可程度并不高。以课题组调研所去的河南省为例，作为文化部"电影下乡"活动的试点省份，河南省文化部门每个月都会安排放映员到每个村庄放映一场电影。按理说，农民每个月都能在家门口看到一场电影，他们应当非常高兴，参与率一定会很高。但调查结果显示，在所有307个受访者中，只有14人（4.56％）每次都会看，其他人观看次数都很少，平均每个村民每年观看3.3场。究其原因，很多村民都反映所放映的电影题材过于政治化，内容情节老套，不贴近农村生活；而那些反映老百姓真实生活、老百姓喜闻乐见、且大家爱看也能看懂的电影太少，加上农业生产季节性及天气方面的原因，导致村民持续参与"电影下乡"这一惠民文化活动的热情不高，工程效果大打折扣。

表3.5　农村公共文化活动的形式及参与情况

活动形式	认知情况		参与情况	
	知道（人）	比例（％）	参与（人）	比例（％）
文化下乡	53	17.26	36	11.73
放电影	250	81.43	206	67.10
唱戏	73	23.78	52	16.94
民间艺术	27	8.79	22	7.17
民间工艺	3	0.98	2	0.65
花会灯会	16	5.21	14	4.56
舞龙舞狮	16	5.21	13	4.23

（续）

活动形式	认知情况		参与情况	
	知道（人）	比例（%）	参与（人）	比例（%）
劳动技能比赛	1	0.33	0	0
民俗旅游	2	0.65	1	0.33
庙会	84	27.36	56	18.24
宗教活动	60	19.54	18	5.86
修家谱	14	4.56	2	0.65
祭祖	69	22.48	54	17.59
烧香拜神	40	13.03	16	5.21
请神	6	1.95	0	0

资料来源：课题组 2008 年在河南省嵩县农村的调查。

对于村里的那些集体文化场所，如文化大院、文化活动室、图书室，农民很少使用，这些设施对改善农民文化生活质量并没有明显作用。调查结果显示，农民对它们的使用频率很低，如文化大院仅有 15.96% 的人使用过，文化活动室为 9.12%，图书室为 5.21%。有些被访村民甚至不知道村里有这些活动场所。调查还发现很多地方这些集体文化场所是空有牌子，未见实质。在不少村庄，村干部指着村委会院里的一块空场地就说是文化广场，上面没有任何可供文化活动的设施，或指着一间未见任何象棋等棋类用具或图书的屋子就说是文化活动室和图书室。无怪乎不少村民从未听说村里有这些场地或设施。

而从调查来看，农民群众对村中所修建的健身场所及设施的使用率最高，认可程度也很高。在所调查的村民中，27.04% 的村民使用过这些健身场地及设施。其中，有 37 名村民是持续使用，而这其中，又有将近 18 名村民几乎每天都去这些设施处活动。在调查中，不少村民反映，这些场地及设施既可以用来锻炼身体，又是村民平时交流沟通的好场所。

3.2.3.2 公共文化设施的拥有和来源情况 对于参与这些公共文化活动所需的设施，从调查来看，当前能够进入村庄、深入农民日常生活的主要是有线广播、寺庙、有线电视或电视差转台、文化大院、文化活动室、健身场地（设施）。在所调查的 38 个村庄中，超过 60% 的村庄都已拥有这些公共文化设施。其中，又以有线广播、有线电视或电视差转台、寺庙在农村的覆盖率为高，分别达到 89.47%、71.05% 和

73.68%。拥有教堂和图书室的村庄也较多,比例达到了 36.84% 和 34.21%。而拥有
个体文化室、祠堂、电影放映室和阅报栏的村庄较少,其比例基本在 10% 左右。此
外,村中拥有电子游戏厅和公共电子阅读室的,调查还未发现(表 3.6)。

表 3.6　农村公共文化设施拥有和使用情况

公共文化设施	文化设施拥有状况		文化设施使用情况	
	村数量(个)	比例(%)	使用人数(人)	比例(%)
文化大院	25	65.79	49	15.96
文化活动室	24	63.16	28	9.12
图书室	13	34.21	16	5.21
电影放映室	5	13.16	22	7.17
录像厅	0	0	0	0
戏台(楼)	11	28.95	28	9.10
有线电视或电视差转台	27	71.05	212	69.06
有线广播	34	89.47	10	3.26
公共电子阅读室	0	0	2	0.65
健身场地和设施	24	63.16	83	27.04
阅报栏	6	15.79	12	3.91
老年活动室	18	47.37	20	6.51
个体文化室	3	7.89	1	0.33
祠堂	1	2.63	1	0.33
寺庙	28	73.68	28	9.12
电子游戏厅	0	0	4	1.30
教堂	14	36.84	10	3.26

资料来源:课题组 2008 年在河南省嵩县农村的调查。

　　而就这些公共文化设施的来源而言,文化大院、文化活动室、健身场地和设施、
图书室、老年活动室主要来自政府和村集体的共同供给,有线广播基本上村里解决,
有线电视基本是由国家安装到村,而寺庙、教堂、戏台(楼)和祠堂则主要是由农民
自筹资金兴建和维护。

　　3.2.3.3　现状概括和存在问题归纳　通过上文的描述和分析,研究认为,当前
农村居民的文化消费现状和存在的问题可以概括为以下八点:

　　第一,农村居民在文化娱乐方面的资金投入和时间支出虽然在近些年有所增加,

但仍然处于一个很低的水平。与他们的物质生活水平相比，农村居民的精神文化生活总体上还十分贫乏，文化生活质量亟待改善。

第二，农村居民在文化娱乐方面的支出主要用于看电视、打麻将等私人文化娱乐，而公共文化活动方面的支出则很少，其中又以时间投入为主，基本没有现金支出。

第三，从农民文化娱乐的形式来看，当前农村居民文化消费呈现以现代娱乐方式为主，传统娱乐形式辅之的局面。具体来说，在日常生活中，他们的文化娱乐活动基本是以现代活动方式为主，如看电视、打麻将；而在传统节日（如春节、中秋节、元宵节等）里，他们则相对较多地参与一些传统文化娱乐活动，如看戏。但受制于文化形式的经济性、便利性和可获取性，农村居民参与传统文化活动的可能性正在逐步降低。

第四，农村居民的文化消费项目非常单一，内容也非常单调。文化消费主要以自娱为主，不讲求消费质量和消费内容的健康向上。调查结果显示，看电视、打麻将基本成了当前农村居民文化生活的全部，其中又以看电视最为普遍。而就所看的电视节目内容而言，主要集中于新闻、电视剧和戏曲。

第五，文化消费基本是以家庭或小群体为单位，通常表现为私人消费。即进行文化消费活动时，参与对象通常局限于家庭成员、邻里亲朋等小群体。虽然在近些年，由于收入水平增加，农村居民的私人文化消费有一定程度增加，但公共文化消费则由于村庄组织供给公共活动能力的下降及农村传统习俗氛围的淡化而日趋减少。公共文化生活，特别是一些健康文明的传统文化生活形式正在走向式微，亟待复兴。

第六，虽然在各级政府和文化部门的努力下，农村文化基础设施和公共文化活动提供的数量有所变化，内容有所丰富。但从调查结果来看，他们对促进农村居民文化生活质量改善并没有显著作用，尚未真正发挥实效。具体来说，很多政府提供的文化产品（如放电影）由于存在着内容老套、脱离农村实际生活、组织形式单调等问题，农村居民消费的积极性并不高；而其提供的文化设施（如文化大院、文化活动室、图书室等），很多是"空有招牌，未见内容"，多是些形象工程。农村居民很少能在这些公共文化设施中得到实惠。

第七，农村居民的文化消费存在时间分配上的季节性差异。从调查了解的情况来看，在农忙时节，农民的文化生活消费会变得极为单一，主要是晚上看电视。此时，农民对文化生活的投入无论是在时间上还是在资金上都会减少，对文化生活的数量和质量的要求也会降低。而到了农闲时节，随着可供娱乐的闲暇时间增多，农民的文化消费会有所增加。此时，农民亟须更多更好的文化娱乐活动可供选择，亟须政府和村集体增加公共文化活动供给以作为补充。但就调查结果而言，农闲时农民的消费内容仍主要集中于看电视、打麻将这两种私人活动上。而针对农民文化消费的季节性差异，目前政府在公共文化活动提供过程中存在着农忙时节供给相对过多，农闲时过少的问题，结果导致实际供给效果较差。另外，研究发现农村居民的文化消费开始出现年龄差异化趋势。

第八，政府提供的文化产品存在着与农民消费需求不对称的矛盾。而提供的公共文化活动，则缺少给予农民主动参与活动的机会。农民面对这些文化产品和活动时，通常都是被动接受，被动消费。

3.3　对策建议

针对调查分析中发现的问题，作者认为新时期要促进农村居民文化消费，提高农民文化生活质量，需要做好以下几个方面工作：

一是针对农民文化消费投入少的问题，从提高农民收入的根本入手，增加其可供文化消费的资源，提高农民消费更多更好文化产品的能力。

二是继续深化农村文化供给体制改革，理顺农村文化供给机制，提高公共文化产品供给效率。从调查所反映的问题来看，农村文化产品供给数量、种类等决策权，公共文化资金的具体使用的决策权应该下放到乡镇，甚至是村。县及以上政府部门主要是做好文化供给质量和资金使用的监督和管理。

三是打破公共文化活动政府和村集体主导的供给模式，鼓励农村居民自主供给和其他民间社会力量参与供给。政府可以通过给农村居民自发组织的集体文化活动提供道具、购置补贴等多种扶持政策来激发农村居民参与文化供给的热情，鼓励农民自办文化，开展各种面向农村、面向农民的文化经营活动，使农民群众成为农村文化建设的主体。积极扶持热心文化公益事业的农户组建"文化大院""文化中心户"等，允许其以市场运作的方式开展形式多样的文化活动，对一些办得较好、影响较大的文化项目要给予相应的资助。支持基层农民群众自筹资金、自己组织、自负盈亏、自我管理，兴办农民书社、集（个）体放映队、个体演出队等，大力扶持民间职业剧团和农村业余剧团的发展。把一些传统特色文化的传承人和演出队纳入到民间优秀文化遗产的保护项目中来，给予其相应的资金支持和政策鼓励。

四是通过政府引导、村集体组织、民众参与的方式逐步促进农村传统文化活动和节日内容的复兴。

五是开展多种形式的群众特色文化活动。农村文化活动要贴近群众生产生活实际，要根据当前农民"求富、求知、求乐"的总体文化需求，倡导他们读书用书、学文化、学技能，利用文化信息资源共享工程的有利条件，经常播放农业技术讲座，普及先进实用的农业科技知识；坚持业余自愿、形式多样、健康有益、便捷长效原则，丰富和活跃农民群众精神文化生活。根据时代的特点和农民群众精神文化需求的变化，不断充实活动内涵，创新活动形式。

六是把农村文化建设纳入对口扶贫计划，积极引导社会力量捐助农村文化事业，建立城市对农村的捐助、援助机制。重点捐助文化站（室）、图书室等农村文化基础设施建设以及农村公益性文化实体和文化活动。

七是发挥好电视这一现代媒体的作用，开办更多更好健康向上、喜闻乐见的"三农"节目，进一步丰富农民的文化生活。

第4章　农民文化娱乐评价以及期望研究[①]

4.1　数据来源

为了真实地了解农村文化需求以及供给状况，本课题于河南省洛阳市嵩县开展了田野调查。调查分为两个阶段：试调查和正式调查。试调查的时间是 2008 年 11 月 12 日至 11 月 16 日，调查执行人数为 2 人。正式调查的时间为 2008 年 12 月 13 日至 12 月 24 日，调查人数为 12 人，对嵩县 6 个乡镇，40 个村，340 个农户进行了调查。对于乡镇一级，未遵循严格的抽样，而是根据各乡镇的经济状况、距离县城的远近，由课题组与嵩县相关负责人共同确定。对于村以及农户的选取，则是根据村样本框以及农户样本框，按照等距抽样的方法得到的。我们共回收农户问卷 311 份，其中有效问卷 308 份；村级问卷（受访人为村委负责人）40 份，其中有效问卷 38 份。具体构成如下表 4.1 所示：

表 4.1　嵩县农户问卷调查构成

乡镇	村庄（份）	数量（份）
田湖镇	程村（11），窑店（9），窑上（9），田湖（9），陆浑（9），大石桥（9），高屯（8），屏风（10）	74
车村镇	水磨（9），孙店（9），河北（9），陈楼（5），树仁（7），下庙（5）	44
九店乡	汪沟（8），郭庄（10），寺上（6），西店（9），马店（4）	37
黄庄乡	庄科（9），付沟（9），河东（8），油坊（5），吕屯（6），蛮子营（7），龙石（9）	53
城关镇	朱村（8），北元（10），菜园（5），青山屯（8），新二（10），杨岭（11），北街（6），孟村（8）	66
旧县镇	马店（10），河南（11），龙潭（7），旧县（6）	34
总计	38	308

---

① 执笔人：阮荣平、郑风田。

在问卷中我们主要围绕"受访者家庭基本情况，受访者个人基本特征，受访者文化娱乐现状，受访者对于村内公共文化娱乐设施的认知、评价和意愿"等问题进行调查。同时，在入户调查过程中，我们获得了大量农村文化生活情况的一手资料，这在本研究的后续分析部分会有所涉及。

本次调查地点是嵩县。该县总面积 3 009 千米²，辖 16 个乡镇，318 个行政村，总人口 60 万，有"九山半岭半分川"之称，也是北亚热带向暖温带气候过渡的分界线。嵩县是个资源大县，地上地下资源比较丰富，地下发现的各类矿产 46 种，黄金资源保有量 100 吨，远景储量 300 吨，年产黄金突破 800 万克，产量列全省第二，全国县级第八。钼储量 4.6 亿吨，单体矿量全国第一，年产量列河南第二位。嵩县又是个旅游大县。旅游业是该县主要的财政收入来源。嵩县还是国家级贫困县。该县信奉基督教的人数较多，按照于建嵘（2008）的统计，该县有 1/10 的人信奉基督教。

4.2　农民的文化娱乐评价

4.2.1　对自身闲暇时间的总体评价及影响因素

由于农民文化娱乐活动方式单调，农民对自身闲暇时间的评价自然也就不会太高。大多数农民在闲暇时会觉得很没意思，十分无聊。调查结果显示，经常在闲暇的时候感到没有意思、十分无聊的农民占到 36.42%；偶尔感到无聊的农民有 28.81%；甚少感觉无聊的只有 33.44%。样本中，不知如何评价自身闲暇时间的农民有 1.32%。

农民对自身闲暇时间的评价与其所从事的文化娱乐方式、文化娱乐现金消费支出、自身收入状况有着密切的关系，而与年龄、从事非农就业的时间、文化程度等之间的关系则不明显。在文化娱乐方式中，能够给农民带来愉悦的文化娱乐活动方式主要是看书报杂志、下棋以及祭祖；而串门聊天、听广播或收音机等文化娱乐方式则会使农民降低对自身闲暇时间的评价。农民自身的收入状况与其闲暇时间的评价有着明显的正相关关系，但是其文化娱乐支出却与其闲暇时间评价有着明显的负相关关系。参见表 4.2。

表 4.2　影响农民对自身闲暇时间评价的回归分析

	系数	标准差	T 值	P 值
看电视	0	0	0.65	0.52
打麻将	−0.01	0.01	−1.14	0.26
打扑克	−0.02	0.01	−1.63	0.11
看书报杂志	0.02	0.01	1.95	0.05
下棋	0.02	0.01	1.68	0.10
听广播/收音机	−2.74	1.43	−1.92	0.06
看电影	0	0.03	0.12	0.91
看戏	0.06	0.08	0.73	0.47
看录像	0.06	0.08	0.73	0.47
听流行歌	−0.02	0.03	−0.58	0.56
串门聊天	0	0	−1.49	0.14
卡拉 OK/歌舞厅	0.15	0.10	1.44	0.15
逛集市	0.02	0.01	1.48	0.14
体育健身	0	0.01	0.42	0.68
观看文艺演出	0.01	0.21	0.03	0.97
参加文艺演出	−0.14	0.10	−1.42	0.16
上网	0.03	0.03	1.19	0.24
旅游	0.10	0.13	0.74	0.46
祭祖	0.51	0.27	1.92	0.06
烧香拜神	−0.01	0.03	−0.28	0.78
请神	−0.01	0.01	−1.11	0.27
无所事事，一个人待着	−0.02	0.02	−0.93	0.36
文娱支出	−0.23	0.10	−2.23	0.03
家庭收入	0	0	3.27	0
年龄	0.01	0.01	0.76	0.45
受教育年限	0.02	0.03	0.60	0.55
从事非农就业时间	−0.02	0.01	−1.40	0.17
常数项	1.91	0.47	4.11	0

4.2.2　对文化娱乐重视程度及其影响因素

总体来看，农民对自身文娱活动并不是太重视，还没有将其放在影响其生活质量好坏的重要位置。课题组调查结果显示，认为文化娱乐生活对总体生活质量有很大影响的农民仅占 24.83％，认为有影响但不明显的农民占 39.74％，认为没有影响的农民所占的比重为 32.78％，另外还有 2.65％的农民无法对此做出判断。

农民在文化娱乐活动上的支出很大程度上反映了农民对文化娱乐活动的重视程度。从对农民文化娱乐活动重视程度的回归结果可以看出，农民对文化娱乐活动的支出与其重视程度之间具有显著的相关关系。农民对文化娱乐活动支出越多，其对文化娱乐活动就越重视。尚未发现农民对文化娱乐活动重视程度与其年龄、是否是户主、性别、受教育年限、收入等因素均有显著的相关关系。参见表 4.3。

表 4.3　农民对文化娱乐活动重视程度的影响因素分析

	系数	标准差	T 值	P 值
娱乐支出	−0.18	0.06	−2.98	0
家庭总支出	0	0	0.65	0.52
年龄	−0.01	0	−1.65	0.10
受教育程度	−0.01	0.02	−0.77	0.44
从事非农就业时间	0	0.01	−0.62	0.54
身体状况	0.02	0.05	0.36	0.72
常数项	2.83	0.33	8.66	0

4.2.3　对文化娱乐生活状况评价及其影响因素

尽管从现实的情况来看，农民的文化娱乐活动仍十分单调，甚至十分无聊，但是由于农民本身对文化娱乐活动不重视，所以其目前对自身文化娱乐生活的总体评价还是相当满意的。调查结果显示，对自己目前精神文化生活十分满意的农民占 9.57％，比较满意的占 65.68％，不大满意的占 20.13％，很不满意的占 1.98％。十分满意和比较满意的累计占 75.25％。参见图 4.1。由此可见，大部分农民对自身的文化娱乐生活还是比较满意的。

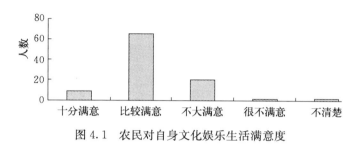

图 4.1　农民对自身文化娱乐生活满意度

　　在目前农民文化娱乐生活十分单调的情况下，农民对自身文化娱乐活动仍然十分满意，其中一个重要的原因在于总体上农民对文化娱乐生活不重视。通过进一步研究可以发现，农民对文化娱乐生活的重视程度与其对自身文化娱乐活动的满意度之间存在负相关关系。认为文化娱乐生活比较重要的农民对自身文化娱乐活动的满意度要低于认为文化娱乐生活不重要的农民。从表 4.4 可以看出，在认为文化娱乐生活对其生活质量有很大影响的农民中，有 43 人对其目前文化娱乐生活满意，占 66.15%。在认为文化娱乐生活对其生活质量有影响，但是影响不明显的农民当中，有 88 人对其目前文化娱乐生活满意，占 77.88%。在认为文化娱乐生活对其生活质量没有影响的农民当中，有 68 人对目前文化娱乐生活满意，占 80.95%。而总体上说来，目前嵩县农民对其文化娱乐生活是不太重视的，因此即使文化娱乐生活比较单调乏味，其仍然能对自身的文化娱乐生活做出较高的评价。

表 4.4　农民自身文化娱乐生活满意度与文化娱乐生活重视程度相关关系

	很大影响	不明显影响	没有影响
满意	43	88	68
不满意	22	25	16
合计	65	113	84

4.3　农民文化娱乐期望

4.3.1　最想参加的文化娱乐活动

　　4.3.1.1　需求排序　为了解农民对文化娱乐活动的需求，我们对农民的各项文化需求进行了打分。该分数的计算方法为，根据农民对其最想参加文化娱乐活动前三位的排序结果，给排在第一位的赋值为 3 分，排在第二位的赋值为 2 分，排在第三位的赋值为 1 分，没有进入前三位的统统赋值为零分。然后对各文化娱乐活动得分进行加权平均，得出各项文化娱乐活动的最终需求分数。

根据各文化娱乐活动需求得分，我们发现，排在前五位的文化娱乐活动依次为：看电视、看戏、看书报杂志、打麻将和体育健身。参见图 4.2。

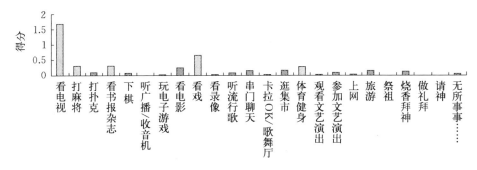

图 4.2　农民对各项文化娱乐活动需求排序

4.3.1.2　潜在期望与实际支出比较

4.3.1.2.1　潜在期望与实际支出一致的文化娱乐活动。根据前面农民对各项文化娱乐活动的参与情况来看，潜在期望与实际支出之间有重合的地方，也有不重合的地方。其中一个最明显的重合项就是看电视。看电视是农民最主要的文化娱乐活动形式，也是农民最喜欢最期望获得的一种文化娱乐形式。

调查结果显示，有 73.74% 的农民对现在的电视节目感到满意。比较喜欢看的电视节目是新闻、电视剧和戏曲，喜欢看新闻的农民占 40.22%，喜欢看电视剧的农民占 29.89%，喜欢看戏曲的农民占 10.33%。同时在看电视方面，农民也进行了较大投入。70.57% 的农民安装了有线电视接收系统，每年有线电视的支付费用大约为 92.87 元，是文化娱乐支出最主要的组成部分。在没有安装有线电视接收系统的农民当中，有 41% 的农民安装了卫星电视接收系统。同时农民用于购买电视的支出大约有 1 299.79 元。

看书报杂志、打麻将也与其实际的消费情况大体一致。

4.3.1.2.2　潜在期望与实际支出不一致的文化娱乐活动。期望与实际消费情况不大一致的是看戏。在需求排序中，看戏成为了农民第二希望参与的文化娱乐形式。但是就其实际消费情况来看，农民对看戏的时间投入为 0.30 小时，在各文化娱乐的时间消费中位于第十八位。因此，可以认为农民对于看戏的需求并没有得到有效的满足。看戏需求没有得到有效满足的一个重要原因是政府对戏曲演出活动供给不足。在嵩县戏曲的供给形式主要有两种，一种为节日中政府或村级组织所开展的戏曲演出，另一种形式则是通过庙会等活动由民间供给，而这两种形式都没有得到有效的供给。调查结果显示，有75.42％的农民表示当地没有专门的戏曲供给，同时71.53％的农民表示当地没有庙会演出。

　　另外一个期望与实际消费情况不一致的例子是串门聊天和无所事事，二者在实际消费情况的排序中，分别位于第二位和第六位，但是这两种文化娱乐形式并不是农民所喜欢的文化娱乐形式。在希望排序中，这两种文化娱乐活动形式只排在了第八位和第十五位。由此可以看出，农民之所以参加这两种文化娱乐活动实属无奈。

　　4.3.1.2.3　潜在期望与实际支出之间的总体关系。尽管存在一些期望与实际消费不大一致的文化娱乐活动形式，但是总体上农民对文化娱乐活动的期望还是与其实际的文化娱乐支出相一致的。农民实际支出较大的文化娱乐活动也是其较为期望参加的文化娱乐活动。参见图4.3。另外通过对二者进行回归分析的结果也显示，实际时间支出与期望得分之间存在着显著的正相关关系，其显著水平达1％。

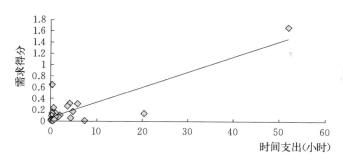

图4.3　各项文化娱乐活动期望得分与实际消费之间关系比较

　　二者之间的这种正相关关系在很大程度上也说明了农民的文化娱乐活动需求具有较强的可塑性。而某种文化活动的供给可以在较大程度上影响农民的文化需求。农民之所以喜欢打麻将，很有可能就是因为他们能够较为方便地参与到这些文化娱乐活动中。参见图4.3。

4.3.2　最想让政府提供的公共文化娱乐活动

　　4.3.2.1　对公共文化娱乐活动的期望　在春节、元宵节等传统节日中，农民还是十分愿意政府提供一些公共文化娱乐活动的。调查结果显示，大部分农民希望村里组织开展一些文化娱乐活动。有 267 人，占总数 87.83％的农民持希望的态度。有 32 人，占总数 10.53％的农民持无所谓的态度；有 4 人，占总数 1.32％的人持不希望的态度；还有一人，占总数 0.33％的农民说不清自己的态度。由此可见，农民对于公共文化娱乐活动还是相当期待的。参见图 4.4。

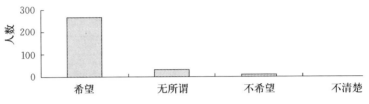

图 4.4　农民对在村里开展文化娱乐活动的态度

4.3.2.2　公共文化娱乐活动的预期参与角色　当政府组织一些公共文化娱乐活动时，农民又会对自己的参与角色作何期待呢？调查结果显示，61.70％的农民表示愿意以观看者角色参与，34.75％的人表示愿意以表演者的角色参与，3.55％的农民选择了其他角色。这说明农民对于公共文化娱乐活动的参与积极性还是比较强的。参见表 4.5。

表 4.5　农民对公共文化活动的预期参与角色

	频率	百分比	累计百分比
观看者	174	61.70	61.70
表演者	98	34.75	96.45
其他角色	10	3.55	100
总计	282	100	

4.3.2.3　对公共文化娱乐活动形式的期望　为了对农民的公共文化娱乐活动形式需求进行排序，我们计算了其对各项公共文化活动的期望得分。该分数的计算方法为，根据农民对其最想获得公共文化娱乐活动前四位的排序结果，分别给排在第一位的赋值为 4 分，排在第二位的赋值为 3 分，排在第三位的赋值为 2 分，排在第四位的赋值为 1 分，没有进入前四位的统统赋值为零分。然后对各项公共文化娱乐活动得分进行加权平均，得出各项文化娱乐活动的最终需求分数。

根据各项公共文化娱乐活动期望得分，可以发现，排在前三位的分别是放电影、演戏以及民间艺术。参见图 4.5。

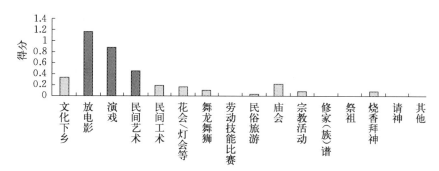

图 4.5　农民对各项公共文化娱乐活动形式的期望得分

注：放电影、演戏、民间艺术是需求排在前三位的公共文化娱乐活动。

4.3.3　最想让政府提供的公共文化设施

按照农民公共文化娱乐活动形式的期望得分计算方法，我们计算了农民的公共文化设施期望得分。根据这一得分，我们对农民的公共文化娱乐设施需求进行了排序。排在前五位的分别是体育健身场地和器材、图书室、文化活动室、电影放映室或电影院以及文化大院。参见图 4.6。

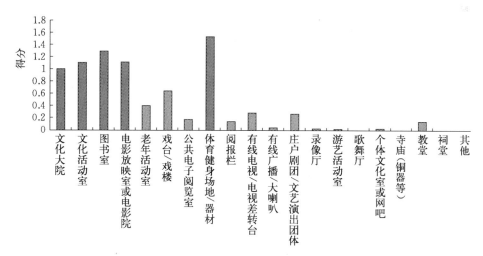

图 4.6　农民对各项公共文化娱乐设施的期望得分

注：体育健身场地/器材、图书室、电影放映室或电影院、文化活动室、

文化大院是需求排在前五位的公共文化娱乐设施。

与农民对由个体组织的文化娱乐活动需求一样，农民对各项公共文化娱乐设施的期望得分与其对这些公共文化娱乐设施的使用供给情况有着密切的关系。农民对某项公共文化娱乐设施接触得越多，该文化娱乐活动的期望得分往往也就越高。这再次说明了农民的文化娱乐需求具有较强的可塑性。参见图4.7。

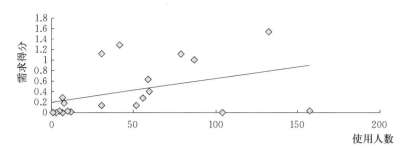

图 4.7　各项公共文化娱乐活动期望得分与实际消费散点图

4.4　结论

根据上面的分析，可以发现目前农村文化需求的特点主要表现在以下几个方面：

4.4.1　农村文化娱乐的现金支出较少，而时间支出较多

但是在充裕的时间支出当中，其文化娱乐活动的内容以及形式往往较为单调。如，看电视是农民最主要的文化娱乐活动形式。但是一些近似于打发时间的文化娱乐形式在农民的文化娱乐生活当中也占据着十分重要的位置，如串门聊天，无所事事一个人待着等。另外，农民在公共文化娱乐方面的消费要远远低于其在私性文化娱乐方面的消费。

4.4.2　总体来看，农民对自身闲暇时间的消费方式并不满意

但是对于文化娱乐生活，农民本身并不是很重视，因此，农民在不满意自身闲暇时间的消费方式的同时，其对精神文化生活还是比较满意的。

4.4.3　尽管对文化娱乐生活不是很重视

但是闲暇时间中的无聊也使得农民对于开展公共文化活动还是比较期待的。对于

由个体组织的文化娱乐活动而言，农民最希望得到的是看电视、看戏、看书报杂志、打麻将和体育健身等活动。对于由政府组织的文化娱乐活动，农民最希望得到的是放电影、演戏以及民间艺术演出。而他们最希望得到的文化娱乐活动设施依次为：体育健身场地和器材、图书室、文化活动室、电影放映室或电影院以及文化大院。

4.4.4　农民实际的文化娱乐支出与其文化娱乐活动期望之间具有显著的正相关关系

说明农民的文化娱乐需求具有较强的可塑性。农民对公共文化设施的期望与其对公共文化设施的使用供给情况也有着密切的关系，说明农民对公共文化设施的需求也具有较强的可塑性。

第 5 章　农村与城市对文化需求的差异性分析①

5.1　农村文化存在的突出问题

5.1.1　农村传统文化迅速流失，文化贫困日益显著

我国农村有着丰富的文化资源，具有鲜明地方特色和浓郁乡土气息的农村文化活动深受农民喜爱。在农民当中，也不乏有文化内涵、有文娱天赋、有组织才干的农民，这些"乡土艺术家"生在农村，长在农村，他们的艺术养分直接来自农村，是农村文化事业中最活跃的因子。他们以特有的方式满足农民自演自赏、自娱自乐、自我发展的精神追求，深受农民的喜爱。然而，在经济大潮的席卷下，大批"农村精英"涌入城市，进城务工，使得留守在我国农村的绝大多数是老人、妇女和小孩，"乡土艺术家"少了，传统文化出现了无人继承的现象，这不仅造成了我国农村大量的优秀文化不断流失，也在一定程度上加剧了农村的文化贫困问题。

辛秋水对大别山长达 20 年的研究表明，贫困地区长期贫困的主要原因在于贫困地区的人安于贫困，不思进取。美国人类学家刘易斯认为，穷人之所以贫困和其拥有的文化——贫困文化有关。他认为，贫困文化是贫困阶层在社会生活中发展出的一套"病态"的价值信仰系统，他们不愿意也不期望自身的经济繁荣，不期望走向上层社会，逐渐地，他们有了相悖于主流社会的亚文化生活方式（李丰春，2007）。也有的学者认为，此种价值观念的形成是因为农民，尤其是偏远山区的农民和外界接触有限，加之惧怕风险从而形成消极无为、听天由命的人生观，继而影响后辈，造成贫困文化的代际传播。

5.1.2　"文化垃圾"涌入农村，侵染农村文化，农村文化陷入边缘化困境

受市场经济的冲击，反映农民生活、贴近农民生活的优秀文艺作品越来越少，而极具腐蚀性的"文化垃圾"正向农村转移。许多农民反映："现在影视节目离农民

---

① 执笔人：王钰琳。

越来越远，充斥荧屏的不是砍砍杀杀，就是丰乳肥臀，哪能见着几个农民形象？积极向上的文化生活载体和内容搞不起来，农村文化生活苍白。一些头脑精明、善于经营的文化个体户，便打着'文化下乡的幌子'，把书刊垃圾、音像垃圾、演出垃圾等文化垃圾大举向农村转移输送，在谋取不义之财的同时，严重败坏了淳厚的乡风。[①]"

　　另一方面，在农村，低俗文化有泛滥的趋势，主要体现在婚丧嫁娶时，聘请的一些小剧团（这已成为农村的习惯）所演出的节目上，如脱衣舞，它利用了人们的空虚心理，通过低俗、泛黄的演出吸引人们，招揽观众。尤其值得注意的是观众里未成年人占有很大比重，这些低俗不堪的文艺节目极易对其造成极坏的影响。因此，"文化垃圾"的泛滥成灾已成为广大农村迫切需要解决的问题。

5.2　政府的文化供给应运而生，但是其依据城市需求给农村提供文化供给，供给错位，收效甚微

　　新时期，党中央把农村文化建设提升到一个新的高度，党的十六届五中全会把新农村建设的目标和要求概括为"生产发展、生活宽裕、乡风文明、村容整洁、管理民主"，其中心可以理解为以农村经济建设为基础，努力发展农村生产，增加农民经济收入，形成对文化的物质纽带和桥梁，同时树立新观念，提供丰富文化，促进新的生产生活方式的形成。中央对农村文化的高度重视有利于发展农村生产力，符合经济社会发展规律。基于以上判断，我国加大了对农村文化的投入，2006 年我国对农村文化共投入 44.6 亿元，比上年增加 8.9 亿元，增长 24.9%，年均增长11.1%；占全国财政对文化总投入比重的 28.5%，比上年增加 1.8 个百分点。这些资金主要优先安排给关系群众切身利益的文化建设项目，突出抓"广播电视村村通"工程、社区和乡镇综合文化站（室）工程、全国文化信息资源共享工程。"十一五"期间，还将进一步面向农民实施重点文化工程，作为推动农村文化工作的重要手段，工程将重点支持边远贫穷地区乡镇、村基层服务点建设，到 2010 年建成覆盖所有乡镇的工程基层网络，行政村的基层服务点达到 32 万个，并实现工程网络覆盖 50% 行政村的目标。

---

① 参见《党建文汇》2007 年第 3 期，第 38 页。

然而，我们不得不面对这样一个现实：一方面，党中央把农村文化建设提升到一个新的高度，加大了对农村文化的投入，从中央到地方制定了大量政策，推出了一系列举措，以丰富农民的精神文化生活，如在农村建立图书馆、文化大院、送书下乡、送电影下乡等；另一方面，农村的迷信活动日益泛滥，赌博活动日益猖獗，低俗文化侵染着农村，农村文化陷入边缘化困境，文化贫困日益显著。政府所有的投入都仿佛石沉大海，收效甚微。为什么会出现这种状况？

究其原因，决策不科学是很重要的一个因素。当前，我国农村公共产品供给基本上沿袭计划经济时期自上而下行政命令式的决策机制，而非根据农民和农村的实际需求来决定公共产品的供给内容、数量和质量，农民作为接受者被排除在供给决策之外。这种非"需求主导型"的决策机制极易导致供给与需求的背离、错位，从而造成公共产品供给的低效甚至无效。

5.3 农村与城市对文化需求的差异

5.3.1 行业特征不同，造成对于"生产性文化"的需求不同

贺雪峰认为，快速发展的市场经济、现代传媒及频繁的社会流动深刻地改变了农民的生活样式，农民对精神文化生活有着强大的内在需求。很多农民既不满足祖辈"吃饭、干活、睡觉"的开门三件事，亦不满足"放放电影演演戏，打打乒乓下下棋，翻翻报纸猜猜谜，哈哈镜中看自己"的简单文艺活动，而是渴望能够通过学习新技术改变生活的状况（贺雪峰，仝志辉，2002）。代俊兰、史艳红对天津、广东、广西、湖北、湖南、安徽、四川、陕西、河北、山东、辽宁11省（市）的部分县、村的农民所做的"农民精神生活质量的调查问卷"的统计数据显示，给农民灌输和传授他们所需要的各种科学文化知识，特别是农业致富知识，推广农村实用技术，满足农民对教育的渴望和需求非常必要。调查发现，34.1%的农民"最缺乏的知识"是"农业致富科技知识"，40.9%的农民"最喜欢的书"是"农业致富类书"。

农民主要从事第一产业，即农业生产活动，在我国，农民人多地少，农产品同质化严重，生产者众多且生产规模较小，使得农民成为完全竞争市场的价格接受者。长期以来，我国的工业化发展政策又使农业成为我国经济发展的牺牲品，农产品价格非常低。同时由于农产品生产易受天气和病虫害等影响，长期的"靠天吃饭"使农产品

的生产更没有保障，农民迫切需要关于农业技术、致富手段的书籍和影像资料等，通过学习技术抵御风险，提高产品的差别化程度，从而增加收入。而在城市，人们从事的活动以第二、第三产业为主，需要的是跟职业相关的书籍和影像。两者在内容上存在根本差异。

很多农民反映，目前的农村图书馆①没有多少好书，书的时效性差，内容陈旧，不能用来指导生产实践，大家想看书，但是无书可看。内容的陈旧和数量的缺乏使农村图书馆流于形式，不能真正地发挥作用。

5.3.2　人口学特征不同，造成"生活性文化"需求不同

在农村，留守的老人、妇女和小孩文化程度均不高，接触的人和物较少，眼界不宽，他们更多地关注自己的生活和心理需求，但是当前文化产业的服务对象以城市的社会精英为主，以消费性文化为主要内容，文化工作者习惯于在城市的圈子中"优雅"，文艺题材以反映城市生活居多，以农民和农村为题材的文化相对来说还是比较少。文化为农村和农民服务的意识不强，文化工作者的创作主要是以城市题材为主，并没有更多考虑农民对文化的真实需求。以城市和消费主义为中心的文化发展模式，导致农民了解到的并不是他们自己的生活，而是另一个对他们充满诱惑和刺激的社会，增加了他们心理上的不平衡（郑风田，刘璐琳，2007）。

农村社会的乡土性、宗法伦理性、封闭性和保守性使得目前城市化的文化供给与其格格不入，需求和供给不能互相对应，供给的错位使得文化的投入收效甚微。

5.4　政策建议

5.4.1　建立长效机制，注重量的同时关注质的进步

农村文化的供给还没有形成一整套科学的体制与机制，有些该出台的法规还处在制定之中，或已制定出来却缺乏实施细则，或实施细则不完善，致使文化的供给在管

_____

①　农村图书馆是与城市图书馆相对而言的，农村图书馆是指城市以外，立足于农村，具体说是指县以下的广大农村所办的图书馆（室）。它的服务对象是广大农民，其概念的外延包括县级馆、农村馆、村办馆、农民私办馆和散布于各乡村的中小学图书馆。当然，在农村，很少有人从严格的科学定义上去区分其不同，说到底，它们都办在农村，都是为农村经济建设和社会发展服务的，都是公共图书馆在城市以外的广大农村服务的基层网点，在构建农村文化体系中是重要的一部分（卢子博，2000）。

理过程中处于无序状态。应建立纵横交错的组织网络，为农民参加各类精神文化活动提供组织保证。农民精神生活领域之所以存在许多问题，除了有些干部认识不到位之外，主要是组织力度不够。农民虽然有提升精神生活质量的强烈愿望和要求，但是缺乏诉求渠道和组织机构，因而精神生活处于一种自发、涣散、无人引领的状态。因此，除统一各级领导干部的认识、加大政策扶持力度外，还要加大组织力度，建议在各村建立各类文化活动的横向民间组织，诸如文艺、体育、科技、教育等组织，每类组织又形成从村、乡、县、省的纵向联系，配备相应的人员，有计划、有分工、有责任、有落实、有核查，形成灵活、有效的运转机制。

5.4.2　突出农民本位，发挥农民的主观能动性

农民是农村人文建设的主体。农村文化建设是国家自上而下的整体性发展战略和发展思路宏观调整过程的结果。从某种意义上说，农村文化建设的目标体系、内容结构、建设标准、实施步骤以及资金来源都是由各级政府确定和提供的。需要指出的是，农民也并不是完全的被动接受者。农村文化建设这一历史任务是执政党和政府对国家发展进程、农村现状和农民需求、要求进行总体把握之后审时度势提出来的。农民的需求与要求是新农村建设的出发点，也是农村文化建设的终点。而且，历史教训也警示我们，缺乏农民参与和支持的农村文化建设注定也是功亏一篑。20世纪30年代以梁漱溟的"乡村建设运动"为代表的一系列乡村改良运动最终都以失败而告终，主要原因是他们都没有真正了解农民的需求和乡村的问题所在，而是一味地改造农民。另外，对于新农村建设的核心内容——农村公共产品供给而言，就是要扭转"供给主导型"的决策体制，建构"需求主导型"的供给体制，强化农民的主体地位。这一体制有三大操作性机制，一是以农民需求位序结构为依归的供给机制，二是农民参与的供给决策机制，三是克服集体非理性公共选择困境的农民需求表达和显真机制。唯有如此，新农村文化建设才不会陷入形式主义的泥沼，从而避免"历史的循环"。

农民的主体素质状况，制约着农村人文环境的塑造，影响着它的变化。必须通过加强农村思想道德建设和教育科学文化建设，全面提高农民的思想道德素质、科学文化素质和其他人文素养，并以此促进农村文化创新。社会资源很大程度上带有私有性，其优越性在于往往是有效率的，它以实现资源的有效配置为目的。因此，必须以一种有效率的资源激发农村文化的内生变量，使内在因素与外部动力良好结合，才能

激发农村文化创造力。农村不是文化的空白区，它有着极为丰富的乡土文化，如分散于广大农村的"乡村文艺人"，他们生长在农村，对农村文化有着很好的继承。据统计，2006年我国有6 800余家民营文艺表演团体，常年活跃于田间地头，演出形式多样，贴近群众生活。同时，部分农民又以独到的思维方式对农村文化加以重新理解或是创新，他们是农村文化的代表人物，是农村文化最积极、最活跃的部分，可以构成农村文化的内生变量。

第6章　政府文化艺术的供给现状、存在问题、管理模式①

我国农村精神文化生活的缺乏以及由此带来的"信仰流失"问题，已经越来越引起人们的关注和重视。集体化时期结束之后，随着政府在农村地区的"退出"（温铁军，2005）和农村社区原子化、空心化程度的加剧，农村公共文化艺术的供给日益萧条；与此同时，部分地区农民精神文化空虚，一些低俗、落后的私性文化则沉渣泛起，地下宗教死灰复燃，"黄、赌、毒"等消极文化泛滥，健康、文明的公共文化却走向衰微（吴理财，夏国峰，2007）。

许多学者对以上问题感到忧心忡忡，党的新一代领导集体对此也十分重视，在提出"社会主义新农村建设"的同时，尤其强调了农村文化的建设，并加大了对农村公共文化供给投资的倾斜力度，开展了"广播电视村村通""农家书屋""电影下乡"等几大工程，以促进农村公共文化设施的建设完善和先进文化的传播。然而，令人担忧的是，一边是政府投资力度的加大，另一边却是农民的无动于衷，农村文化建设工作的成就，似乎更多地体现在纸面数据而非实效中。

为什么投资巨大的文化工程却得不到农民的喜欢和支持？为什么政府提供的各种先进文化反而竞争不过一些低俗文化和民间信仰，导致少部分农民出现"信仰流失"，转投其他宗教组织，甚至地下邪教组织？我国农村公共文化供给的建设机制、管理模式以及组织形式是否存在严重问题？需要怎样加以改善，使它们更加符合农村社会生活的实际？

6.1　我国农村文化艺术的供给现状

6.1.1　社会主义新农村建设开展以前，农村公共文化艺术未能得到真正重视，农村文化日益萧条衰退

尽管党和政府一直强调精神文明建设和文化建设的重要性，但事实上，公共文化

---

① 执笔人：郎晓娟、郑风田。

的供给并未得到应有的重视，仅从财政经费的支出来看，如图 6.1 和图 6.2 所示，从 1990 年到 2006 年，虽然社会文教费方面的国家财政支出呈上升趋势，但其在整个国家财政支出中所占的比重却变化不大，一直低于 0.3%，而其中的绝大部分还是投往城市地区的，农村公共文化供给所能享受的国家财政投入更是微乎其微。

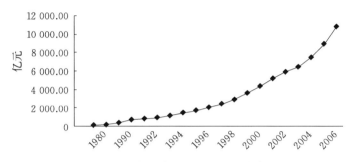

图 6.1　国家财政中的社会文教费支出

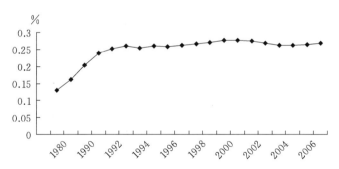

图 6.2　社会文教费占国家财政总支出的比重

资料来源：根据《国家统计年鉴（1997—2007）》整理。

温铁军（2005）指出，当 20 世纪 80 年代家庭承包制作为基本制度在农村长期稳定时，政府作为经济主体开始退出农业，随后到 90 年代，又通过农村税费改革和乡村机构改革进一步退出农村治理领域。在这种情况下，农村公共投入日益减少，而短期内不能创造出现实收益的农村公共文化供给，更是处于衰退状态。如吴理财、夏国锋（2007）在对安徽省农户进行抽样调查后发现，尽管在"私性文化活动①"领域，农民

---

　①　私性文化活动是以个人或家庭私性活动场域为单位而进行的文化活动，目的是满足个人的文化需求，不能给更多人提供文化享受的文化活动，如看电视、上网等。

的文化生活有了长足发展，但在超出家庭以上的单位（如村庄、社区、政府或民间组织）开展的具有公共性质的文化活动方面，总体情况是趋向衰落，特别是一些健康文明的公共文化形式，大多走向衰微。

以本课题组 2008 年年底调研的河南嵩县为例，如表 6.1 所示在对农户进行入户访谈，询问其村内是否有各种公共文化设施，或者公共文化娱乐活动时，80％～90％的受访者给出的答案是否定的。

表 6.1　受访者对村内是否拥有文化设施及公共文化活动回答情况

		回答比例（%）				回答比例（%）	
		有	无			有	无
公共文化活动设施	文化大院	29.9	70.1	公共文化活动			
	文化活动室	27.62	72.38				
	图书室	14.79	84.86		文化下乡	17.85	80.47
	电影放映室或电影院	10.62	89.04		放电影	83.89	16.11
	老年活动室	20.55	79.11		演戏	24.58	75.42
	戏台/戏楼	19.93	80.07		民间艺术	9.12	90.54
	公共电子阅览室	2.76	97.24		民间工艺	0.98	94.43
	体育健身场地/器材	44.44	55.56		花会/灯会等	5.37	93.96
	阅报栏	10.69	89.31		舞龙舞狮	5.39	93.94
	有线电视/电视差转台	25.26	74.05		劳动技能比赛	0.34	99.32
	有线广播/大喇叭	52.86	47.14		民俗旅游	0.68	98.64
	庄户剧团/文艺演出团体	18.98	81.02		庙会	28.47	71.53
	录像厅	1.7	98.3		宗教活动	20.42	78.55
	游艺活动室	4.1	95.9		修家（族）谱	4.83	94.14
	歌舞厅	1.02	98.98		祭祖	23.47	76.19
	个体文化室或网吧	3.45	96.55		烧香拜神	13.89	85.76
	寺庙	35.49	64.51		请神	2.16	97.48

从实际情况来看，很多村庄并非不存在这些文化设施，而是当地农民根本不知道，由此可见，乡村公共文化供给方面的现状，其一是供给本身缺乏，其二，则是供给的内容存在很大问题，不能够深入人心。

6.1.2 社会主义新农村建设目标和要求提出以来，政府对农村文化的重视程度开始增加，开展了一系列文化工程，但实际效果有限

自社会主义新农村建设及其目标要求提出以来，加强农村公共文化建设，已经成为党中央、国务院关注的一大重点问题。2005 年 11 月 7 日，中共中央办公厅、国务院办公厅发布《关于进一步加强农村文化建设的意见》，提出加强农村文化建设的目标，并开始在全国各地实施一系列工程，包括广播电视进村入户、农村电影放映、农村数字化文化信息服务、服务"三农"的出版物出版发行、乡村文化设施建设等，试图解决农民看书难、看戏难、看电影难、收听收看广播电视难等问题。

2008 年 3 月，《人民日报》评论员文章指出：目前，我国有 83.2%的县建有公共图书馆，97.1%的县有文化馆，97.5%的乡镇有文化站。其中，全国文化资源共享工程，加工整合了全国图书馆、博物馆、美术馆等机构的优秀文化信息，建有基层网点 6 700 多个，辐射人群过亿。一大批国家级和地方重点文化设施先后建成并投入使用，仅公共图书馆就有 2 762 个，绝大部分分布于县市一级，有文化馆站 41 588 个，其中大多落户于农村乡镇。目前正在实施的全国文化信息资源共享工程资源总量已达 65TB，自建、共建的基层服务网点超过 52 万个；送书下乡工程为 300 个国家贫困县和 3 614 个乡镇赠书 137 万册；"广播电视村村通"工程已基本实现通电行政村和 50 户以上自然村广大农民收听收看的目标；"农家书屋"工程截至 2007 年年底，已建成农家书屋 2 万个，社区书屋 4 万家，2008 年年底，"农家书屋"的数量将增加到 6 万个[①]。

然而，在投入了大量人力、物力、财力后，我国农村公共文化艺术供给的增加，却更多地体现在数据上而非实效中。

6.1.2.1 农村电影放映工程耗资大，实效小，常常处于"没人看"的尴尬境地

由国家广电总局强力推进的农村电影放映工程，从 2000 年至 2005 年，国家投入农村电影的资金达 2.38 亿元（其中国家发展计划委员会 1.48 亿元，财政部 1 200 万元，国家广播电影电视总局 7 200 万元，中国电影集团公司 600 万元），主要用于采购电影放映设备和拷贝。最新的数字化试点资金共计 1.268 亿元（其中中央资金 7 381 万元，地方配套 5 299 万元），投资十分可观，但在实际运作过程中，这一工程却并不像想象中的那样受农民欢迎。

---

① 《人民日报》评论员：加强公共文化服务体系的建设，2008 年 03 月 04 日。

其一，在许多地区，大多数农村家庭已经拥有了电视机，看电影对他们来说已经不那么具有吸引力，尤其是在冬季天气较冷时，很少有农户乐意出门观看露天电影；其二，目前的农村电影放映工程名义上以"企业经营、市场运作、政府购买、群众受惠"为指导原则，实际上在政府采购的模式下，放映的只是"政府认为好"的电影，这使得电影生产商也只会考虑政府的偏好，无视农民的需求，最后导致所放电影农民群众不爱看、不愿看；其三，农村电影放映工程开展多年来，其评价机制仍然仅仅满足于放映了多少场次、覆盖了多少村庄这样的统计数字，至于每场有多少农民观看，是否满意，效果如何，则一直未能纳入评价体系之中，最终导致供需脱节严重，整个耗资巨大的工程变成无人看、无人管的"形式主义"工程。

6.1.2.2 农村文化资源共享工程未能达到预期效果，受众面狭窄，脱离农村实际 从 2002 年起，文化部、财政部共同启动了文化资源共享工程，借助于计算机、互联网等现代技术，通过覆盖城乡的网络体系，工程将丰富的舞台艺术、影视节目、农业知识、电子书刊、戏曲电影等输送到农村。根据建设规划，"十一五"期间，中央财政将投入建设资金 24.76 亿元，到 2010 年，基本建成资源丰富、技术先进、服务便捷、覆盖城乡的数字文化服务体系，实现村村通。

然而，在绝大多数农村家庭，尤其是中西部地区的农村家庭并不拥有电脑的情况下，农村文化资源共享工程本身的受众面就已大大缩小，绝大多数资源都只为乡镇干部、村干部所独享；除此之外，中国人民大学乡村建设中心联合其他 NGO 的志愿者在河北定州市翟城村所做的实验发现，当为村庄提供电脑，并培训农民学会使用电脑上网后，大多数人只是用来玩游戏，或者是访问一些娱乐性的网站。还有一部分人会在网络上寻找具有刺激性的东西，比如参与社会问题、甚至政治性问题的讨论；而不是寻找相关农业信息或者查询农业技术。而对农村网吧的调查也发现，许多非法经营的"黑网吧"，不仅不能成为农村文化供给的阵地，反而利用一些暴力游戏或不健康网站招揽未成年人上网，使农村孩子尤其是"留守儿童"沉迷网络不能自拔，导致辍学甚至走上犯罪之路[①]。

6.1.2.3 "农家书屋"等农村文化设施建设工程成为摆设，实际使用率不高，与农民需求偏离 建设"农家书屋"一类的农村公共文化设施，向农民提供文化服务并非新构想，早在多年前就已开始实施，但一直效果不佳。由于这些文化设施的供给，

---

① 农村盛行黑网吧"留守儿童"深受其害亟待整治，新华网，2007 年 3 月 3 日。

大多出于当地政府为实现"达标"等方面的需要而非来自农民需求，刚建好时当地群众尚有一定的参与热情，但一段时间之后就失去新鲜感，而文化设施的管理者也缺乏进一步维护和更新的动力，最后导致设备老化、破损并被人遗忘。

本课题组在山东、河南等地的抽样调查数据和案例访谈显示，在许多农村社区，虽然从形式上看，村委会里有文化大院、图书室、阅报栏、有线广播乃至体育健身器材，设施不可谓不丰富，然而对农民来说，这些却是华而不实的"花架子"，只是为了应付上级检查的"摆设"。

一方面，许多农民根本不知道村里有这些文化活动设施，或者知道了也几乎从来没有使用过；另一方面，在很多地区，这些设施所能够提供的公共文化的内容，也并不能令当地群众满意。在调查组走访过的许多村庄中，"文化大院"只剩个牌子，或者干脆改名为"人口文化大院"，工作重心转向计划生育；图书室则是冷冷清清，其中的书籍大多陈旧不堪，有些图书室大门甚至常年紧锁；远程教育系统则成为村干部们的专利，大多数普通农户基本无缘一见。在这种情况下，农村公共文化投入的增加、文化设施建设的加快，带来的只是农村公共文化形式上的繁荣，成为又一项劳民伤财的"面子工程"或"政绩工程"。

6.2　我国农村文化艺术供给中存在的主要问题

根据本课题组开展的实地抽样调查情况，并结合以往其他学者在各地的考察报告，可以看出在许多地区，农民群众精神生活匮乏、文化娱乐活动单调的局面并未从根本上得到扭转，目前我国的农村文化艺术供给，还存在着重形式轻内容、重数量轻质量、重短期轻长效、重个别典型轻全面覆盖等一系列问题，还远远不能满足农民群众在精神文化层面上的需求，更难以满足建设社会主义新农村，实现农村物质文明、政治文明和精神文明协调发展的要求。

6.2.1　政府供给的公共文化工程好大喜功，有"名"无"实"，强调纸面数据忽视实际效果

正如前文所指出的那样，随着党中央、国务院的重视和一系列财政投入的增加，农村文化艺术的供给的确有所进步，在一些基础设施和硬件建设方面，包括广播电视村村通的实现、农家书屋的增加、农村电影放映工作的开展等，都有着较快的发展，

反映在纸面上的数据十分可观，这是不得不承认的事实。然而，当我们抛开纸面数字，深入农村实际，考察广大农民群众从这些文化艺术供给中真正获得的效用时，得出的结论却很不乐观。

　　如图 6.3 所示，十年来，全国总共 4 万个乡镇中，拥有的农村集镇文化中心的数量一直保持在 2 万以上，即大约一半的乡镇都拥有集镇文化中心和文化馆。然而，这些集镇文化中心和文化馆，却大都未能发挥应有的作用。以湖北省为例，全省 1 180 个乡镇文化站中，能发挥良好作用的只占 1/3，而半数以上的文化站已基本丧失功能。有的乡镇文化站甚至一年不开展一项活动，濒临瘫痪①。

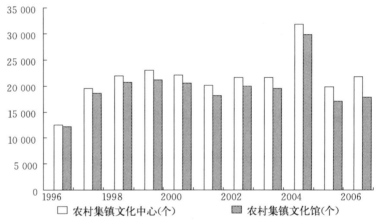

图 6.3　农村集镇文化中心变化趋势

资料来源：根据《国家统计年鉴（1997—2007）》整理。

　　财政部教科文司、华中师范大学全国农村文化联合调研课题组（2007）通过全国范围内的抽样调查发现："形式主义倾向"已经深深影响了农村文化的建设工作，大量的基层组织仅仅满足于在账面上显示出"有"文化站、图书室、远程教育等设施，至于这些设施能够提供怎样的服务内容，是否能够让农民群众满意，则完全不在他们的关注范围内。陈仁铭（2007）指出，尽管每个乡镇都有文化站，每个文化站都有图书室、电影院，但它们大多是为了达到"文化示范镇"的标准修建的，大量文化设备长期闲置，无人问津；尽管"村村通工程"从一定程度上来说缓解了部分农民看电视的需求，但停电频繁、信号差、收到的台少等问题，也使得许多偏远地区的农民有电视机却无电视看。

---

① 唐卫彬，黎昌政，探索农村文化站建设新路，人民网转载《信息导刊》（2004 年第四十八期）。

6.2.2 政府主导下的公共文化供给重"量"轻"质"，内容空洞陈旧，乡村私性文化供给相对活跃，部分低俗文化乘虚而入

除了"形式主义"现象严重外，农村公共文化供给方面的另一大问题，是只求数量而忽视质量，提供的文化艺术活动内容大多空洞陈旧，无法吸引农民群众的兴趣，在农村文化市场上往往竞争不过一些具有"黄、赌、毒"性质的低俗文化。

早在2006年，中央电视台的"焦点访谈"节目，就曾揭示东部地区部分农村办丧事时纷纷请戏班子打擂台，公开上演涉黄低俗节目的闹剧，而之后的更多媒体报道则显示，这种现象不仅仅发生在东部发达地区，中部、西部农村也都存在类似情况，而且部分农民群众甚至农村基层干部已经司空见惯，不以为奇。2007年，新华网①报道，地下"六合彩"以惊人的速度在农村蔓延，在部分乡村甚至出现了"家家户户买码，男女老少参赌"的奇观，在影响地方经济正常发展、造成人民群众家庭财产损失的同时，还带来许多严重的社会问题。这种现象在引发各方重视和严厉打击之后，目前虽有所缓解，但根源未除，隐患仍在。

《瞭望》记者在走访陕北、宁夏、甘肃等地时也发现，由于农村精神文化生活的缺乏，一些地方农村兴起寺庙"修建热"和农民"信教热"，甚至有各种地下宗教、邪教力量和民间迷信活动快速扩张和"复兴"，就像一颗颗"定时炸弹"，酝酿着严重的政治矛盾、宗教矛盾，给新农村建设与和谐社会建设带来危险，给国家安全造成隐患。

许多学者认为，正是由于政府部门对农村地区提供的公共文化服务不够，才导致一些低俗文化乘虚而入，占领农村文化市场。本课题组通过对山东、河南等地的调研则发现，若仅有数量上的增加，缺乏质量上的保障，仍然不足以净化农村地区的精神文化环境，而当前农村公共文化供给的一大突出问题，正是重"量"不重"质"。

仅以电影放映为例，在河南、山东，几乎每个行政村都开展了电影放映活动，按照设计者的构想，这项活动应该受到农民群众的热烈欢迎，但事实却并非如此。据部分主管文化事业的基层干部反映，在很多村，放电影时基本没什么人观看，而走访的农户则认为，和家里的电视相比，露天电影的吸引力已经很小，且放的片子大多过时，没什么意思。与此相类似，农村公共文化供给的许多其他内容，包括图书室建设、文化下乡等，也都存在类似的问题。

---

① 严打地下"六合彩"，还农村一片晴空，新华网，2007年4月18日。

6.2.3 农村公共文化供给经费短缺，人才凋零，已有的公共文化活动后续乏力，难以为继

对农村公共文化和农民精神生活建设的强调并非一个新鲜话题，早在多年前就已出现在各级政府的文件和报告中。自改革开放以来，政府曾以不同形式在全国范围内开展过大规模的农村文化建设活动，但似乎每一次都是以声势浩大为开场，渐渐销声匿迹，最后不了了之。正如目前各乡镇名存实亡的文化站、图书馆、电影院等，事实上都是当年大力发展乡镇文化，要求乡镇"文化达标"建设的"成果"，却在后续投资缺乏、维护管理不足的情况下日益荒废，未能发挥其应有的作用。而新一轮的农村文化建设工作，是否也有可能走上过去的老路？

从已有的调研结果来看，这种现象已经初现端倪。在许多农村地区，一方面，由于公共文化供给经费投入缺乏持续性，许多公共设施，如文化活动室、体育器材、图书室等，往往在初期投入建设并验收合格后就被置之不顾，只能在刚建成时发挥作用，日后则渐渐成为摆设。本课题组在调研中发现不少村庄都曾经拥有文化活动室、图书室、戏台等公共文化艺术设施，但大多因为经费问题，在缺乏管理和维护的情况下渐渐荒废。另一方面，农村文化人才的日益凋零和大量流失，也使得许多曾经繁盛一时的公共文化活动难以组织起来。如图 6.4 所示，从 1988 年开始，农村文化专业户的数量呈现明显的下降趋势，从一度接近 25 万户的最高峰到现在，不过 20 年时间里减少了几乎一半。

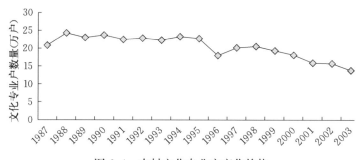

图 6.4　农村文化专业户变化趋势

资料来源：根据《中国农村统计年鉴（1987—2007）》整理。

作者在山东、河南等地调研时发现，那些公共文化活动开展较好的村庄，大多有一两个"能人"在其中担任组织和协调工作，而更多的村庄，原本有着良好的公共文

化基础，却终因人才的散落而使得文化工作也难以继续开展。如调研组曾经走访过的山东某村，前两年尚有高跷队等村庄传统文化团体，却因为队里的"台柱子"离乡外出打工，后备人才跟不上，最后只好解散。

6.2.4 农村公共文化供给覆盖不均，只有少数典型突出，大多数农村居民被排除在外

与过去相比，当前的农村公共文化供给，在覆盖面方面已经有所进步，但这种以行政村为单位的覆盖模式，仍然存在着覆盖面狭窄的问题。由于我国许多农村地区存在着面积广、居住分散等问题，尤其在山区农村，设立于行政村村委会的图书室、文化活动室、健身器材等设施，即使能够正常发挥作用，也只能惠及周边居住的农户，更远一些的农户，很多人一年难得去一次村委会，有些甚至根本不知道这些文化设施的存在。在本课题组的调研中，比较村委会工作人员和该村居民对村内拥有的公共文化设施的知悉情况，常常能发现这一问题。

除此之外，当前农村公共文化供给覆盖不均的另一个重要表现，是"树典型"的建设方式，使得农村公共文化艺术活动只有少数人参与其中，大多数农村居民被排除在外，缺乏参与感和积极性，渐渐变得漠不关心。

本课题组在调研中发现，即使是那些因文化艺术活动丰富多彩，屡次被媒体报道，被当地政府部门视为典型的"文化大乡""文化强村"，真正参与其中的，也只有很少一部分人。本课题组在入户访谈中发现，更多的当地村民只是作为旁观者看看热闹，有些甚至表示这些事和自己无关，连热闹都懒得看。同时，由于这些"典型"的对外宣传性质，也使得它们渐渐脱离了当地的农村社区，不再为本村本地的文化娱乐而服务，而沦为又一项创造"政绩"的"形式工程"。

6.2.5 民间文艺团体大量减少，发展缓慢而且十分艰难

如图6.5及图6.6所示，从全国整体情况来看，在农村文化工作大力开展的表象之下，实情是农村文艺演出团体的迅速减少，其中，职业剧团的减少尤为明显，不到十年的时间里只剩下原有数量的1/3，而农村业余演出团队虽然在1996年之后开始慢慢增加，但速度十分缓慢，始终未能达到20世纪80年代中后期的水平。

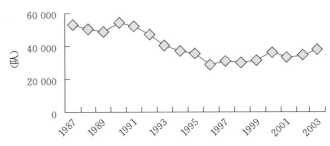

图 6.5　农村业余演出团变化趋势

资料来源：根据《中国农村统计

年鉴（1987—2007）》整理。

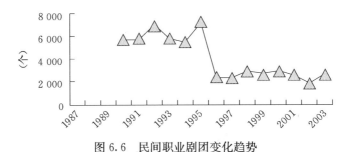

图 6.6　民间职业剧团变化趋势

资料来源：根据《中国农村统计年鉴（1987—2007）》整理。

以河南农村地区为例，调研组在不止一个村庄发现，仅仅在三五年前，村里还有秧歌队、豫剧团等农民群众自发组织的文化活动，但大多坚持不了多久，就因为无人组织，或是经费短缺，最终昙花一现，难以为继。

6.3　我国农村文化艺术供给现有管理模式的主要弊端

6.3.1　自上而下的考核方式，使得农村公共文化艺术供给只对上级负责，流于表面形式

我国当前农村文化艺术供给存在的最大问题，就是无视当地农民群众的实际需求，由政府一厢情愿地进行灌输，却越来越难以得到当地农村居民的支持和响应，而造成这种问题的最关键原因，则在于对农村公共文化供给的管理建立在自上而下的"指标考核"上，基层干部发展公共文化艺术事业的基本动力，来自如何完成上级分

配的任务，怎样应付检查和考核，至于收到了怎样的实际效果，当地农民群众是否满意，则几乎不在"供给者"的考虑范围之内。

从现状来看，在当前农村公共文化供给的管理模式下，正是由于上级的考核指标只重视"有没有"文化设施，而不考察文化供给的效果到底"好"还是"不好"，才使得基层的文化供给重形式轻内容，重投入轻管理，成为劳民伤财的"摆设"。以最近开始在全国推行的农村电影放映试点工作为例，在高额投资和高科技手段的支持下，看上去似乎终于能够保证每部电影都"放"了出去，只是放映效果好不好，有多少人来看，爱不爱看，既然上级不考核，基层执行者也就不再去管。

那么，是不是只要改变考核内容，增加对"群众满意度"的考察，就能改变这种情况呢？未必。

首先，与硬件设施的指标考察相比，对后续管理运行效果、群众满意度等内容的考核，在实际操作层面上要困难得多。一方面，这些内容很难量化评估，更难以制定统一标准，另一方面，考核内容越多，意味着需要在这些方面投入的人力、物力、财力越多；考核标准越虚化，意味着上级行政部门的寻租空间越大。这就不但使原本稀缺的文化投入被行政事务所浪费，更助长不良之风的蔓延。

其次，无论怎么细化农村公共文化艺术供给的考核标准，说到底，这样的考核形式都属于"自上而下"的管理模式，难免带有上级主管部门的主观偏好，易和基层农村的实际情况、农民群众的实际需求脱节。也正因如此，由政府部门供给的公共文化和艺术，往往会被当地群众认为"不好看"，"没意思"，甚至竞争不过一些低俗的文化娱乐活动。

6.3.2　政出多门的管理体制，使得农村公共文化艺术供给无所适从，资源浪费严重

当前我国农村文化艺术的供给管理模式中，最终的执行者大多为村干部这一级，而可以提出要求的主管部门，仅在乡镇一级，就有党委宣传部门、乡镇文化站、教育部门等，往上到县一级，广播电视局、文化局、体育局、教育局、县委宣传部门等更是"各自为政"，都有自己的一套文化组织活动方针，谁都对农村公共文化活动有发言权，却谁也不对农村文化事业完全负责，缺乏统一协调，重复建设和资源浪费现象严重。

与此同时，作为实际执行者的村干部，除了要应付农村文化工作上多个部门的指手画脚外，还承担着文化工作以外的其他职能。"上面千条线，下面一根针"，最后的

结果，自然是走形式主义，把主要精力用来应付上级检查，而非实实在在地开展农村文化工作。

事实上，把行政村作为农村公共文化供给的基本单位是否恰当，这一点本身就很值得怀疑。由于文化活动本身即具有地域化、多元化、结构化特征，即使在一个农村社区内部，因人口统计变量、家庭经济状况、地理环境、区域人文因素等条件的不同，也可能存在着多种不同的文化需求群体。与此同时，由于市场经济的冲击，农村人才外流和空心化程度加剧，加之农业税和"两工"等取消后，许多地区村委会和普通农民群众间的联系越来越薄弱，仅仅依靠农村干部，已经越来越难以组织当地的公共文化艺术活动，即使组织起来，其覆盖面也十分狭窄，只有少数农户可以参与其中。在这种情况下，若仍然依靠村干部，以行政村作为农村公共文化供给的基本单位来组织公共文化活动，一方面失去农村公共文化供给本身的意义，另一方面，也会伤害许多农民参与农村文化的积极性，甚至使其产生排斥情绪。

以河南某地为例，作为一座文化名城，当地在市、县、乡级都有着一年一度的大型文化活动，各个村庄也会组织表演队参加。然而，课题组在入户访谈时发现，许多农户对自己村有表演队的事一无所知，或者即使知道，也表现得较为淡漠；但对于"如果村里有集体文化活动，愿意参加或者观看吗"的问题，又有很大一部分农户表示愿意参加，这就表明，不是农民群众本身缺乏积极性，而是他们参与文化活动的积极性，在当前的公共文化供给和管理模式下，长期遭受漠视和打击。

6.3.3 "吹风式"的建设模式，使得农村公共文化艺术供给缺乏长效机制，陷入循环重复之中

农村公共文化供给机制的建设和完善非一日之功，需要长期投入和耐心扶持。然而，目前的农村公共文化建设模式中，最缺乏的就是长期持续建设，常常是上级一声令下，基层闻风而动。一段时期之后，则渐渐偃旗息鼓，直到下一次上级号召，如此循环往复，使得农村公共文化建设陷入一轮又一轮低水平的重复之中。

在20世纪八九十年代，许多农村地区就已经开始筹建文化大院、建设图书室、组织村庄文艺表演队，多年过去，现在的农村公共文化建设仍然是这几大内容，不但没能在过去已有的基础上发展深度和广度，反而因为过去的设施缺乏维护、年久失修，不得不从头再来，而曾经组建的文艺表演队，也只是热闹一时，缺乏可持续性。

导致这种现象出现的一个重要原因就在于当前农村公共文化的供给未能脱离"工程

管理"模式。建设者急功近利，把长期的文化建设工作变成短期的工程项目，缺乏长期规划和长远考虑，评估验收合格后就不管不问，后续经费投入和管理维护没有及时跟进，更严重的是，完全忽视了农村公共文化艺术供给中"人"的因素，再加上现代化的市场经济和工业经济的双重冲击，致使许多农村传统文化艺术后继无人，岌岌可危。

6.4　积极引导，深入实际，构建满足农民需求的文化艺术供给机制

许多学者在研究中都发现了类似弊端，并提出"以人为本""以农民需求为本""增强农民自主性"等政策建议，然而值得注意的是，农民群众对文化艺术等精神文化层面的公共品供给的需求，与物质需求相比，具有更强的隐含性和可引导性。如本课题组对山东、河南农村的抽样调查就发现，许多农户自己也对到底"需要"怎样的文化艺术供给缺乏明确概念，倘若一味强调"自主""放手"，最后的结果，可能是要么造成农村文化投入更少，使其陷入更深的萧条；要么导致乡村文化管理更加薄弱，农村文化市场更加混乱和无序化。这是我们必须加以警惕和防范的。

那么，如何改进现有的农村公共文化艺术供给管理模式，使其既能积极发挥引导作用，又能满足农民群众的实际需求呢？结合已有的研究结论，本课题组提出以下建议：

6.4.1　强调农村公共文化艺术的参与感和组织性，使农民在文化参与中获得多重收益

观察农村公共文化艺术活动的供给和参与情况，一个引人注意的事实是：在许多地区，农民不愿意为村里的公共文化活动掏钱，却很乐意集体凑钱修庙；村里的文化活动室空空荡荡，旁边同样简陋的寺庙里却有人吹拉弹唱，热闹无比。对这种现象，我们并不能简单斥之为"愚昧""迷信"。另一个例子是在河南地区，部分基督教信仰较为发达的村庄，许多信徒很乐意每周步行好几千米，到邻村或者乡镇的教堂去做礼拜；还有一些信徒原本文化水平不高，却通过与教会其他人一起共同阅读圣经，主动学习文化知识并增长见识。调研中发现，许多信仰基督教的农民，与村里具有同样学历的同龄人相比，在谈吐和思路上显得更为清晰；此外，部分地区农村青少年"不爱学堂爱教堂"，更乐意去教堂弹风琴，唱赞美诗，并认为教堂比学校"更有趣"，也是

令人深思的现象。

为什么在公共文化的提供上，部分地区基督教会吸引民众的效果，要比当地基层政府还要好？问题的关键并不在于是否有信仰，而在其参与感和组织化程度上。在一个组织化的环境中，参与基督教会的农民具有更强的互动性，其获得的收益是多重的，除了宗教活动本身带来的心理慰藉外，更有教友间的相互交流带来的情感满足，以及身处组织或者集体之中的安定感和安全感，等等。因此，参与教众会有较大的热情来参加礼拜、祈祷、读经、念赞美诗等活动，并愿意主动为教堂的修建出力，捐钱捐物做奉献，积极准备并参与教会的大型庆典等。

同样的情况，还可以追溯到集体化时期，为什么在物质生活更加艰难的情况下，当时的农民群众还有热情去参与和组织各种文化艺术活动？反而是公社解散、土地分包之后，生产力水平和收入水平提高了，农村公共文化活动却渐渐消失了？

因此，当前的农村公共文化艺术供给，也应该改变以行政村为基本单位进行投入的现状，须更多地关注基层文化组织，最好能够和农民合作社等其他合作组织结合起来，让农民在参加文化活动的同时获得多重收益，提高他们参与文化活动的积极性和认同感，加强农村文化组织的参与性、凝聚力和可持续性。

6.4.2 积极培育农村"文化能人"，充分利用农民群众的主观能动性

保障农村公共文化艺术事业的顺利开展，"人"的因素是关键。首先，需要有热心公共文化事业，具有良好组织协调能力的"组织者"；其次，需要有具备一定文艺特长，并有强烈热情和参与意愿的"参加者"；最后，还要有大量爱好农村公共文化艺术活动的"观看者"。这三者的产生，固然有一定的自发因素，更需要公共部门加以培育和引导。

遗憾的是，当前农村公共文化供给中，最需要的是"人"，最缺乏的也是"人"。在现代化工业经济的冲击下，大量农村人才外流，农村公共文化的参与主体日益缺乏，而外出务工的农村青年对工业文明和城市文化的盲目向往，又使得农村传统文化的根基更加薄弱。在这种情况下，急需相关部门加强重视，发掘农村"文化能人"，培育农村青年后备军，积极引导和鼓励，提高他们的参与热情和参与水平。

在国内外经济形势发生重大变化，大量外出务工青年返乡的现实状况下，农村文化工作中"人"的培养显得尤为重要。当前，许多因工厂倒闭或提前放假而返乡的农村青年正处在巨大的落差感和迷茫状态中，与父辈相比，青年一代有着更强烈的不确定感和不安定因素，他们一方面更容易在农村文化生活的相对缺乏中感到不适和空

虚，另一方面也更愿意积极努力改变现状。调研发现，返乡的农村青年中，很多人开始沉迷于打牌、上网等活动，但也有很多人利用空闲时间阅读和充实自我。因此，在当前这种新形势下，政府部门需要迅速采取措施，引导农村青年参与健康向上的文化娱乐活动，激发他们对农村传统文化艺术的热情，发挥他们的组织力和创造力，为农村公共文化和艺术供给带来新的活力。

6.4.3　改变财政拨款方式，设立农村文艺基金，为农民自己的文艺团体提供更多的资金支持

现有的农村公共文化供给虽然开始引入市场化机制，却多采用"政府购买"方式，文化产业内的企业并不直接向农民提供文艺产品，而是与当地政府做交易，由此导致的直接后果是文化产业并不以农民需求为中心，只以当地政府的要求为中心，且在这种垄断的供给和监管体制下，很容易产生寻租行为，造成资源和成本的浪费。

一方面，政府提供的公共文化和艺术并不能满足当地农民多元化、本土化的需求；另一方面，由农民自行组织的各种文艺团体和传统乡村文化艺术活动又常常因缺乏资金而举步维艰。在这种情况下，需要考虑改变当前自上而下，被各级政府部门牢牢把持的财政拨款方式，引入更多的筹资渠道和社会资源动员方式，通过设立农村文艺基金等形式，为农民自己创办的文艺团体提供更多的鼓励和支持。

第 7 章　农村电影放映工程评价[①]

7.1　农村电影放映工程概况

为了解决广大农民群众看电影的问题，国家广播电影电视总局会同国家发展和改革委员会等，实施了农村电影放映工程（"十五"期间为农村电影"2131 工程"）。2000 年农村电影"2131 工程"正式纳入国家发展计划，并设立了农村电影放映国家"2131 工程"专项资金，"十五"期间，重点扶持中西部 22 省（自治区）的 632 个国家级低收入县，开展农村电影放映活动。五年来共资助：电影放映机 8 183 台、发电机 2 169 台、流动放映车 651 辆、放映大篷 117 个、数字放映设备 54 台、幻灯电影机 159 台、放映双机 600 套、电影拷贝 22 818 个，还为西藏、新疆等 8 个少数民族语译制中心更新了译制设备。

通过上述资助，广大中西部地区的农村电影放映条件得到了极大的改善，电影放映能力明显提高，放映场次不断增加，农村电影放映队和放映点也逐步得到恢复。目前，全国农村已有各种形式的电影放映队 3.5 万多个，5 年来共放映电影近 2 000 万场，平均每年 300 万场，观众达 50 亿人次。已有 18 个省（自治区、直辖市）实现年放映场次 10 万场以上，其中西藏、内蒙古、宁夏、陕西、北京、上海等省（直辖市、自治区）已率先实现年均村放映电影 12 场的目标，即基本实现一村一月放映一场电影的目标，新疆、云南、湖南、重庆也达到年均村放映电影 8 场的水平。

2007 年开始启动农村电影改革发展试点，积极推进农村数字放映活动[②]。试点覆盖了浙江、广东、陕西、江西、河南、湖南、吉林、宁夏 8 个省（自治区）的 16 个市所辖的 145 个试点县、1 665 个试点乡，放映到 37 052 个行政村[③]。本次农村电影改革发展暨数字化试点资金共计 1.268 亿元（其中中央资金 7 381 万元，地方配套 5 299 万元）。具体资助和补贴政策是：中央负担西部地区试点县和中部地区国贫县的数字放

---

① 执笔人：程艳军。
② 将 16 毫米胶片放映逐步转换为数字化放映。农村数字电影放映是运用高新科技手段推动传统电影放映升级，降低成本，提高电影观影效果，扩大电影覆盖率的新的放映方式。
③ 实际覆盖试点地区的 16 个市，147 个县，2 004 个乡，39 036 个行政村。

映设备、放映场次补贴以及中部地区非国贫县数字放映设备、场次补贴的 60%；地方负担试点市卫星接收设备资金、试点县数字放映设备资金（含东部地区和中部地区非国贫县配套 40% 部分）以及放映场次补贴（含东部地区和中部地区非国贫县配套 40% 部分），地方负担部分主要由省、市两级财政解决，有条件的地方县级财政也作了配套。

为加快实施农村电影改革发展试点工作，国家广播电影电视总局下发了《数字电影发行放映管理办法》《试点地区农村数字电影发行放映实施细则》《农村电影公益放映场次补贴管理实施细则》《农村电影放映国家"2131 工程"专项资金及资助设备拷贝管理办法》等文件，对试点省（自治区）实施工作的要求、农村数字院线的组建、院线公司的准入审批、配套资金的使用、数字放映设备的管理及农村公益版权影片的使用等内容都做出了规定。

7.2 农村电影放映工程的影响

"2131 工程"的实施，有力地推动了全国农村电影事业的发展，保障了农民群众的基本研究化权益，改善了农民群众看电影难的情况。

实践证明，农村电影"2131 工程"是一项宣传党的方针政策，促进农村精神文明建设，提高广大农民群众的思想道德素质和科学文化水平，反对敌对势力宣传，构建和谐社会的顺民意、暖民心的世纪德政工程。农村电影"2131 工程"的实施，有力地推动了全国农村电影事业的发展，使农民群众看电影难的情况得到极大的改善。

通过对国家级贫困县河南嵩县的实地调研，我们发现，在所调研的 6 个乡镇 45 个村基本上都实现了每村每月一场电影的目标，只有少部分地区是每两个月播放一次电影。

7.3 存在的问题

在调查过程中我们发现农村电影放映工程存在如下几个严重的问题：由于受到电视的冲击，加上所选电影题材过于陈旧乏味（据了解，播放的大部分是旧电影），导致观看电影的农民数量不断减少，有些地方甚至减少了放映时间和次数（表 7.1）。农村放电影的效果呈现下滑趋势，电影对农民的吸引力也日渐减弱。国家每年投入上亿元的巨额资金，除了养活一批放映队伍之外，逐渐变成一种"烧钱"的形式。这种"自上而下"的运作方式和管理机制急需改革和创新。

表 7.1　农村放电影调查

放电影举办次数	放电影参与次数	放电影参与时间	放电影评价①
6.87	3.12	1.45	2.59

资料来源：课题组嵩县农户调查。

从表中可以看出，在河南嵩县，年均村放电影 12 场的目标并未实现，实际播放次数才达到一半多一点。这说明，一方面官方声称的 12 场与农民实际看到的有较大出入，另一方面，在农村播放的电影对于农民的吸引力不大，导致观看的农民不多，进一步导致播放场次的减少。从农民参与观看电影的次数和时间长度的统计数据来看，平均为 3.12 场和每次 1.45 个小时，这一结果也验证了这样的结论。而农民对于所播放的电影的评价为 2.59，介于 2（比较好看）和 3（一般）之间，说明电影的题材缺乏足够的吸引力。

具体分析如下：

7.3.1　电视的冲击太大

调查发现，农民朋友们普遍对电影不感兴趣的原因是电视的普及以及电视节目的丰富多样化。一方面，基本上家家户户都有电视（99.8%），而且基本上都安装了有线电视或卫星电视（99.2%）；另一方面，目前的电视节目也越来越丰富，有很多深受农民朋友喜爱的节目频道可供选择（新闻 60%，电视剧 70%，戏剧 45%）。

7.3.2　内容乏味，缺乏吸引力

据调查，农村播放的电影主要集中于宣传教育和科教方面。一方面此类电影缺乏吸引力，另一方面农民的科学技术知识基础薄弱，不适合大众观看（对养殖大户、种植大户而言比较合适）。换句话说，播放的电影没有考虑农民群众的实际需求。

---

① 评价代码：1. 非常好；2. 比较好；3. 一般；4. 不太好；5. 很不好。

7.3.3 越来越形式化

据一位了解农村电影放映工作的基层官员所说，鉴于农村电影放映"无人问津"的情况，很多时候电影放映员从网上下载好要播放的数字电影后，会打电话询问村里是否需要观看，如果得到的答案是否定的，他就直接在屋内对着墙壁播放了。如此一来，农村电影放映就真的流于形式了。

7.3.4 播放环境差

受到资金和市场条件的限制，农村没有固定的电影院或放映室，所以只能露天播放电影。一旦遇到下雨天就没有办法播放，而冬天播放环境更加恶劣。至于播放的音响效果，肯定也会大打折扣。

7.4 农村放电影工作的进一步思考

为保证农村电影放映工程的顺利实施，国家每年投入上亿元的资金，出发点当然是好的，可是预期目标和实际取得的效果之间有很大差距，也存在很多不现实的问题，应该引起政策决策者的进一步思考。

针对农村放电影过程中出现的弊端和问题，我们不能采取全盘否定的态度，毕竟电影为农民增加了一项可以选择的文化娱乐方式。如果贸然中止农村电影放映工程，一方面将使得本来就匮乏的农村文化娱乐项目更加单调，另一方面对国家已经投入巨额资金购买的电影播放器材等资产将会造成巨大的浪费。为此，我们提出如下几条建议，供决策部门参考：

7.4.1 改革管理机制：与时俱进，以需求为导向

管理机制的改革主要针对目前农村电影放映题材的陈旧问题，应增加新颖的、时代感强的影片，保证，与时俱进。此外，还应更多关注农民群众的文化需求和发展动向。当前我国农村出现的一个普遍现象是青壮年劳动力外出务工，只剩留守妇女、儿童和老人，即所谓的"386199"部队。这些群体所偏好的电影是不同的，如，妇女喜欢的是故事片、儿童更喜欢动画片等。另外，调查中还发现，许多农民渴望获得更多

有关农业生产技术类（包括种植、养殖、加工等技术）方面的知识，所以在今后的选材过程中可以偏向这方面的电影或科教内容。

7.4.2　增加反馈机制和监督机制

反馈机制的不通畅也是导致电影放映流于形式的主要原因。因此，建立一个积极有效的反馈机制有助于改善目前电影播放的效果。另外，增加监督机制，还可以有效防止某些地区的放映队伍出现只拿钱对着墙壁播放而不是下到农村给农民群众放映的现象。

第8章 农村文化大院评价
——以嵩县为例①

　　与城市相比，农村的落后不仅仅是经济的落后，更表现为文化上的落后。我国绝大多数农村地区少有公共文化活动场所，农民看不到报纸、杂志、电影，文化活动方式单调、内容贫乏甚至低俗。有些地方赌博盛行，封建迷信活动猖獗，落后腐朽思想沉渣泛起，宗派势力、地方黑势力横行乡里（陶笑眉，2008）。文化上的落后对于农村经济的发展意味着是一种掣肘②，文化与经济的双重落后在一个更为宽泛的语境中相互交融，使得二者一同步入"贫乏"的陷阱。故此，农村的发展、农民收入的增加不是一个单纯的经济问题，而这一点也正不断被各界所认识。国家政策层面对于农村文化建设的重视程度正逐步加大。从《新农村建设的若干意见》（2005年），《进一步加强农村文化建设的意见》（2005年），到十七届三中全会的《关于推进农村改革发展若干重大问题的决定》（2008年）都表明了国家政策对于农村文化建设极其重视的倾向。

　　而文化的建设是多层次的，其中文化的重要载体即文化基础设施的建设是文化建设的基础。可以说现阶段农村文化的"贫乏"很大程度上归因于农村文化基础设施的滞后。党的十六大以来，政府重视农村文化基础设施的建设，不断增加各类农村文化设施的投入，并且提出"力争到2010年，实现县有文化馆、图书馆，乡镇有综合文化站，行政村有文化活动室"的目标③。农村文化大院④作为基层农村文化设施就在这一背景下被提出来，目前在全国已陆续推开。实际上农村文化大院的建设已构成了现在农村文化基础设施的主要组成部分。

　　那么时至今日，以农村文化大院为代表的新一轮的农村文化基础设施的建设已有

---

　　① 执笔人：刘杰。

　　② 艾利森·戴维斯（Allison Davis）认为，文化上的贫穷会以一种"贫困文化"的形式根植于穷人的日常行为方式当中。它以一种特定的生活方式、行为规范和价值观念体系来表现。由文化上的贫穷形成的贫穷文化会在贫困人群中世代相传，使贫困本身得以维持和繁衍。

　　③ 引自：《中共中央、国务院关于进一步加强农村文化建设的意见》（2005年11月7日）。

　　④ 文化大院是指在乡镇、行政村建立的群众自娱自乐，开展文化活动的文化场所（大院），它包括文化活动中心，文化活动室，图书室，文化墙（即宣传栏、阅报栏），健身器械及场所。目前国内关于文化大院的定义口径不一，为便于分析，如无特别说明本文后面所指文化大院就依照上述的定义。

一段时间，其成效如何？已有建设过程中出现了哪些问题？其对今后进一步加强农村文化基础设施的建设有何启示？随着国家农村文化建设的进一步展开，对于这些问题的回答具有非常深刻的现实意义。为弄清这些问题，我们以农村文化大院为例，结合我们在河南省嵩县的实地调查进行分析。

8.1 数据来源

2008 年 12 月，我们课题组深入河南省嵩县进行的田野调查。

8.2 嵩县农村文化大院的现状与问题

作为全国典型的农业大省，河南省是最先提出"农村文化大院"建设的，针对文化大院的建设与运行，河南省还专门出台了《河南省文化厅关于印发河南省示范文化大院标准（试行）的通知》，对文化大院的设施、文化大院的配置规格、文化大院的作用等做出了相关规定[①]。在文化大院建设资金的筹措上，采取市、县（区）、乡（镇）政府三级补助的方法解决，即市财政给予每个村级文化大院补助 1 万元设备资金；县（区）、乡（镇）财政分别给予每个村级文化大院补助 5 000 元设备资金。经过一段时间的努力，目前，全省共有文化大院 38 424 个[②]，为广大农民群众就近、便利、有选择地享受文化成果、参与文化生活提供了便利条件。

嵩县地处豫西山区，隶属洛阳市管辖。2007 年全县国内生产总值 61 亿元，财政收入 2.32 亿元，农民人均纯收入 3 100 元。嵩县作为一个国家级贫困县，和河南省其他县（市）一样响应国家和省的政策，在新农村建设的机遇下，克服财政资金的紧张

---

① 农村文化大院包括村文化活动中心，文化活动室，图书室，文化墙（宣传栏、阅报栏），体育健身活动场地及器材。文化大院可单独成院，也可与村委会共建共享。其中文化场所使用面积应达 150 米² 以上。室内活动场所应包括图书室、阅览室、活动室、多功能教室等。室外活动场所应有 1 个占地面积 500 米² 以上的广场，建有 1 面文化墙（宣传板、橱窗）。图书室藏书 3 000 册以上，报纸杂志订阅 10 种以上，且常年开展借阅活动；活动室文体活动器材 5 种以上，其中有 1 种以上供业余文艺表演队伍使用的成套设备（器材）；多功能教室在 30 座（桌椅）以上，并配备有电视以及播放设备。室外一般应有 2 种以上体育活动场地和设备（篮球、羽毛球、乒乓球、门球等）。文化大院应集图书阅读、广播、宣传教育、文艺演出、科技推广、科普培训、体育和青少年校外活动等功能于一体，尤其在促进新农村建设、形成文明村风、巩固农村稳定等方面发挥重要作用（豫文社〔2006〕38 号）。

② 嵩县人口网：http：//www. renkou. gov. cn/Content. Asp？ID＝313。

进行农村文化设施的建设。2007年以来，嵩县首先规划确定了"三线两点"［洛栾快速通道、陆（浑）车（村）路、311国道和陆浑库区、白云山景区］周边的115个村，按照市级示范村标准建设，同时加大了对文化大院的建设，目前已在全县范围内建成115个文化大院，文化大院村覆盖率36.16%[①]。

嵩县农村文化大院的建设是作为新农村建设的一项重要内容推进的，经过政府的强力推动目前已取得一定成绩。嵩县一些成功的文化大院经验表明：文化大院的建设可以在农民中间传播先进的科技文化知识；培养农民业余文化队伍，活跃农村文化生活；可以有效地保护和发展广大乡村的非物质文化遗产。但是，农村文化大院作为一项"自上而下"的由政府主导的工程，其实际推行过程当中暴露出很大的问题，以我们在嵩县的调查为例，总体上可以将之归为两个方面：

8.2.1 覆盖面不足，宣传不到位

嵩县对外公布的文化大院数量为115个，那么全县文化大院覆盖比例仅为36.16%。在农户问卷中问及"您村内有没有文化大院"，被调查的307个农户中，8个农户没有回答该问题，7个农户回答"不清楚"，两项加起来占整个样本的4.80%；有87个农户回答"本村有文化大院"，占比为28.20%，有205个农户回答"本村没有文化大院"，占整个样本的66.80%。因此，不难看出，该县文化大院的覆盖比例还是很低的，即使将"回答不知道和没有回答"算入知道"有文化大院"的人群，比例也不足1/3。具体见图8.1。

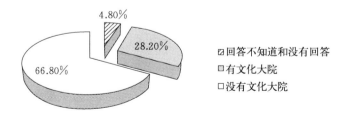

图8.1 文化大院拥有情况

对于"您院内有没有文化大院"这一问题，样本中有4.80%的农户"回答 不知道 和没有回答"，我们认为主要原因在于，政府对于文化大院的宣传力度不够。我

---

① 相关资料来自嵩县公众信息网。

们在调查的过程中，明明看到村里建有文化大院，但有受访者表示确实不知道。这些地方的文化大院有一个共同特点：大多与村委会建在一起，甚至就在村委会内部。平时没什么事，村委会办公室的大门总是锁着。由于缺乏宣传，有些村即使修建了文化大院，一些农民也根本不知道。这一点同时在下面的一个问题中得到了反映，当受访农户回答"您村有没有体育健身设施"时，有 43.00％的人回答"有"，只有 2.90％的人没有回答或回答"不知道"。具体如图 8.2。

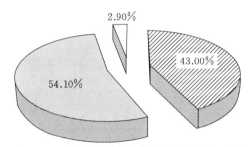

图 8.2　体育健身设施拥有情况

在 307 个农户中，有 132 个被访农户回答村里有体育健身设施，占样本的 43.00％，其中有 91 个农户表示使用过村里的体育健身设施，并且平均每人一年使用的次数为 68.99 次。体育健身设施作为文化大院的一部分，农户在对二者知悉情况的回答上却有如此大的差别。我们的解释是：①政府宣传力度不够，农户不认为体育健身设施是文化大院的一部分；②目前嵩县的文化大院建设在房屋与场地的选择上主要采取与村部共建共享的方式，所以农民直觉上认为文化大院的变化就在于体育健身设施的添置。而这与其心目中的文化大院相去甚远。

8.2.2　闲置率很高，利用效率不佳

被调查的 307 个农户中只有 87 人知道"本村有文化大院"，其中去过文化大院的只有 57 个，占总样本的 18.6％；这些表示去过文化大院的人"过去一年去过文化大院的次数"每人还不到 58 次。受访者中有 91 个使用过本村的体育健身设施，占总样本量的 29.6％。体育健身设施与文化大院其他设施相比实用性更强，因此使用的人更多。但是，受访者表示他们去健身场地的目的不是健身，而是聊天或与邻里打闹嬉戏。具体见表 8.1：

表 8.1　文化大院与体育健身设施的使用情况

		文化大院	体育健身设施
过去一年您使用了多少次	均值	57.64	68.99
	标准差	69.9	74.77
平均每次使用多少小时	均值	1.025	1.88
	标准差	0.488 5	1.98

体育健身设施与文化大院使用频率的标准差较大，我们认为这与文化大院的布点有关。嵩县的文化大院一般建在村部，而村内分成众多自然聚居区，他们并不是聚居在一起，所以对于整个村的村民来说，离文化大院特别是体育健身设施的远近就不一，也因此决定了使用频率的不一，直接表现为使用频率的标准差很大。

8.2.3　农民参与度不高，但期望很高

从前面受访农户关于文化大院的回答来看，农户的参与度很低。但是当问到"您对已有的文化设施的评价如何"时，受访者对文化大院与体育健身设施的评价如图 8.3 所示：

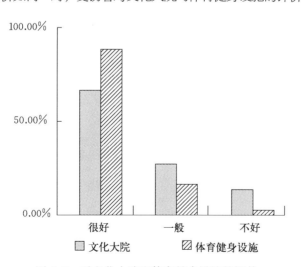

图 8.3　对文化大院和体育健身设施的评价

从图 8.3 不难看出无论是对文化大院还是体育健身设施，受访者一般都会评价"很好"，而从与受访者的谈话当中也可以很明显地感觉出他们抱有"没有要比有好"的态度。

8.3 问题出现的原因

　　嵩县农村文化大院出现的问题并不特殊，它具有全国农村文化大院，甚至是全国农村文化基础设施所出现问题的一般性。任何试图以单一的角度来解释造成上述问题原因的努力在我们看来都注定是徒劳的，因为，农村文化基础设施投入不足和运行效率低下是多方面因素综合作用的结果。它甚至要求我们要跳出文化基础设施的问题本身去审视上述问题。因此，我们在此不追求以一个统一的分析框架来解释上述问题，而是试图发掘各种因素来对上述问题进行全面透彻的解析。我们认为如下因素导致了当下农村文化基础设施问题的出现：

8.3.1 农民文化需求"虚高"，存在强迫性文化需求

　　在市场经济条件下，农民经济上的贫乏直接表现为闲暇时间较多，闲暇时间的增多自然会使其产生对消遣性文化的需求。而这种由于经济原因催生的"强迫性"文化需求在没有得到很好的文化形式来满足的情况下，便会形成在我们今天大多数人看来的农民文化生活的贫乏状态。而造成这一现象的根本原因是农民物质生活的贫困。农民没有将大部分时间投向生产，而是（甚至是被迫）用于闲暇是造成当前农民文化生活贫乏的一个不应忽视但很容易被忽视的原因。这是我们主张跳出文化的圈子去寻求解决农村文化贫乏问题之道的原因所在。

　　在对嵩县 307 个受访者的调查中，我们曾提出如下问题："您过去一个月一天花多长时间睡觉？您过去一个月一天花多长时间干活？您过去一个月一天花多长时间休闲？您一月每天串门聊天的小时数是多少？"统计结果见下表 8.2。

表 8.2　农户工作—闲暇时间分配情况

	均值（小时）	标准差
睡觉	8.97	1.37
干活（工作、农业生产、家务劳动）	5.68	3.13
闲暇、娱乐、玩	6.49	3.34
其中：串门聊天	1.10	1.29

　　从调查情况来看，农户睡觉时间均值接近 9 个小时，闲暇时间为 6.49 个小时。这一结果一方面与我们调查时间为冬季有关，冬天本为农闲季节，农户田间劳动时间自然

减少。另一个原因是农户缺乏非农就业的机会，自然存在大量闲暇时间，最终，他们被迫把大部分时间分配到睡觉和闲聊、娱乐上。关于这部分我们再利用受访者串门聊天的时间数、睡觉时间数与受访者家庭收入进行 Pearson 相关性分析，得出如下结果（表 8.3）。

表 8.3　Pearson 相关分析结果

	2007 年家庭总收入	其中：2007 年外出打工收入
平均每天睡觉时间	−0.11	−0.016
平均每天串门聊天时间	−0.02	−0.006 8

受访者家庭总收入与睡觉时间、串门聊天时间都表现为负相关关系。农户单纯经营种植业必然会存在大量闲暇时间，而这些时间没有分配到非农活动当中，他们自然会面临"如何打发这些时间"的问题。这样就产生了我们所说的"强迫性"文化需求，而这部分文化需求很容易被就业机会的增加所"挤出"。

8.3.2　政府投入力度不足，资金来源渠道单一

通过对嵩县的调查我们发现农村文化大院的覆盖率不足 1/3，而且调查期间，当地基层干部反映，嵩县全县用于农村文化事业的经费非常有限，其中文化大院的建设经费更是捉襟见肘。有限的资金不可能全面覆盖到所有村，因此为了应付上级领导的考核，争取上级部门的资金支持，一般将设施齐全的文化大院建立在公路条件较好，上级领导能够前往验收考核的村庄，而那些地理位置偏僻，领导很少"光顾"的村庄则很少有文化大院。

各级政府对于建设农村文化大院的资金分担也不合理。河南省对于文化大院的建设资金分配遵循市、县、乡三级财政负担原则，中央和省级财政很少负担。这样的分担比例显然不利于农村文化大院的建设，因为地方政府出于政绩的考虑会使得文化大院的建设走向形式化。

此外，文化大院建设亦存在投资渠道单一的弊病。目前主要靠各级政府财政投入，嵩县 2007 年全年财政收入为 2.32 亿元，作为我国中部山区的国家级贫困县，其在发展经济的过程中还面临着大量的资金短缺问题，财力非常有限。因此，如果单靠县级财政来推进文化大院的建设，其速度是非常有限的。以嵩县 318 个村为例，其中，按官方的统计数字只有 115 个村有文化大院，以一个文化大院 6 万元投入估算，那么要到 2011 年，嵩县的文化大院覆盖率才可达到 100％。这还不考虑已有的建设过程中的负债问题。因此，引入民间资金参与文化大院的建设是今后政府应当考虑的方向。

对于为何农村文化大院及其他农村文化基础设施投入不足的解释当中，值得注意的一点是：农村生产基础设施的建设才刚开始展开，目前还需要大量的资金投入。在没有解决关系农民生产发展的农村公路、饮水、农田水利等基础设施的条件下，当地政府必须在文化发展与生产发展之间进行选择。而在经济发展的初期，选择后者的合理性也就无须争辩。而这一点，我们认为才是农村文化基础设施投入不足的一个重要原因，在我们与当地政府基层领导的座谈当中也证实了这一点。只有认识到这一点之后，我们才可以进一步谈现行农村文化基础设施资金投入体制不足的问题。

8.3.3　只管建设，不管日常运行

政府的资金投入大多用于一次性基建投入，而没有对文化人才培训和文化活动组织的投入，也几乎没有保证文化设施正常运行的经费。嵩县已建的农村文化大院利用率很低，有的农民甚至不知道村里有文化大院。在我们调查的 38 个村里，文化大院一般建在村部或村小学旁边，且大多"高墙大院，铁将军把门"，钥匙一般在村委会主任或村支书手中。农民想进文化大院还得找领导，因此这一点也阻碍了村民对于文化大院的参与。在问及村委会相关负责人"为何很少组织活动"时，有受访者回答："就这么点设备，让村民使坏了怎么办？"因此，由于缺乏后期的资金投入，文化大院实际上是一个空壳，相关设备不到位，农民即使想开展活动也难以开展起来，造成不少农村文化大院实际上流于形式。

另外，"光有院子，没有戏子"也不行。农村文化活动的开展，农村文化大院的利用还得靠农村文化能人的带动。缺乏对于农村文化能人的培训或激励，还不足以让农村文化大院"活"起来。一些文化活动，如农技知识讲座、戏班子唱戏等都需要一定的资金投入。即使所需很少，但由于公共品"搭便车"的特点，也很难由农民自发提供。因此，从嵩县的情况来看，目前农村文化大院的运行效率低还在于后期投入的不足。

8.3.4　政府供给与农民需求错位

已有的观点认为农村文化大院的建设没有尊重农民的意愿，没有提供一种农民真正接受的文化形式。那么农民到底需要什么样的文化形式？这是一个很难回答但必须回答的问题。

不同于集体经济时代，现在的农村文化消费以家庭为核心，农民文化生活相对充实，农民精神生活的私人空间狭小，而绝大部分被当时的"自上而下"的公共意识形

态供给所占据。现行的有当时时代遗留特征的文化基础设施"自上而下"供给体制与农民以家庭消费为单位的"自下而上"的需求特点之间的矛盾将不可避免。可以说这种矛盾是目前农村文化基础设施所呈现的低效率运行的根本原因。表现为政府供给的文化形式并不能满足农民文化的真正需求，从而导致农民的参与度并不高。

我们不仅要反思政府文化供给的形式问题，也应该对政府文化供给本身心存疑虑。农村文化的供给机制到底应是需求导向型还是供给导向型？我们的观点显然是倾向于前者。在确定需求导向型的文化供给机制之后，对于什么样的文化形式是农民需要的，农村文化的需求主体构成是哪些？这些问题才显得有意义。

在对嵩县的调查过程当中，我们发现农村文化中坚阶层——农村青壮年的流失首先削减了农村文化发展的后劲，造成了农村文化传承的断裂；其次使得当代主流精英文化因为缺乏农村中坚力量的参与，难以在农村得到长足发展。

农村青壮年劳动力外出务工会产生多方面的影响：①使得农村文化重要的参与主体缺失，外出务工的青壮年徘徊于农村的传统文化与都市的现代文化之间。较长时期的城市生活使他们一方面对农村传统文化缺乏兴趣，另一方面又游离于以市场经济价值体系为核心的城市文化之外。②农村青壮年劳动力的外出使得农村村庄成为"空心村"，留守农村的妇女、儿童和老年人构成了当下农村文化的需求主体。而这一群体自身的特点也决定了他们对于文化需求的特点[1]。

8.4 结论及建议

农村文化大院的推行体现了国家对于农村文化建设的重视，它为农村文化建设提供了重要的契机。作为一项"自上而下"由政府主导的利民工程，其推行的关键问题不在于利民的可行性，而在于如何更有效地达到利民的目的。作为一种外生于农村的制度，其不可避免地也有一定的制度成本。现行农村文化大院建设中暴露出的问题不应该成为继续推进新农村文化建设的阻碍。农村文化大院所面临的问题是如何从目前出现的问题当中寻求纠正当前错误的经验教训，以便为今后工作的继续推进提供借鉴。对于以农村文化大院为代表的农村文化建设，还应该跳出当前"以文化治文化"的思维，应

---

[1] 农村青壮年流向城市会导致村庄内的社会治安体系脆弱。为了家庭财产和人身安全免于不法侵犯，无疑会增加农村居民外出参加各种文化活动的成本。雷宇（2008）《中国乡村治安调查：缺少男人的村庄谁来保护》。

该以更广阔的视角来寻求解决之道。就现阶段而言，我们认为农村文化问题的根本还是经济问题。农村文化建设还是应该以"经济"为中心，通过以文化娱乐的形式行提高农民经济能力的实质。对于今后农村文化大院的建设，我们提出如下建议：

8.4.1 政府继续加大投入，引入民间资金

作为一项有着很强社会公益性的工程，政府的投入应该是主体。因此，在财政收入不断增长的同时，要保持向农村文化基础设施投入的同步增长。另外一方面，积极探索多元化的融资渠道，在符合国家大的方针政策的前提下，千方百计引入民间资金，使其参与到农村文化建设中来。对于那些有一定投资收益的文化项目，尽可能地利用市场机制让民间资金参与进来。此外，还可以谋求社会慈善性捐赠资金和国外文化扶贫基金来进行文化基础设施的建设。民间资金的参与不仅仅可以缓解农村文化建设资金的紧张，更为重要的是引入了制约机制，而制约力量的形成会提高基础设施的使用效率。

8.4.2 在投入方式上，基础建设与日常运行齐头并进

以往政府对于农村文化大院的投入只重视一次性基础建设，而忽视日常维护，更谈不上对农民开展文化活动的补助。农民光有"院子"还不行，还要有"戏子"。因此，今后在农村文化大院工程的推进过程中必须注重基建与运行的均衡并重。应加大对农村文化能人的培训，以及对乡村剧团的补贴力度。

8.4.3 发展经济，增加农民的就业就会

经济上的解决之道才是解决文化问题的根本，让农民有充足的就业机会自然会减少农民的"被迫性闲暇"时间，从而挤出当前一部分农民文化需求的"泡沫"。只有农民在真正实现"仓廪实"之后才会有真正的"知礼节"式的文化需求。

8.4.4 建立农民文化需求的表达机制

文化基础设施的供给不能代替需求，特别是"自上而下"的文化大院建设必须要以"自下而上"的需求导向机制为基础。因此，我们应该尝试让农民自己对"需要什么样的文化基础设施"进行选择，然后财政直接对农民进行补贴。而在这一过程中，村民委员会这一平台能很好地体现农民对文化基础设施真正的需求。

第9章　农村图书馆建设工程评价①

9.1　引言

在我国至今有 8.7 亿人口生活在农村，约占全国总人口的 69％，他们构成了世界上规模最大的农村教育群体。改革开放以来，农民的生活水平有了较大的提高，他们迫切需要充实精神文化生活。但是农村文化基础设施极少，平时的学习和健康文化娱乐活动不多，这种状态极不利于农民形成积极向上的文化心理和社会心理，给建设社会主义新农村带来诸多不利。缺少文化学习的场所，影响了农民群众思想文化素质的提高，影响了现代化科学技术在农村的推广和应用，造成了许多农民在精神与物质两方面生活的失衡。与此同时，吸毒、赌博、偷窃、抢劫等犯罪活动猖獗；求神拜佛、卜卦算命、风水看相等迷信活动在一些农村盛行。

从 1951 年国家提出建设农村图书馆网起，农村图书馆建设的浩大工程便开始了，其目的是改变农民精神匮乏、知识缺乏的状况，丰富农村文化。但是在经历了"万里边疆文化长廊建设""蒲公英计划"和"知识工程"以及最近的"送书下乡"工程等一轮又一轮的建设高潮后，农村图书馆终因多为各个时期应运而生的产物，只是应声而起，而后应声而落，它的发展依然并没有很好地解决现有的问题，没能在农村文化建设中发挥应有的作用，处在了一个不进而退的尴尬境地。造成这种状况的原因何在？应当如何解决？通过对全国农村整体情况的把握并结合我们对河南嵩县的实地调查分析，本研究将找出原因所在并提出解决的对策建议。

9.2　我国农村图书馆工程建设发展过程及现状

9.2.1　时兴时衰的农村图书馆工程建设难成大器

纵观我国农村图书馆发展历程，它的发展得到了国家政策的大力支持，但它的发展道路是曲折而艰难的。在一轮又一轮的建设高潮后，农村图书馆中的绝大多数终因

---

① 执笔人：邢熙。

只是各个时期应运而生的产物，而始终难以稳固坚持下来。国家政策的扶持并没有使农村图书馆取得应有的成就。1951 年文化部提出了发展农村图书馆网的任务，农村图书馆便应运而生；1956 年党中央在《全国农业发展纲要》中规定："……从 1956 年起，各地要以 7～12 年的时间普及包括农村图书馆在内的农村文化网。"至 1957 年，全国已建成 18.2 万个农村图书馆。大跃进时期，农村图书馆猛增至 47 万多个。由于一哄而上，缺乏必要的基础和条件，1959 年便下降为 28 万多个，以致后来真正巩固和发展的为数甚少，坚持下来的不到 1/10。1962 年，农村文化工作贯彻党的"调整、巩固、充实、提高"的八字方针，在总结过去经验教训的基础上，部分农村图书馆恢复了活力，逐渐走上稳步发展的道路。然而在十年动乱中，农村图书馆再度受到严重的干扰和破坏，农村图书馆事业的发展几乎成为一片空白。1978 年，十一届三中全会的召开，实现了新中国成立后我们党和国家的历史性转折，开创了社会主义现代化事业的新时期。农村改革的成功，给农村图书馆事业的发展带来了生机。1981 年中央《关于关心人民群众文化生活的指示》中，要求图书馆"随着农村经济的发展，也应在集镇和村庄逐步建设起来"。"六五"时期就提出的"县县有图书馆、文化馆，乡乡有文化站"目标（宓容，甘胜，2006）。1987 年，中国共产党中央委员会宣传部、文化部、国家教育委员会、中国科学院联合发出《关于改进和加强图书馆工作的报告》，再次强调"要继续办好文化图书室或农村街道图书馆"。随后十四届六中全会和十五大报告等一系列会议、文件都强调了图书馆建设的重要性，要求加强农村图书馆建设，为"科技扶贫""科技兴农"和"星火计划"服务，并倡导"万里边疆文化长廊建设""蒲公英计划"和"知识工程"等活动，为农村图书馆事业发展提出了具体目标和实施指导意见（符骏，2002）。从 2003 到 2005 年由文化部、财政部共同实施，国家图书馆具体承办的送书下乡工程得以实施。农村图书馆正是在这样曲折的道路中走过来的，与其巨大的投入相比，它取得的成绩显得如此微小。

9.2.2　农村图书馆处于边创建、边衰退、边消亡的尴尬境地

早在"六五"时期国家就提出"县县有图书馆、文化馆，乡乡有文化站"目标，但至今尚未实现。部分农村地区即使建成了一个比较完整的图书馆，能真正发挥作用的也很少。农村图书馆的从无到有，从零星的发展到在全国的全面展开，期间国家投入了巨大的人力、财力、物力。而且在整个农村文化建设中农村图书馆被寄予很大的期望，然而其发挥的作用却不尽如人意，更多的农村图书馆形同虚设，逐渐消亡。农

村图书馆面临着边创建、边衰退、边消亡的尴尬境地。

9.2.2.1　现存的农村图书馆存量不足　与建成过的数量庞大的图书馆相比，真正存在的图书馆数量相对较少，不能满足农民需求；即使图书馆仍然存在，也是质量低下，运营十分艰难，处于不断的衰退中。2000 年我国县级行政单位 2 861 个，县级图书馆仅 2 244 个，占县级行政区划总数的 78%。由此推知，农村图书馆或村级图书室数量就更不容乐观了。另一组数字，2003 年我国农村图书馆共计 5.78 万个，其中半数以上分布在南部沿海地区（李加斌，2002）。偏僻落后地区图书馆稀缺，或尚未建立，或名存实亡。西部 1 070 个县（市、地）中，243 个未建图书馆，占总数的 22%。而且在已建立的图书馆中，还有 80 个县级馆没有馆舍，只挂着空招牌（路文琼，2000）。据悉，我国现有 3 000 多个农村没有文化站和图书馆，现有 40 000 多个文化站和图书馆中约有 1/3 有名无实，处于瘫痪、半瘫痪状态（周维刚，2007）。在我们对河南嵩县的调查中，我们发现所调查的 42 个村中，有农村图书馆（室）的仅有 18 个，实际存在比例为 42.86%。

9.2.2.2　现存的农村图书馆馆舍条件差、数量不足、图书种类单一，不能满足农民需求　据调查，2001 年长沙地区有 43 家农村图书馆，已有 8 家被迫关闭，仍在运行的农村图书馆有 70% 由于经费严重不足处于无力购置新书、半开半闭状态；目前还有相当一部分县、乡没有建立自己的图书馆、文化馆、文化站，有的有名无实，只挂牌子而无馆舍。2004 年全国共有 733 个公共图书馆无购书经费，占总数的 27.2%；西部地区县级图书馆由于多年未购进新书，书架上多是 20 世纪六七十年代的书，需剔除下架的占 30%～60%。另据统计，2004 年全国县级图书馆人均藏书量仅为 0.12 册，低于全国图书馆人均藏书量 0.3 册，更远低于国际图联人均 1.5～2 册的标准（宓容，甘胜，2006）。2006 年全国共有 720 个县级图书馆没有购书经费，占公共图书馆总数的 26%，县图书馆尚且如此，那农村图书馆的状况就可想而知了。

在馆舍方面，据统计，2000 年底，全国仍有 144 个县无图书馆，108 个县图书馆无馆舍，159 个县图书馆馆舍面积低于 300 米^2，在有馆舍的图书馆中，有 287 个图书馆无坐席。农村图书馆的状况更是令人担忧，很多农村图书馆的馆舍非常陈旧，有些馆舍破烂不堪，甚至是危房，夏天进水、冬天漏风。一般的图书资料在这样恶劣的环境下，用不了多久就会变成一堆废纸。再有，就是很多图书馆馆舍有限，没有地方存放图书。高晨等（2007）在对甘肃省 8 个农村图书馆的调查中发现，只有一个图书馆的面积达到了 100 米^2，其余的面积都非常小，而且藏书量较少，非常陈旧，报刊类型单一，主要是各级党报党刊。

在我们所调查的农村图书馆（室）中，图书种类单一、数量较少，缺乏更新的现象十分普遍。在对嵩县农民的调查中发现，农民期望阅读的书目种类较多，其中最期望阅读的是农业生产技术类和小说类图书。参见图9.1。在这样的情况下，藏书量如此之少，且藏书类型如此单一的农村图书馆是很难满足农民对图书的需求的。调查中我们还发现，农村图书室一般在文化大院中与其他活动室共用一室，而且深藏于文化大院中，开发时间不固定，成了某些干部的独享场所，甚至几乎闲置不用。

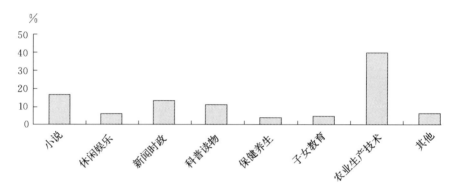

图 9.1　农民对图书种类的需求情况

9.2.2.3　名存实亡的农村图书馆发挥作用甚微　虽然有的地方建成了农村图书馆，但是真正知道使用图书馆的农民非常少，图书馆能发挥的作用可想而知。在调查中我们发现，如图9.2所示，虽然每个乡都有乡镇图书馆，但在有效的301个样本数据中，有241个人没有听说过乡镇图书馆，占到了总样本的80.07%；听说过乡镇图书馆的仅有56人，占18.60%，而在这部分人群中真正去过乡镇图书馆的仅占26.79%。农民对农村图书馆的了解程度非常低，很难指望图书馆发挥应有的作用。

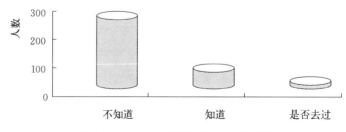

图 9.2　农民对乡镇图书馆的了解情况

问及对农村图书馆作用的认识时，如图9.3所示，54.84%的人认为乡镇图书馆是有用的，其中认为非常有用的人占到了17.20%；有39.25%的人认为没有用处，其中不识字的人占到了32.88%，可以认为这部分人群是"有心无力"；另外，有5.91%的人不清楚。总的来说虽然大多数农民认为图书馆有用，但是绝大多数不知道图书馆的存在，农民希望借书而图书馆却不能满足这种需求，乡镇图书馆可谓"名存实亡"。

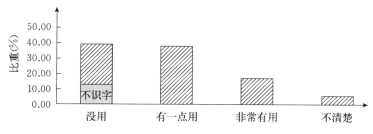

图9.3 农民对乡镇图书馆的作用的认识情况

另外，高晨等（2007）在对甘肃省8个农村图书馆的调查中也发现了相似的问题。在有图书馆的村中，只有8%的人知道图书馆的存在，而58%的人不知道，还有34%的农民不关心或是不确定农村图书馆的建设情况。与此同时，在回答"是否喜欢读书"这一问题时，28%的人表示非常喜欢读书并苦于无处借书；54%的人觉得一般；只有18%的人表明自己不喜欢读书。严酷的事实表明，农村图书馆和农民之间并未建立真正的联系，无农民阅读的图书不会产生任何好的效果，而无农民涉足的农村图书馆是很难发挥其应有作用的。

9.3 我国农村图书馆发展窘状的原因分析

事实表明，我国目前已经建成了大量的农村图书馆，但是由于其数量、质量以及分布情况使得目前的图书馆没能发挥出应有的作用，造成了资源浪费的同时也阻碍了中国农村文化建设的发展。那么到底是什么原因造成了这样的状况呢？有人将原因归结为没有足够的钱，没有专业的人。但我们认为，这仅仅是表面原因，根本原因在于单一"公办"的农村图书馆的建设机制。

9.3.1 在农村图书馆建设中政府无力"大包大揽"

长期以来，在推进农村各项文化改革的措施中，许多文化工程（如"送文化下乡"万村书库""蒲公英计划""广播电视村村通"等）的建设都没有摆脱政府出面、大包大揽的局面，但是政府还不具备大包大揽发展农村图书馆的财力和精力（杨翠萍，2003）。农村图书馆多为政府出资兴建，它是农村文化建设的重要组成部分。所以当在政绩上需要一定数量的农村图书馆时，在农村建立一些图书馆并不是非常地困难，但是其能否经营发展起来，发挥真正的作用则显得十分困难。经营发展最基本的是要有一定数量的图书和管理人员，而图书的更新以及管理人员的工作需要资金的支持，但发展农村图书馆的资金多是在创建时一次性投入，各农村平时对图书馆的投入很少或者根本没有投入（周维刚，2007）。不是地方政府不想投入，更多的时候他们也无力为之。

首先，在我国虽然文化事业经费总量有所增加，但占财政总支出的比例并没有随着财力的增长而增长。经济是硬指标，在市场经济的大潮中，各农村因注重基础设施建设及改善投资环境，对文化事业经费的投入往往不能保证，不少地方文化事业经费占财政支出的比例多年徘徊在1%以下。而且，如果扣除项目建设和政策性增资因素，有的地方文化经费投入甚至处于负增长状态。由于农村图书馆的建设完全依赖于地方政府的财政，就必然会产生这样的情况，经济越发达的地区，图书馆经营经费相对越充足，经营的情况会略好些，而那些经济不发达的偏远地区，农村图书馆的运营则变得十分艰难，建设好的面子工程最终沦为空壳。其次是农村文化单位业务经费难以得到充分保证。该经费基本只保工资，真正用于事业建设和业务方面的部分很少。在部分贫困地区和财政补贴县，文化建设几乎没有经费保障。以太原市图书馆为例，作为拥有三百多万人口的省府城市，其每年专项用于购买图书的经费仅有20万元，更不要说县、农村的图书馆情况了。再次，"以文养文、以文补文"工作未能有效开展，图书馆也不能依靠自身的经营获得经费，致使农村图书馆的发展受到了较大影响。据调查，2001年长沙地区有43家农村图书馆，已有8家被迫关闭，仍在运行的农村图书馆有70%由于经费严重不足处于无力购置新书、半开半闭状态。后续资金支持明显不足，这就难怪如此众多的农村图书馆形同虚设，处于边创建、边衰退、边消亡的尴尬境地了。

9.3.2 单一的政府经营管理模式效率低下

在得不到政府应有的支持的时候，农村图书馆更多的是依靠"以书养书"的自负盈亏的经营模式。但是农村图书馆的管理人员没有正规编制，工资较低，也没有任何激励机制，有的地方甚至根本拿不到工资。糟糕的待遇使得图书馆留不住优秀的管理人员，加之管理人员基本上都是身兼数职，没有精力和热情投入到图书馆的工作中来（程鹏飞，杨海珍，2000；黄群莲，2006；周维刚，2007），图书馆的管理效率更不可能高效。当图书馆的经营管理出现了诸多问题的时候，它就不可能满足农民的需求，更不能激发农民的读书热情。

单一的政府经营模式也限制了图书馆的适应能力，使其不能满足现在农民对图书的需求。在如今的农村，农业现代化程度较低，图书馆与农民的生产、生活没有直接的联系；农村文化科技落后、农民生活水平不高，他们很难在解决物质需求之前先行考虑精神需要；农村生产经营方式粗放，农民劳动强度大又无多少闲暇，而且文盲仍然不少；另外随着农村广播、电视及网络的覆盖面越来越广，丰富多彩的视听节目对图书馆造成强烈的冲击。这些情况的变化都对图书管理服务工作提出了更高的要求，但是在此次对河南嵩县的调研中我们发现，农村的文化需求更多的是创造性需求，农民需要很多的东西，但是他们本身并不十分清楚，所以要使农村文化项目成功，关键在于高效组织，多样化经营，积极挖掘农民的真实需求。只有这样才能满足农民对文化娱乐的渴求，同时实现自身的发展完善，而这也是如今农村图书馆面临的最大问题。

9.3.3　"公办"容易使农村图书馆变"味"

一直以来，农村建设往往侧重于经济建设，而文化事业的建设成效是软性指标，无法衡量一个地区的发展进步，所以农村图书馆的建设往往是作为一项政绩工程来做。这样的建设目的使得农村图书馆不可能长期生存。而重量轻质无形中又加剧了农村图书馆如今的尴尬局面。政府部门搞短期行为，应付检查、评比，疏于管理，缺少发展规划，等等，其结果是建起图书馆，通过省、市、县三级的若干次检查、评比，得到充分的肯定之后，图书室的日常管理、发展规划之类的事则很少再有人问津。书刊闲置且流失严重，没有发展后劲，图书馆名存实亡，形成先"节约"，后浪费；见"效"快，失效也快的局面。领导层为了两个文明建设双丰收，一方面千方百计筹措资金，交文化站购买图书，不讲究图书内容，只贪图便宜书价；另一方面，政府发文在全乡范围内进行征集图书，征集来的图书杂乱无章，复本过多。可想而知，这些为满足先进文化农村硬件条件之一的5 000册图书凑足之后，是不可能为经济建设服务的，不过是做做样子而已。

9.4　解决我国农村图书馆建设问题的对策建议

　　长期以来，政府"公办"农村图书馆的大包大揽的模式没有达到应有的效果，反而造成了资源的浪费。农村图书馆屡建屡散、时兴时衰的现象普遍存在，严重阻碍和影响了农村文化建设和农村经济的发展。要解决这一问题，必须采取措施，转变政府的职能，改变单纯的"公办"方式。

9.4.1　坚持政府主导的同时实现政府职能的转变

　　乡镇图书馆（室）建设是各地基层文化建设的重要组成部分，应引起县（区）人民政府的高度重视，应将其纳入当地国民经济和社会发展总体规划，纳入政府重要议程，纳入地方财政预算。但是一些具体的经营问题则不需要政府过多介入。现在的政府职能似嫌太多，政府应当管什么和不应当管什么，人们对此认识并不清楚。乡镇政府管的事情太多，办的事业也太多，结果导致很多无力管理的事情越管越乱。今后，应由当地民众来决定如何办农村图书馆，由农民自己决定应不应当和怎样从集体经济收入中划出部分资金用于图书馆（室）建设，让农民自己去决定自己关心的事情，尊重农民的意愿，农村图书馆的发展才可能会比较符合各地的情况。政府在整个文化建设过程中应转变职能，扮演穿针引线的红娘角色，起到桥梁、纽带、黏合剂的作用。同时，要大力宣传，努力营造"人人参与"的市场环境，激发农民学习文化知识的热情，促使他们进行文化消费。而政府领导下的"文化系统"其工作重心则可放到对农村文化建设的调研、指导、监督上去；放到承办政府指令性的定期或不定期的重大宣传活动中去；放到协调组织政府指派的各类重点文化建设项目中去，从而引导城乡文化建设向更深层次发展，向更高档次跨越。

9.4.2　鼓励社会力量参与，实行多元化办馆

　　农村图书馆作为农民开展文化活动的阵地，是为农民提供文化活动的平台，这些基础设施的建设都牵涉到投入，但目前国家财力有限，仅仅依靠国家财政拨款远不能满足农村文化建设的需要和农村办馆的发展要求，这就要求我们转变观念，拓宽思路，采取开放型、多样化的办馆形式。农村图书馆建设应是国家支持、社会赞助、群众参与三者相结合，因地制宜走多元化办馆的道路。①可以由乡文化站、村委会牵头，镇政府拨款补助一定的经费以解决购书经费问题，再鼓励其他单位、集体或个人多方参与协作，有

钱的出钱，无钱的出书。②图书馆可以与当地经济效益好的知名农村企业联合办馆，采取独资或合资的形式，由企业每年资助一定的购书经费，由图书馆统一管理使用，图书馆优先为这些企业职工服务，这样既丰富了职工的业余文化生活，满足其求知欲，又解决了创办万册馆所需的经费问题。③文化站与当地图书工作基础较好的中小学校联合办馆。当今社会对教育十分重视，学校图书馆建设也作为"二基"达标必不可缺的项目之一，乡校联办的万册馆在经费来源、管理来源、读者队伍等方面具有许多有利因素，大大优于其他类型的馆，长沙市宁乡县的万册馆就是乡校联合办馆的典范，目前长沙市已有27家万册馆属乡校联办。④图书专业户与集体联合办馆。这类馆由个人提供馆舍、资金，政府在政策上给予扶持，可采取借、租、售并举的形式。这类半副业半文化的图书馆小型灵活，贴近群众，对个人和社会都十分有益（宓容，甘胜，2006）。⑤省、市图书馆可以和各方面都发展较好的农村馆联手设置分馆，补充农村馆藏书量的不足，扩大读者覆盖面，方便读者，走资源共享的道路。总之，只有面向社会，面向公众，引导和鼓励企事业单位、社会团体和个人投资兴办农村文化事业或捐助公益性文化事业，倡导公办民助、民办公助、馆企联办、私人办等形式，让形式多样、各具特色的农村馆、文化站越办越兴旺，逐渐建立起多渠道的农村文化建设投资新体制，才能逐步改变农村图书馆、文化站的落后状况，为农民提供更多更方便的看书学习和开展文化活动的场所，满足农民群众的精神文化需求（董瑞敏，2005）。⑥鼓励发展个人图书馆，政府采取一定的措施和政策鼓励、引导农民自办书屋，充分发挥农民自办书屋的作用，使之与农村图书馆共同为农村经济的发展服务。随着经济发展和科学文化水平的提高，在一些地区出现了农民个人藏书的现象。如被誉为"皖北农民书王"的六旬老汉黄好德，是安徽界首市光武镇黄寨村的一位普通农民。自1994年创办"小黄农民书屋"以来，目前他已拥有藏书2万多册，每年订阅报刊50多种，吸引着周边一百多个村庄的群众前来学科技、学文化，使众多农民"富了脑袋又鼓起了钱袋"，这一现象昭示了农民文化意识的觉醒，也为开展农村图书馆工作提供了新思路。湖北鄂州市图书馆的重点服务对象、华容区临江乡粑铺村17组村民徐志超几年来潜心钻研蔬菜种植技术，种植的茄子、莴苣等反季节经济菜和高档菜，每公顷平均收入达15万元以上，被人称之为"茄子大王"。别人问他如何致富，他说，多看一些科技书就行。致富后，他自费又购置了一大批有关蔬菜种植、水产养殖等文化书籍和光碟，在自家楼舍办起了科技文化活动室，免费对周边村民开放，从而带动了一大批农户看书学文化、钻技术，并随之形成了一个读者群（樊小庆，秦腊英，2007）。

第10章 从红白喜事的收费型演出看我国农村文化供给[①]

红白喜事礼仪习俗，在历史的发展过程中占有极其重要的地位，也是中华民族文明美德的重要组成部分。对于中国人来说，这些礼仪习俗是日常生活中的大事，也对他们的社会生活产生深远的影响。

中国人特别崇尚、向往喜，以喜为福。民间有"五福"之说，福、禄、寿、喜、财，喜是其中之一。婚礼是人生大礼，被称为红喜事，丧礼被视为喜丧，又称白喜事。婚嫁与丧葬同为喜事，婚礼尚红，新郎，尤其是新娘所穿农服以及被褥等皆为红色；丧葬尚白，孝服、孝帽以及灵堂用具等都是白色。红、白相映成趣，除了色调不同外，红喜事与白喜事都要求红火、热闹……正是因为中国的这种习俗，使得红白喜事成为一种富有深沉意味的传统文化的载体。

"衣食足、兴歌舞；日子旺、锣鼓响"，这普遍反映了当前农村富裕之后，农民群众对精神文化生活的渴望。近些年来，人们操办红白喜事形式越来越多样，如传统的铜器班、戏曲表演和杂技，现代的乐队表演、放电影以及文艺表演等。这些文化形式是怎样组织起来的？农民对这些形式的表演有什么反应？这些表演在发展过程中又存在什么问题？以下我们将对这些问题作一番探讨。

10.1 收费型民间表演团体的组织形式

我国农村活跃着不少民间表演团体，一些农村群众在操办红白喜事时常出资请他们来演出。这类队伍虽然结构松散，人员素质参差不齐，但他们最大的优势就是行走在乡间，服务到村里，招之即来，吃苦能干，价格合算，具备一定的演艺基本功，能适应各种场合，自编自演反串各种角色，深得广大农民的喜爱，真正称得上"群众喜闻乐见"。从总体上来看，收费型的民间表演团体的组织形式主要有以下三种：

---

① 执笔人：王颖。

10.1.1　群众自发组织的业余表演团体

此类业余表演团体由少数接触信息比较多的群众发起，他们在了解了一些城市里新鲜的文艺内容及形式后，集资置办固定资产以招徕有共同兴趣的人一起练习，排演。起初只是在一些传统节日里自发免费在村里进行表演，表演次数多了，群众评价又不错，之后有人家里有红白喜事就愿意出资雇佣其进行表演。

案例[①]："洋乐队"的创始人许德，生长在江西宁都这个"文乡诗国"，从小就喜欢吹拉弹唱。1992 年，在一次进城时，他突然被一阵高昂激扬的曲调吸引。原来，一家新开业的酒店前，有一支衣着整齐的铜管乐队列着方队在演奏。当得知这是从外县请来的乐队时，许德怦然心动：祖祖辈辈听惯了锣鼓唢呐，如今生活水平提高了，人们不就追求这样新奇稀罕的洋玩意儿吗？

一回家，他就鼓动村里的年轻伙伴，组建全县第一支农民铜管乐队。然而，他们花了 5 000 元买回乐器时，却傻了眼。面对长长短短、形状各异的小号、长号、圆号、萨克斯管，这些至多摸过笛子、唢呐的农民无从下手。许德就凭着自己的"半壶水"当老师，大伙从"哆唻咪"学起，从一个个音调练起。为了校准发音，他们想了个土办法，用风琴校音，实在没辙了，就到县城的师范学校、文化馆拜师。队员都属"业余"，有的田里事多，有的在乡镇企业上班，有的还是个体工商户。白天要忙各自的活，大伙只好一早一晚抓紧练，一练就是两年。

听说是农民办的"洋乐队"，许多人压根儿不信任。1994 年 3 月，一家中外合资公司即将挂牌庆典，许德主动找上门去，要义务助兴。那天，这支农民"洋乐队"方队威风凛凛，动作标准协调。他们演奏了热烈欢畅的《迎宾曲》，雄壮嘹亮的《仪仗队进行曲》，赢得掌声阵阵，喝彩声声。外方老板连连竖起大拇指。

头炮打响，好戏连台。一次，邻村一位老人去世，儿女们习惯地要做道场，后来他们想到了"洋乐队"。果然，乐队一上场，低沉、肃穆、庄严的音乐就让大伙耳目一新。越来越多的人在操办丧礼时不请道士请乐队了。许德定了个规矩，邻里乡亲的红白喜事，一声招呼就到，不问钱多钱少；乡村组织的文艺活动，欢送应征青年入伍，一律免费服务；县里的大型节庆晚会、龙舟赛等重要活动，他们全部义务助阵。

---

①　资料来源，廖毅、李志刚，《锣鼓唢呐不再是红白喜事的唯一旋律》，http：//web. peopledaily. com. cn/huadong/05/29/newfiles/c1050. html。

10.1.2　市场化运作的专业民间艺术团体

这些民间艺术团体以营利为目的，以演出收入为生，有公司般的运营体制，分工明确。有专门的组织者，专业表演人员，市场部门以及财务等部门。由于这些人相对于农民自发组织的非专业演出团体消息更灵通，对时尚的感触更灵敏，演出形式更多样，并且新鲜，因而受到了更为热烈的欢迎。

10.1.3　政府资助下的农民艺术团体

这类艺术团体一般是在经过了相关政府部门的允许之后，以文艺下乡的形式进驻农村。每年可以从政府部门获得一定数量的补助资金，但双方定有合约，比如必须保证每年义务公益性演出多少场等，在保证合约上演出的场次的基础上允许其进行多元化经营，市场化运作。

如河北省邢台县农民艺术团，属于政府资助下的社会团体，实行政府监督、团长负责制，每年在完成100场公益性演出任务后，可以适当搞市场化运作。演出内容以歌舞、曲艺、戏曲等适合农村特点、取材于"三农"的综合性文艺节目为主。另外，农民艺术团还负有扶持和指导农民业余演出队的责任，以此促进农村文化事业的繁荣和发展①。

10.2　农民对收费型文化供给的需求

农村地区历来重视传统佳节、民间节气和大小红白喜事，逢此必有民间自发组织的乐队演出班子搭台献艺。这些表演一般每场持续2小时左右，收费从200元到1 000元不等，一般来说农民自发组织的非专业演出团体收费相对于市场化运作的专业演出团体要低许多。这些民间表演团体表演形式多样，种类繁多，不仅有农民喜闻乐见的喇叭唢呐、戏曲、歌曲、彩词、小曲、民俗表演等传统的表演内容，更有"洋乐队"、流行歌曲演唱、放电影等农民感觉新鲜的表演形式。

笔者在实地调研期间曾目睹过民间艺人的倾情演绎，其组织之严谨，人员之集

---

① 资料来源，《邢台县面向全国招聘农民艺术团团长》，http：//www.cnr.cn/2004news/whyl/200609/t20060901_504282155.html。

中，感染群众之深刻令人扼腕称是。但凡乡间人家有红白喜事必会请来乐队热闹几天，每场观众多则二三百人，少则近百人，其观众构成除邻里乡亲外，远在他乡发展的亲朋好友，外出打工的青壮年男女乃至初知世事的少年儿童悉数参与，受众面之广，群众参与之热情，实乃其他活动形式所无法比拟。

以农民剧团为例。农民剧团的演员基本上是本村的文艺爱好者，一个剧团多的有近 20 人，少的也有 10 多人，甚至一家有 2～3 人参与，形成夫妻登台、父子配戏或婆媳同唱的热闹场面。他们一般忙时务农、闲时排练，节目或是自编、自导、自演的，或请老艺人口传身授，大多是传统古装戏，现代戏很少。农民剧团在农村演出，大多会选择老人祝寿、结婚生子、红白喜事、小孩升学、建房造屋等时机。农民每逢这类事情，一般都会请剧团演戏，热闹一番。由于请专业剧团费用太高，农民剧团就有了大显身手的机会，因而他们占据着农村很大的市场。

据调查，剧团收费标准根据每个团的表演实力和演出水平而定，大致每演一场收费在 200 元至 300 元。由于费用较低，本乡各村甚至外乡的农民纷纷邀请剧团演出，相当红火。江西省水西镇 10 个农民剧团每年演出 600 多场，平均每个剧团年演出 60 场，收入十几万元，每个团平均收入 1.5 万元左右。不容忽视的是，有市场就会有竞争，这些剧团为抢夺演出市场，使出了十八般武艺，各显神通。每个剧团为多准备节目加紧排练，但有时演出内容良莠不齐的现象也存在。为迎合少数群众的要求，一些剧团甚至掺杂演出一些低级趣味的内容，不禁让人感到忧虑。

在调查中当笔者问及为什么喜欢看这些表演时，农民的回答主要有以下几种：平时生活中这类表演太少，娱乐生活缺乏，农忙时期除了看看电视，串个门聊个天几乎没有其他娱乐方式，所以一旦有表演团体来村里演出肯定会去凑热闹；有一部分人是由于从众心理，看大家都去所以也跟着凑热闹；大部分受访者都认为演出团体阵容相对来说比较大，表演内容来自农村，多取材于农民身边的事情，对农民来说具有较大的吸引力。

10.3　收费型文化供给发展过程中面临的主要问题

10.3.1　祖辈流传下来的表演陷入"后继无人""两极分化"的尴尬境地

受城市文化以及周围年轻人打工热的影响，现在的年轻人更愿意去城市打工挣钱，开阔视野，而对于一些祖传的文艺表演形式并没有兴趣。另外，一些专业团体吸收包括多种民俗文化表演在内的艺术形式所排练出的一些大型演出，拿了不少国家级大奖，但却是叫好不叫座，老百姓不认可，市场不买账，只能在获奖以后束之高阁；而在一些餐饮娱乐场所表演的传统文化又掺杂了不少粗俗、低级的荤段子，也难以形成大众主流文化。

10.3.2　部分表演内容低俗化

由于目前农村收费型文化供给者大都属于半职业者，农村收费型文化供给大都属于地下经济，因此对其监管的难度比较大，力度还比较小。这就使得这部分文化供给在利润诱导下容易误入歧途，引入低俗表演内容。如现在一些农户在办丧事时所出现的脱衣舞现象。

10.4　对收费型文化供给的建议

10.4.1　对于后继无人的民间文化遗产，政府部门应加强保护

应该打造一个由政府主导、自愿参加、市场化运作的民间组织机构，其职能是整合民间文艺资源，聚集文艺骨干，编创文艺精品，规范演艺队伍，构建演出网络。还要注重发挥各演出队伍的主观能动性，尽力激发其创作演出潜能。除群众自费邀请的演出外，还要多组织一些丰富多彩的活动，以激励其创新机能和表演热情。另外，还可以开展专门针对民间文化遗产的评比活动，只有在这种文化受到认可的前提下，年轻一代的人们才会愿意投身其中。

10.4.2　对于内容低俗化的表演，相关部门应加强监管

作为监管农村文化的文化稽查、公安等部门，片面认为低俗文化算不了什么不良文化，且在一定程度上活跃了农民业余文化生活，因此，在收取了管理费之后，便听之任之。可以说，农村丧事时兴低俗表演，和文化稽查、公安等部门的不作为行为息息相关，如果这些监管部门认识明确，这些低俗的表演就不会如此泛滥了。低俗文化进入农村，板子不仅应该打在低俗文化表演者身上，更多的应该打在农村各级政府的文化监管者身上。农民不看电视、不看书、不看报、不听广播，却喜欢看脱衣舞，提醒我们，建设符合农村特色的、让农民喜闻乐见的健康农村文化刻不容缓，健康文化

不占领农民的文化阵地，那么不良文化就必然要入侵！

　　要坚持以民为本，确立群众文化是基层文化工作的重点，并将农村文化建设纳入各级工作目标考核内容，确保农村文化建设落到实处。文化部门要进一步转变职能，弱"办"强"管"，致力于农村文化事业发展的规划、指导和协调、服务，为满足群众文化需求构建良好环境。对于一些低俗文化进村的现象要大力制止，而不是睁一只眼闭一只眼，要从源头上切断污染农民文化生活的不良文化的入侵。

10.4.3　对于农民自发组织的表演团体，政府应正确引导和鼓励

　　这些演出团体为老百姓提供了一定的文化产品，但由于演员的素质有限，这些团体的表演形式比较陈旧，有的节目甚至有低俗内容。所以必须争取文化部门的全力支持，对农民自发组织的民间表演团体队伍进行科学合理的整合，进行素质培训，为他们提供创作材料、演出脚本，帮助他们为农村群众提供更好的精神食粮。依托相关部门有计划、有步骤地组织农村文艺调演活动，发动和鼓励广大民间乐队艺人积极参与，注重及时发现并培养演出骨干，提高其整体素质。

第 11 章　农村开展自办文化活动的现状、问题及对策研究[①]

　　随着我国经济社会的发展，农村文化呈现出越来越多元化的趋势，而农民对文化的需求也越来越旺盛。过去由政府主导的农村文化供给，如"送文化下乡"等活动已不再能满足农民现在的需求。中国戏曲学院傅谨教授认为，要满足 8 亿农民的文化需要，就必须让农民自己成为农村文化的主体。千百年来，农村一直是文化的富矿，"草根文化""农民自办文化"对这些文化资源的发掘，在满足农民文化需求、使得农村文化获得"野草"般旺盛生命力的同时，也会改变全国的文化生态，为文化建设发挥积极作用。而且当前，以"草根"姿态出现的农村文化活动，既是一种娱乐，也是一种提供人际往来、社会整合空间的平台（章建刚，2007）。在我国广大农村出现的形式多样的自办文化活动，正在超越舞台本身，在新农村建设中产生积极的影响。

11.1　我国农民开展自办文化活动的现状

11.1.1　农民文化活动正逐步实现由"送文化"向"种文化"转变

　　《中国农村统计年鉴》2006 年的数据显示，从 1995 年到 2003 年，农村文化专业户从 22.8 万户减少为 13.9 万户，但在 2004 年，数量剧增至 38.9 万，其后每年都保持稳中有增的态势。群众业余演出团队也从 1995 年的 35 429 个增长为 68 641 个，增长了近一倍[②]。从供给的数量上看，农村自办文化的规模在扩大，而且不管是个人还是团队，在量上都呈现出了上升的趋势。可见，相对于政府"送文化"而言，农民"种文化"的意识与行动得到增强，农村"自办文化"正在农民的热烈响应中迅速发展。

　　据报道，2007 年，浙江省临安市青山湖街道朱村等 8 个村向全省农民发出自己"种文化"的倡议。结果，从 3 月到 6 月，从最初的 8 个村到 100 多个村，"雪球"在

---

① 执笔人：单航宇。
② 资料来源：《中国农村统计年鉴 2006》。

浙江农家越滚越大①。在"种文化"活动中，农民从坐在台下仰头观赏的看客，转而成为了舞台的主角，田歌、腰鼓舞、迪斯科等，悉数登上了舞台。在全国范围内，农村"种文化"的"星星之火"正在燃起。

11.1.2　农村自办文化的运作模式多样化

为满足自娱自乐的需要，许多地方开展了文化大院活动。据报道，宁夏的农民虽然大多数并不富裕，但对组织和参与文化活动十分积极。农民有时候为了在文化大院展示才艺，甚至会自掏腰包。除了文化大院的形式外，农民自办文化还包括了农民自筹资金、自置道具组建的业余剧团、自乐班和社火队等。

与此同时，在开掘农村文化市场的过程中，一些农村文化团还引入了新的运作机制。2004 年冬，井冈山下的江西省永新县高溪乡梅花村创办了全县首家股份制农民剧团，采用"农民投股、收入提成、利益共享、壮大产业"的现代企业制度。在其带动下，永新县目前已涌现股份制农民剧团、农民书社、农民管乐队等百余个股份制民间文艺团体，以农民为主体的自办文化总投入超过千万元。而 2005 年，江西省芦溪县 4 个农民办起了全省首家农民电影放映公司。越来越多的农民加入到了农村自办文化市场的大潮中。

11.1.3　政府因势利导，促进其发展

面对农村"草根文化""自办文化"的兴盛，一些地方政府因势利导，促进其快速发展。

云南省峨山彝族自治县政府根据当地农村花鼓舞流行的情况，投入资金设立比赛奖项、建立补贴制度，使得花鼓舞遍及全县所有村寨，成为当地农村文化的一种标志；为促进民营剧团健康发展，浙江省嵊州市每年组织民营剧团开展演出评比，并给予奖励；北京市文化局自 2003 年以来对示范性文化大院和优秀业余文艺团队进行了奖励，平谷区政府召开的全区文化工作大会上也先后对优秀业余文艺团队、示范性文化大院进行了表彰，以激励更多的团队参与到文化建设中来。江西赣州的大余县不断完善以政府投入为主、社会多渠道投入为辅的多元化投入机制，对达到标准的点每年分

①　资料来源：2007 年 9 月 7 日浙江在线报道。

别给予 5 000 元至 1 万元奖励，用于添置电脑、乐器、音响、服装、道具等设备，同时努力创造条件，采取企业冠名、社会捐助等方式积极吸纳社会资金举办文化活动。据悉，该县吉村镇农民业余剧团成立伊始，该镇党委、政府和上级文化主管部门就在排练经费、办公场地、启动资金等问题上给予全力支持，县文化局还拨款 1 万元用于添置乐器等设备。大余县还依托县文化馆、采茶剧团定期开办歌舞、乐器、书画等培训班，有重点、有计划、有针对性地培养一批农村文化骨干群体；同时，面向全县招募有志于农村文化事业、热爱农村文化活动的志愿者；按照"政府出资、市场运作、乡镇搭台、农民看戏"的思路，重点扶持县以下社会文艺团体，规定其演出最高金额每场 2 000 元，解决了农村文艺团体的资金不足等瓶颈问题；按照业余自愿、形式多样、健康有益的要求，利用节日和集市，积极开展内容健康向上、形式丰富多彩、风格清新质朴的农村文化活动。

从各地实践来看，政府对"自办文化"所进行的这种画龙点睛式的支持，不仅能促进其更快发展，吸引更多农民参与，而且使得农村文化逐渐走向了自我发展壮大的道路。

各地纷纷着力于培育发展农村文化的内生机制，鼓励各种形式的农民自办文化，而这种源于农村、扎根于农村的内生性文化正在全国范围内兴起，成为政府公共文化服务之外的有益补充。

11.1.4 农村自办文化形式与内容源于农村，贴近生活

自办文化的组织者与参与者都是土生土长的农民，对农村生活再熟悉不过了。所以来自实际生活的节目内容真实可信，语言通俗易懂，较易吸引农民群众。在本课题的调查中，我们也了解到，村民自己组织的活动，一般情况下都能吸引群众观看，并得到群众的支持。

各地还结合当地的特色，创办了特色化的活动。如浙江省仙居县作为"杨梅之乡"，因地制宜，创办了杨梅文化。当地的农民演出队每到杨梅采摘季节，都会自编自演《杨梅熟了》《梅山对歌》《杨梅大鼓》《永安溪水育仙梅》等节目，深受当地农民的欢迎[①]。而江西大余南安镇则是把南安罗汉舞——失传多年的当地一种独特民俗表演重新搬上了舞台，使得这一优秀的民间舞蹈重现光彩。许多乡村还形成了"一乡一

---

① 资料来源：《半月谈》，2008 年 1 月。

品，一村一色"的特色文化品牌。

11.2 农村开展自办文化活动的深远意义

11.2.1 农民自办文化有利于构建文明的乡风新貌

农民自办文化活动是群众性的产物，在农村普遍具有较强的吸引力。自办文化活动越普及，参与的受众越多，意味着能丰富更多农民的精神生活，扩大传播乡风文明的受众，在一定程度上减少那些流连、沉湎于落后腐朽文化的农民群众或者潜在人群。现有的报道中，对农民自办文化的成效评价都很高。自办文化活动丰富的农村地区可以用"两多"与"两少"来进行总结：学习科学文化知识的多了，参加健康有益的活动多了；搞封建迷信的少了，聚众赌博的少了。乡风文明建设得到了很大的改善。

而且从另一个方面讲，农民自办文化活动有利于乡村社会内部凝聚力的增强。我国在 20 世纪五六十年代，曾经搞过"农村俱乐部"活动。这一历史实践证明，以村民集体为代表进行的文化活动，会使参与者的共同身份意识得到强化，从而使参与文化活动的农民群众的内部凝聚力以及对所属集体的归属感、荣誉感显著增强。而农村自办文化现在通常是以村为单位或者村内的绝大多数群众为代表开展的活动，所以在对外交流中，可以不断促进村民对集体的认同，使乡村内部形成一股合力，从而为建设乡风文明奠定良好的群众基础。

11.2.2 自办文化在宣传政策法规、科技知识方面的作用

文化的功能正是增长知识、掌握科技、影响人的心智等，即"启智"效应。而农村自办文化有形式多样的文化学习方式，如许多地方出现的农民自办农家书屋、农民电影放映队放映科教片等。除了这些直接传授科学知识的方式，还有通过文艺宣传活动，使农民在娱乐中增长知识等形式。如江西省余干县"二四六"演出队，将网上学习鲜花种植进行鲜花销售的内容变成了《新农家乐》这个戏剧小品的主题，真正做到寓教于乐，深受农民群众的欢迎。在这些文化活动中，宣传法律法规知识也是农村自办文化的功能。关于家庭暴力、土地承包等与农民生产生活密切相关的法律法规通过农民群众自编自演、活泼生动的节目形式呈现给广大农村受众，在潜移默化中对农民群众进行了法制教育。

11.2.3　加强农村社区间的交流与沟通，有利于和谐社会的建设

自办文化伴随着聚合效应，大大增加了农民之间交流、沟通的机会，而其所能产生的效应往往是有利于邻里之间、干群之间、婆媳之间、妯娌之间关系的融洽，有利于农村社会的稳定发展，从而形成和谐社会的积极面貌。农村自办文化的聚合功能为增进相互间的理解、宽容与体谅发挥了很大作用。尤其是在缓和干群关系上可谓功高一筹，此类案例也常见于报道。而家庭内的社会关系也随着家庭成员参加到强调聚合与协作的文化实践活动中，而降低了冲突和矛盾的可能性，有利于农村家庭和睦气氛的构建。

11.2.4　乡土民俗文化一定程度上得到传承与发扬

农村的非物质文化遗产相当丰富，乡土民俗文化正是其中最重要的组成部分。从目前的资料报道与本课题组在河南等地的调查情况来看，很大一部分农民自办文化正是基于本乡村的民俗文化，或者具有不同程度的民俗特征。这在很大程度上是因为乡村民俗文化在农民群众中有着共同的文化基因，而且在内容、形式、时间安排等因素上通常能与农民群众的生产形成互补与平衡，与其生活相融合与适应（肖剑忠，2007）。这就从主客观两方面形成了民俗文化能成为农民自办文化的主要内容。农民群众在日常的生产生活中，有意无意地将乡土民俗文化沿袭发展下来。在广泛的群众基础上，自办文化成为了传承与发扬乡土民俗文化的有效途径。

11.3　农村自办文化活动中存在的问题

11.3.1　农村自办文化的覆盖面和影响面还有待扩展

本课题组在河南省和山东省等地的调查与访谈结果显示，虽然文化大院建设在硬件设施上有所改善，但其在农民的心中，却是形式重于内容，大部分的农村空有文化大院，而无自办的文化娱乐活动。农民自娱自乐的活动很少甚至根本就没有。就目前而言，农村自办文化在各地的覆盖面仍然很小，特别是带动农民参与其中，体现其主体性的活动更少。

再者，由于一些活动的内容与形式比较老套，导致农民的参与积极性不高。目

前，自办文化的参与者主要集中于老年人与中年人。当然这也与青年农民多长期外出打工有关。随着农村经济发展步伐的加快，农村人口出现高密度的流动，尤其是年轻有文化的农民多流动在外，所以留在农村的"386199"部队，多为文化活力严重不足的人群。而现有的农村自办文化节目的吸引力的确不足。再加上农村青年与外界的信息交流增强，见识更广，往往不屑于这些老套的活动。因此，自办文化活动参与性不够高的现象也就不足为奇了。另外从供给方面看，农村原有的一些民间艺人、文化人因为年龄的增长，长期不受重视和缺乏有序的组织，其文化传播与发扬的功能在下降。总体而言，农村自办文化的影响力还不够高。

11.3.2　农民自办文化缺乏必要的组织架构，参与人员流动性大

农民自办文化活动的开展多为由少数农民（多为文化、经济能人）带头，然后逐步吸引农民加入，继而不断壮大队伍的过程。据在兰考进行新农村建设试验的何慧丽介绍，在该县陈寨村，最初是由两个村里的能人刘变、张桂芝挨家挨户去做工作，在动员了 30 余人之后，再由文化能人——艺德双馨的衡生喜先生为该村文艺队做志愿指导老师，才得以发展成现在陈寨村文艺队的规模与水平（何慧丽，2006）。而整个兰考的自办文化组织，无不是以这种方式成长起来的。

从现有发展情况看，农村自办文化活动缺乏组织架构及稳定性是个大问题。因为农民群众参与的随机性比较大，其组织松散，人员的流动与流失情况比较严重。从调研的情况看，大多农民群众是逢年过节才参与，而不是经常性参加，所以造成一些农民自办文化活动无以为继。因此，若要将现有的农民自办文化活动维持下去，需要创新一些运行机制以形成有稳定人员构成的较正式的组织。同时，在运行过程中缺乏科学有效的管理机制，在某些方面存在不同程度的盲目性和随意性，也是农民自办文化活动发展中存在的问题。农民参与农村自办文化活动是自愿的，其组织也非正式意义上的组织，所以对其的制度约束性并不强，这是造成自办文化活动供给不稳定的原因所在。

11.3.3　自办文化的内容需要进一步挖掘

目前，农村自办文化的内容主要还局限在放电影、农民业余剧团表演、传统的民俗表演活动上。随着时代的发展，新鲜事物层出不穷，电视节目也日益丰富，加上越来越多的农村人出外打工，见识了城市多姿多彩的文化生活，其文化需求也发生了巨

大的变化。但是农村文化的供给者之一的农村自办文化者，因为资金、个人素质水平等多重因素的影响，在提供文化活动方面还是有很多不足，所以还要进一步扩展活动的内容。特别是如何在开展自办文化活动中实现对当地传统文化习俗的保护格外值得关注。

例如，本课题组在河南洛阳市嵩县的案例访谈中得知，在 XX 村有一种当地特有的民俗表演——抬桩，但因为各种原因，现在濒临消亡。这样的状况在全国范围内并不少见。这也警示我们，应当在发展农村自办文化的同时，注重保护本地特有的民俗样式。

11.4 进一步开发与发展农村自办文化的建议

11.4.1 充分挖掘本地的文化资源，结合时代元素进行内容与形式创新

广大的农村积淀着深厚的文化底蕴和历史内涵，各地在开展农村自办文化的过程中，要充分利用好这一宝贵财富。继承先辈们遗留下来的文化精髓，摒弃其不适应时代发展的内容，重点挖掘深厚的文化资源，使农村文化获得旺盛的生命力。在发展自办文化过程中，要注重以民间传统文化为载体，激发农民参与文化建设的积极性，培育农民的主体意识。农村丰富多彩的传统文化资源最契合农民的认知方式和审美习惯，对广大农民来说是最具有吸引力的，但也要与时俱进，加入时代的创新元素。特别是要在文化活动中更多地融入科技、法律、市场等方面的知识，寓教于乐，提升文化娱乐活动的知识普及功能。值得一提的是，在本课题的调查中，我们发现农村群众对法制节目特别感兴趣，故而在开展农村自办文化的过程中，要注重投其所好，多举办一些普及法律知识的形式多样的活动。

11.4.2 加强政府支持，鼓励企业和社会组织的积极参与

农村文化还相当落后，与农民群众的精神文化需求还有一定的距离。绝大多数的农村群众仍将看电视作为主要的精神文化生活，或以打麻将、打牌等方式打发闲暇时间。而农村文化又处于"三缺境地"——缺设施，缺经费，缺人才。所以政府在作为农村文化建设主力军的同时，要积极吸纳各方力量来发展农村文化。特别是在农村自办文化活动方面，需要吸引多方力量的加入。从目前看来，农村自办文化的运作机制中，资金短缺是一个问题。由企业或者社会组织进行赞助，可能是现阶段较有效也较

易实现的方法。

　　而且从农村自办文化的发展过程来看，多地的实践证明，初始资金是自办文化活动能发展壮大的关键因素。而以目前的案例来看，资金由能人出资或者由其通过自身的社会关系网争取到的情况占大多数。所以政府、企业及社会组织对农村自办文化活动要加大资金支持，不仅如此，政府还应该给予政策保证，以激发基层参与文化事业建设的热情，从而形成动员全社会搞好农村自办文化的良好氛围。

11.4.3　培育农村文化中心户，以带动村民参与文化活动

　　培育一批以文化娱乐为导向的农村文化中心户，通过"以文为生、自我发展"形成文化产业的文艺型中心户，并积极宣扬，扩大其在农村文化娱乐方面的影响力与知名度，最终扩大其文化影响的覆盖面。农村文化中心户指能在农村文化建设中的知识传播、信息交流、咨询服务、技术推广、民情收集、文化娱乐等方面起示范带头作用的农户。培育农村文化中心户，对促进农村文化发展，特别是帮助农民自娱自乐，开展民间文化活动有很大益处。农村文化中心户源于农民，植根于群众。他们与群众生产、生活在一起，同农民朝夕相处，了解农民的利益、需求和愿望，是农民参与文化建设的带头人；他们善于发挥文化个性的优势，努力开拓群众文化的新局面；他们的示范、带动、服务功能可以促进文化事业健康发展。农村文化中心户多具有文化艺术、体育健身特长，或掌握实用科技、保健卫生等知识，在开展活动中，可以主动地将法律、科技、市场等知识融入进去，让农民在参与中得到学习。利用农村文化中心户带头搞好民间自办文化活动，是可能实现的较好的形式。

11.4.4　建立有效的管理运行机制，以使自办文化活动规范化

　　绝大多数农民自办文化是农民群众在求乐、求异、求同等内在动机和荣誉、利益等外部动机共同激励的产物（肖剑忠，2007），所以提高农民自办文化的积极性，促进其进行自我管理、自我服务、自我教育等，需要政府部门制定可行的管理运行机制进行外部的激励。特别要对农民自办文化活动的分类管理、评比管理等进行明细化，以有效的管理运行机制来保证自办文化的方向性，使其步入良性的发展轨道。

　　目前对农民自办文化的管理尚在起步阶段，有些问题可能还未显现。所以在操作中，要重视一些共性的问题，政府应该注意把握原则性，引导自办文化向正确的方向发展。

Shennong
Series

第12章 农村教会的文化供给①

12.1 引言

改革开放以来，虽然我国农业生产和农村经济获得了巨大发展，农民温饱问题基本得到解决，但农村文化建设却相对滞后，农村文化生活比较贫乏。国家虽然长期以来高度重视农村的精神文明建设和农民的文化生活，也为此投入了大量人力、物力、财力，但是换来的却是一个又一个徒有其表的"政绩工程"。冷冷清清的文化大院，观看者寥寥无几的电影放映现场，陈列着各种旧书的图书室，是目前大部分农村地区公共文化生活的真实写照。农民依然延续着"早上听鸡叫，白天听鸟叫，晚上听狗叫"的单调生活。然而，与此形成鲜明对比的是近年来基督教在农村地区的兴起。据调查，中国的基督教信徒80％分布在农村（侯松涛，2008）。在很多农村地区，基督教堂随处可见，由基督教会组织的各种文化活动形式多样，内容丰富，深受农民的喜爱。这些活动少则聚集几百人，多则聚集几千人，教堂常常出现"爆满"情形。农村公共文化的日益凋零与基督教会文化活动的蓬勃发展，形成了目前我国农村文化生活一道独特的"风景"。为什么农民更乐于接受和参与基督教会组织的文化活动而对政府举办的"文化下乡""电影下乡"活动却兴趣平平呢？与政府提供的文化活动相比，基督教会举办的文化活动究竟有哪些特点？它们为什么能对农民产生如此大的吸引力？基督教会文化活动的兴起和蓬勃发展能够为加强农村的精神文明建设和切实满足农民的文化需求带来哪些启示？

带着这些问题，我们调查和走访了河南省洛阳市嵩县的六个乡镇，通过对当地基督教会文化活动的调查，总结了基督教会文化活动的基本特点，并分别从农民精神文化需求的多层次性和当地公共文化生活的萎缩出发分析其兴起和发展的原因，最后揭示它为我国新农村文化建设及农村精神文明建设带来的启示。

---

① 执笔人：陈雪。

12.2　嵩县农村地区由基督教会提供的文化活动的基本形式

12.2.1　唱诗班或音乐班

除了周末的礼拜活动之外，教会也会组织一部分教徒组成唱诗班或者音乐班，定期或不定期地组织一些合唱活动。每逢周末或者每个月的某一固定时段，教友们就会纷纷赶到教堂参加合唱活动。这次调查过程中，我们观察到了嵩县城关镇教堂的一次合唱活动的片段。此次合唱活动的参加者绝大多数都是中老年妇女，有十五六人左右，由一名中年妇女负责指导和教授歌曲。歌曲的旋律十分舒缓，歌词也大多是基督教义中关于"仁爱、和睦"的通俗解释，无论是指导老师还是合唱班的学员，在合唱过程中都十分认真，对歌曲的演唱充满感情。

12.2.2　礼拜

在嵩县，基督教的信徒最为常见的活动就是去教堂参加礼拜。大多数乡镇的礼拜活动每周进行一次，而且在周日举行，少部分乡镇每周两次（除周日之外，每周二或周三也会进行一次，称为小礼拜）。礼拜持续的时间并不长，一般是一到两个小时。信徒按约定时间聚集到教堂后，由教会负责人带领大家学习经文。信徒参加与否完全取决于自己的意愿和安排，不受任何条件的限制和约束。即使是很虔诚的信徒，他们在农忙季节或者外出务工期间也可以不参加教会组织的各种活动，时间的安排完全由农民自己决定。这种灵活自愿的参与方式，在很大程度上适应了农民生产生活的季节性和随意性。

12.3　嵩县农村地区由基督教会提供的文化活动的特点

12.3.1　形式上贴近农民生活，易被农民接受

教会所组织的各种文化活动形式多样，很多活动与当地的风俗习惯融合在一起，很容易被农民理解和接受。

作为中国传统文化的重要组成部分，对联在我国尤其是在农村地区有着十分深厚的文化积淀。逢年过节贴春联，写对联的传统习俗在很多地区都得以保留。基督教对

联的出现无疑是基督教本土化的一个典型案例。印有各种基督教义或基督教理念的对联在嵩县农村十分普遍。在我们的调查过程中，几乎在每个村都能看到农户家门口贴着基督教会分发给他们的对联，对联形式上大体与一般对联相同，只是增加了十字架的图案，内容多是宣扬基督教的各种教义，但是通俗易懂，结构工整，朗朗上口，如"和睦家庭""救主施恩""音传东西南北方，福满春夏秋冬季"，等等。大部分门口贴有基督教对联的农户家中都有信教者，但是也有少部分农户家中无人信教，只因为对联是免费发放的所以也贴在了自家门口。

12.3.2 活动组织和安排上灵活自愿，适应了农民文化生活季节性强、随意性大的基本特点

农村生活与城市生活最大的区别，就在于农民生产活动的季节性强。每到农忙时节，一个农户全家几乎要将所有的时间都用于生产活动，闲暇时间很少；但到农闲时节，农户基本上处于空闲状态，此时他们参加各种文化娱乐活动的愿望就比较强烈。同时，农民的文化生活具有较强的随意性。农民大多缺乏对自身精神文化生活的规划意识，他们参加各种文化娱乐活动的目的是为了消磨时间。在调查中我们发现，基督教会组织的许多活动对参加者都没有任何严格的规定或束缚。

12.3.3 内容上强调"仁、爱、和"，符合农民的基本道德准则和传统价值观念

基督教活动中所倡导的"泛爱""博爱""无我""克己""宽容与忍让"的价值观念，在很大程度上符合农民处理家庭关系、人际关系以及社会关系的基本准则。

在调查过程中发现，许多被访者尤其是信徒在与我们交谈的过程中，多次提及基督教中宣扬的"仁、爱、和"等理念，他们对基督教宣传的"教人向善，助人为乐"等思想理念十分认同，部分受访者还表示，他们在信仰基督教后能更和睦地与家人或周围邻居相处。而我们也能明显地感觉到，基督信徒在对待陌生的调查员时往往显得比较友好，在访问的过程中也能自始至终认真地回答调查员的问题，回答问题时态度比较温和。

12.4　基督教会文化活动的实质

12.4.1　目前来看是对政府农村文化供给不足的"替代"

美国心理学家马斯洛（Abraham H. Maslow）在 1943 年发表的《人类动机的理论》（A Theory of Human Motivation Psychological Review）一书中提出了需要层次论。他在书中将人的需求分为生理需求、安全需求、社交需求、尊重需求和自我实现需求五个层次，他认为，需要是人类内在的、天生的、下意识存在的，而且是按先后顺序发展的。目前，我国的社会经济结构发生了重大的改变，人们的需求已经从简单满足生存需求向多样化的需求方向发展。因此，简单的、单一功能的文化供给活动已经不能满足农民多层次、多样化的精神文化需求。只有能够全方位满足农民文化需求的文化活动，才能真正深入民心，受到农民的青睐。从这个意义上讲，基督教会提供的文化活动之所以在形式和内容上都易被农民接受，其深层次的原因在于它们能够满足农民多层次的精神需求。

首先，基督教会提供的文化活动能为农民信徒提供心理慰藉和精神支持。改革开放以来，农村经济跃上了一个新台阶。广大农民的物质文化生活获得了较大程度的提高，但相对于城市居民而言，农民仍然处于相对弱势的地位。城乡差距的加大，贫富阶层的分化使许多农民在这个急剧转型的社会面前显得无所适从，加上疾病、死亡或自然灾害等各种不可预期事件的出现，使农民在面对自然，面对家庭，面对社会等方面都处于十分迷茫的状态。基督教所倡导的"泛爱""博爱"的价值观念，对人类和社会体现出来的终极关怀和对上帝、超自然力量的宣传在一定程度上能够帮助农民摆脱这种迷茫的状态。农民通过参与基督教会的各种文化活动，逐渐了解和认识这些特定的宗教信念，并据此调节自己内心的迷茫和无助，把原来心态上的不平衡调节到相对平衡，并由此达到精神、行为和生理上有益的适度状态（张厚军，2005）。

祷告活动是基督教徒寻求心理慰藉的一种最为常见的形式。信徒可以选择在教堂参加礼拜时与众多教友一起祷告，也可以自己在家中进行祷告。祷告的内容首先是为国家和社会祈福，希望风调雨顺，国泰民安；然后为自己及家人祈福，希望家人平安，幸福健康。在祷告的过程中，信徒还可以向"主"倾诉自己平时在生活中遇到的困难或者挫折，表达自己的心愿和愿望。在调查过程中，很多信教者都向我们表示他们在祷告完毕之后心情会变得较为平和舒畅，而我们也观察到，很多信徒精神状态良好，乐观向上，精神生活较为充实。

其次，基督教会组织的各种文化活动一定程度上满足了农民的集体认同及社会交往的需求。在计划经济年代，社会主导思想一元化，社会组织严密，农民有强烈的集体感。而在今天价值多元化的情况下，客观上集体关怀减少（吕朝阳，1999），但农民在主观上对集体关怀的需求却没有出现相应的萎缩，于是，他们迫切地希望寻求其他途经重新获得集体归属感。美国宗教社会学家威尔·海伯格曾经指出："美国人建立其认同的一个重要途径就是加入到天主教、新教或犹太教这三个'民主宗教'之一中去当教徒。"目前我国农村中的教徒也是如此，他们有着相似的年龄、经济状况和生活境遇，参与教会又使他们有着共同的信仰，从而在精神上联结成一个群体并达到群体认同。

我们所调查的农村信徒，他们不分男女、老幼和辈分一律皆称"兄弟姐妹"就是一个很好的注解。另外，据信徒反映，如果某一信徒家里操办"红白喜事"，教会就会组织其他教友一起到该教友家拜访，有时还会携带唱诗班上用于演奏的各种西洋乐器免费为其演奏。教友之间的互帮互助极大地增强了信徒对教会的集体归属感和信任感。

在社会交往方面，农村教会的社会交往功能也表现得较为明显。基督教的各种宗教活动使信徒的交往机会大大增加；在农村，教会的信徒多是邻里、亲属，或乡里其他熟悉人员，这些人在农闲时很愿意聚到教会，彼此交心、攀谈、查经等，而且教会也时常举办音乐班、学习班、诵经班等活动，这对于文化娱乐活动较为贫乏的农村而言，无疑具有很大的吸引力。

最后，基督教会为满足农民自我实现的需求创造了条件。随着农村经济的发展和农民生活水平的提高，部分农民尤其是其中的"精英阶层"开始追求自我价值的表达和实现。他们希望获得周围人的认同，希望在自己生活的范围内获取一定的影响力。但是，目前农村基层组织的涣散和村民选举"流于形式"的现实，让他们无法通过村组织发挥自己的才能，实现自我价值。于是，一部分在村集体中无法获得社会认同的农民转而诉诸教会组织，通过主持各种宗教活动，向信徒传授教义获取自己的"威望"。

12.4.2 从长远看来，有可能发展为对政府农村文化供给的"挤占"

12.4.2.1 农村公共文化的供给不足为基督教会文化活动提供了发展的空间 "公共空间"一词，指的是组织、团体和个人以公开的方式表达自己对公共利益的看法，并采用它所选择的任何手段和方法，在不受惩罚的情况下，向公众宣传其偏好、信仰和生活方式的权利和能力。一个社会所允许的进行这种宣传活动及参与公共政策发展的程度，决定了给予宗教的公共空间的大小和范围（刘澎，2006）。在不同的社会体制下，宗教对公共空间的参与程度有着显著的区别。政府的公共政策在决定宗教能获得的公共空间大小方面具有十分重要的作用。公共空间是一个很宽泛的概念，它几乎包括了与公共利益有关的社会生活全部。这里我们只讨论其中的公共文化部分。在公共文化空间中，由于文化自身的特殊性和复杂性，宗教在公共文化空间中所能获得的大小可能并不完全受控于政府的公共政策，甚至可以说，政府与宗教在公共文化空间上存在一定程度的相互替代。目前我国农村政府提供的公共文化的萎缩与基督教文化活动的兴起就是这种相互替代作用的具体体现。

农村集体化时期，农村公共文化产品几乎都是由政府提供的，政府建立了县、乡、村和生产队系统的公共文化服务网络。改革开放以后，随着政府对农村管理方式的转型，国家逐步降低对农村基层的介入程度，乡镇和村一级的经济实力弱化，除东部个别地方之外，中西部的绝大部分乡镇和村都不再有文化设施上的资金投入，乡镇文化站、村一级的老年活动室、文化大院、村组文化室大都处于"瘫痪半瘫痪"状态。在农村税费改革之前，乡镇文化站主要围绕乡镇政府所谓的"中心"工作（如收费征税、计划生育等）而运转，几乎没有将精力放在农村文化服务上；农村税费改革以后，现有乡镇财政只能勉强维持单位人员工资，农村文化建设方面的资金投入更是捉襟见肘；加之农村文化发展很难在短期内彰显政绩，以至农村文化发展在农村基层政府的工作中处于边缘化状态。县乡文化机构组织的"文化下乡""电影进村"活动，有一定的效果，但这种"喂食"式的文化建设机制，往往是政府唱独角戏，难以有效激发农民群众心中的文化热情，也没有点燃农村的文化火种，几十年的建设和努力依然没有培养出农村文化的造血功能。

与日益萎缩的农村公共文化相对应的，是基督教在农村的迅速发展。据调查，中国的基督教信徒80％分布在农村（侯松涛，2008）。冷冷清清的文化大院，观看者寥寥无几的电影放映现场，陈列着各种旧书的图书室与随处可见的基督教堂，形式多样、内容丰富的基督教会文化活动形成了鲜明的对比。这些活动少则聚集几百人，多则聚集几千人，教堂常常出现"爆满"情形。农村公共文化的日益凋零与基督教会文化活动的蓬勃发展，形成了目前我国农村文化生活一道独特的"风景"。

12.4.2.2 基督教文化活动对政府提供公共文化的"挤出"效应不容忽视 宗教是人类社会长期发展的产物，它也对社会产生着深刻巨大的影响，具有特定的社会功能和作用，表现为社会整合功能、社会控制功能、文化功能、个体社会化功能、认同功能、交往功能、心理调节功能七个方面（戴康生，1998）。这些功能存在着相互对应的两重性，在不同的主客观条件下会体现出不同性质的作用。就笔者对嵩县地区基督教会调查的情况来看，在嵩县地区农村虽然信教人数较多，但信徒的文化水平普遍较低，宗教的整合功能、社会控制功能与文化功能表现得并不明显。在宗教发展的初期，宗教通过向信徒提供精神支持，组织信徒参加各种文化活动等方式实现对信徒个体的心理调节、个体社会化和交往功能。但随着宗教的进一步发展，宗教对社会的控制、整合及文化功能将逐步显现。作为社会制度和社会组织的统一体，宗教倚赖超自然的神秘力量和其独特的制度和组织规则实现对其成员的价值体系的统一，并在统一的价值体系之上实现宗教成员日常行为乃至生活方式的统一，进而通过对社会成员思想和行动的整合实现对社会生活的控制。同时，宗教常常与音乐、建筑等其他文化艺术形式相结合，形成一种带有宗教符号和印记的特有的文化现象。

目前看来，基督教在农村公共文化空间的发展，主要表现为提供部分文化设施，组织教徒参与日常的宗教集体活动（如礼拜、唱诗班、音乐班、节日庆祝活动等）。农村教徒由于受自身文化素质和生产生活特殊性等条件的限制，对宗教的认识和了解程度都不高，参与宗教活动也表现出一定的随意性。但是，作为一种社会组织，基督教会事实上已经部分替代了政府在农村文化活动方面的供给地位。随着农村公共文化生活的进一步萎缩，当越来越多的农民选择通过宗教获取心灵的慰藉和精神的支持，以教规教义作为行为规范的准则，以参与宗教活动实现社会交往，以参加教会组织实现自我和集体认同时，基督教在农村公共文化空间将实现广度和深度上的全方位发展。一旦基督教在农村深深扎根，在农民心中获得普遍的价值认同和价值支持，并成为乡土文化的一部分时，任何其他力量想要进入农村公共文化空间都不得不顺从于基督教提供的这种"文化支持"。

12.5 基督教会文化活动的兴起对我国农村精神文明建设的启示

基督教在农村的存在和发展是一种必然现象，目前，基督教或其他宗教活动在农村的复兴对农村社会乃至对整个社会的影响还存在很多争议，但就文化方面而言，宗教活动的兴盛折射出目前我国农村精神文明建设的许多问题，为我国加强和完善新农村文化建设和精神文明建设提供了启示。

12.5.1　辩证地看待农村宗教的发展问题，组织形式值得借鉴，但长期影响不容忽视

一方面，农村宗教尤其是基督教的发展可能会对我国农村的公共文化建设带来一定的影响，甚至"挤占"公共文化空间，但另一方面，作为一种文化活动，基督教确实在一定程度上满足了农民的部分精神文化需求。基督教会的发展与农村公共文化的萎缩在引起人们关注和重视的同时，也令人深思：同样是为农民提供的文化活动，为什么农民更愿意参加基督教会活动而对"电影下乡""文化下乡"等活动兴趣平平呢？仅就文化组织形式而言，基督教会的文化活动就为今后如何满足农民的文化需求提供了一定的借鉴。但与此同时，也应该重视宗教活动本身对文化及农村社会的长期影响。应大大地增强宗教工作的积极性、主动性和目的性，为引导宗教与社会主义社会相适应创造条件。

12.5.2　重视农民精神需求的多层次性，建立以满足农民多层次精神需求为目标的公共文化内生供给机制

农村公共文化萎缩的一个重要原因就是政府的外生文化供给不能满足农民多层次的精神文化需求，文化活动的供给与农民的精神文化需求方面存在结构失衡。长期以来，政府大多注重"送"文化，而忽视"种"文化，这种"只输入，不培育"的文化供给模式，犹如一种"喂食"式的服务，难以持续满足农村群众多方面的文化需求，使得民愿需求难以表达；另外输入文化也不能很好地与优秀的农村传统文化相对接、相融合，难以在农村社会这块沃土中生根、发育、开花、结果，是一种"无根"的文化形式。而农村宗教活动的兴盛很大程度上是由于其与农民精神需求的契合。我国农村有着丰富的文化资源，具有鲜明地方特色和浓烈乡土气息的农村文化活动深受农民喜爱。在农民当中，也不乏有文化内涵、有文娱天赋、有组织才干的农民，只要将他们的积极性调动起来，激发他们进行文化建设的热情，这些"民办文化"完全可以成为"官办文化"供给的有效补充。充分培育农村本土的文化资源，依靠民间的文化力量，这是农村文化建设的一个新途径。

12.5.3 加大政府对农村公共文化的支持力度，切实改进现有的公共文化管理体制

作为公共文化供给的主体，各级政府首先应尽快改变产品供应上的"重城市，轻农村"的政策倾向，真正承担起农村社会最起码的公共文化供给的责任，加大政府对农村公共文化供给的支持力度。在目前国家确定的"广播电视村村通"的基础上，加大图书馆、体育活动设施、戏院等公共文化设施建设；同时重视建设公共文化供给的后续管理监督机制建设，切实加大对农村文化建设综合制度（指体制、政策、管理等）方面的"软投入"，将更多的政策落实在乡村，改变目前"重投入，轻管理"的管理模式。

第 13 章　农民需求与政府供给错位分析[①]

13.1　引言

13.1.1　研究背景

　　长期以来，我国农村公共品供给遵循的基本原则是"自力更生为主，国家支持为辅"（韩俊，2006）。1994 年的分税制改革使得各级政府将收支压力层层传递，最后压在了乡镇政府身上。而后的税费改革使得乡村债务不再通过"三提五统"来解决，财政收入的减少加剧了基层政权的"越位""缺位"现象。农村文化设施建设等供给处于长期匮乏的状态，公共文化事业更是稀缺，很多农村公共品的供给出现了"真空"状态，特别是在一些村民自治建设不完善或松散的地方，基层政府既无钱支出，也没有行之有效的办法说服村民参与公共品的支出（石瑾，2006）。《瞭望》（2007）记者在我国中西部的一份调查显示，在我国中西部部分农村地区，各种地下宗教、邪教力量和民间迷信活动正在快速扩张和"复兴"，一些地方农村兴起寺庙"修建热"和农民"信教热"，正在出现一种"信仰流失"。农村"信仰流失"的出现，是一些农村基层组织薄弱、文化精神生活缺乏的表现。在农村，这片"沃土"里滋生并繁衍着更多的社会问题。主要表现为：一是赌博已经渗透到了农村社会的各个角落，小数额、大规模聚赌的现象日益严重，不少村镇出现了数十人乃至上百人持续聚赌的现象，不分农忙农闲、不分老少赌博的势头更是愈演愈烈。二是多花钱、滥花钱、相互攀比的畸形消费在农村盛行，随着农村经济发展、农民生活的改善，婚丧嫁娶大操大办，一些带有封建迷信色彩的葬礼导致农民自身负担增加。三是宗族观念伴随着物质生活水平的提高逐步抬头。宗族组织程度并不比宗教组织更严密，却已经在我国部分农村地区的乡村治理中扮演了非常重要的角色。有些宗族通过操纵或暴力破坏村民选举来控制农村基层组织，甚至直接取代或对抗农村基层组织，造成冲突。不少村民出钱、出力、出地的积极性很高，许多地方存在"有钱修祠堂，没钱建学堂"的怪现象。此外，更值得关注的是青年群体，现在农村的文化活动对年轻人的吸引力越来越小，网吧、游戏

[①]　执笔人：慧卫刚。

室、桌球室等场所年轻人乃至未成年人却趋之若鹜，部分年轻人沉迷在暴力和色情的诱惑之中，物质丰富与精神颓废的强烈反差令人慨叹。更为严重的是地方黑势力横行乡里，令人担忧。

农村文化阵地的不断丢失，严重影响国民素质的提高，道德水准不断下滑，对农村地区社会发展和稳定造成极大隐患，影响社会主义建设步伐。文化上的落后对于农村经济的发展意味着是一种掣肘，文化与经济的双重落后在一个更为宽泛的语境中相互交融，使得二者一同步入"贫乏"的陷阱。基于此，石英（2007）认为"信仰流失"是当前一个带有倾向性的社会现象。农村思想文化建设亟待加强，从政治角度是基层党组织建设和政权建设，从社会角度是思想文化阵地建设。要用文化去抓住老百姓，创造文化氛围，形成主流文化场，提供丰富的文化产品，就能用健康的、主流的文化在农村形成新的凝聚力。

近年来，各地政府加大了文化资源向农村的倾斜，送戏下乡、送电影下乡、送书下乡等形式多样的文化下基层活动在全国各地如火如荼地展开，各地也逐步建立起文化大院、文化活动室、图书室等农村文化设施，然而，在投入了大量人力、物力、财力后，我国农村公共文化供给的增加，却更多地体现在数据上而非实效中。2007年文化部教育科技司组织"关注农民文化需求"调查，结果显示：67.89%的农民不参加或不常参加文化站组织的活动；有的地区这一比例更高达91.3%，许多文化站、图书室内灰尘满地，设施尘封已久，显示出这种"植入"的文化与农村格格不入。吴理财、夏国锋（2007）在对安徽省农户进行抽样调查后发现，尽管在"私性文化活动"领域，即以个人或家庭活动领域为单位进行的文化活动，如看电视、上网等，农民的文化生活有了长足发展，但在超出家庭以上的单位（如村庄、社区、政府或民间组织）开展的具有公共性质的文化活动方面，总体情况是趋向衰落，特别是一些健康、文明的公共文化形式更是走向衰微。

针对农村文化发展危机，不同的学者又提出了不同的应对策略。马晓河、方松海（2005）基于多方面的数据认为政府投入不够是农村文化等一系列公共品缺乏的主要原因。申作青（2006）、徐承英（2007）、疏仁华（2007）等学者亦认为，政府的投入不足是当前农村文化建设的主要制约因素。中共襄樊市委宣传部课题组（2007）在考察农村文化的现状后，则认为政府文化供给过剩与供给不足的结构性矛盾是农村文化落后的原因，这表明政府供给制度在农村文化配置上的缺陷。财政部教科文司、华中师范大学全国农村文化联合调研课题组（2007）的调查亦证实此观点，并提出厘清农村公共文化需求类型，满足农民群众基本公共文化需要，政府及社会组织等多方投入的结合的对策。吴理财（2007）在对安徽农村文化调查后发现，农民拥有私性文化资源日益丰富，而公共文化日渐式微，原因在于政府对农村文化的单向输入模式存在严重缺陷，应构建以公共财政为引导的农民骨干参与的文化建设机制。郑风田、刘璐琳（2008）认为文化发展中农民主体地位缺失、供需失衡的矛盾比较突出，促进农村文化与现代文化的融合，政府强化引导功能才是关键。已有研究成果无疑为本研究提供了良好的基础，对于认识当前农村文化问题做出了重要贡献。从研究农村文化问题的情况来看，尽管已有研究成果已经得出农村文化供给短缺、质量低下、结构不合理，特别是地区差异较大和群众不满意的结论，但这些结论因地域不同，视角不同，且过于笼统，往往缺乏统一的研究框架，同时研究框架也往往没有相应的理论支撑，所以给人的感觉是面面俱到但却难识庐山真面，文章乍看条理明晰却难得其脉。

当前国家大力提倡新农村建设，中央对于如何促进农村发展、改善民生甚为关切。农村文化建设的成败直接影响农村的稳定、农业的发展和农民的生活质量。因此，对农村文化的研究具有重要的理论指导意义和实践意义。其研究的直接意义在于解答农村主流文化的供给何以不能满足农民需求，总是与农民格格不入，难以相互交融。通过研究我们将解答上述一系列疑问，并结合实地调研所了解和掌握的情况，能为农村文化的建设提供有益的参考。

13.1.2　研究意义

当前，农民对农村文化的强烈渴望与农村文化政府为主导的供给之间的错位矛盾已直接构成我国农村社会、经济发展的主要障碍之一。从长远来看，农村文化的供求错位影响到农民生活水平的改善、农业生产的发展和农村社会的稳定，成为农村社会出现大面积"信仰流失"的主要影响因素。研究农村文化政府供给与农民需求之间的错位的现状、特点及发展趋势，势必会给我们研究"三农"问题找到有效突破口。

因此，本研究主要从政府主导农村文化供给与农民需求之间的错位关系入手，研究当前农村文化缺失问题，从模式构建角度，着眼于创新农村文化的政府投入机制与管理机制；从组织创新角度，通过激励农民传承及发展农村文化，更大程度地发挥农民在农村文化发展中的主导作用。通过对河南省嵩县的典型案例分析，对农村基础设施建设的决策机制、投入机制、监督机制进行比较，并对该地区不同类型、地域的典型农村文化供给机制进行考量，为制定合理的农村文化供给体制以及农村文化需求表达机制提供决策参考。

对有关农村文化政府供给与农民需求存在错位的一系列基本问题的研究，有助于更科学地定位各级政府在农村文化供给中应承担的责任，完善农村文化供给机制及农民需求表达机制，切实解决农村文化供给中的缺位、错位、越位和供给效率低、城乡二元供给突出问题；为政府改革和完善农村文化供给体制提供理论借鉴和政策参考。对农村文化供给体制重构的重点、难点、路径等问题的探讨，有利于各个方面在思想上达成共识，以便更好地指导实践。

上述内容正是本研究选题的出发点。如果能在困难中取得哪怕微小的进步，能对当前一些农村地区文化状况对社会的影响作出比较客观的描述，引起国内更多、更深入的关于数据、方法、模型等的讨论，也足以实现本研究选题的意义了。

13.2 研究方法与数据获取

13.2.1 研究方法

13.2.1.1 典型案例调查研究 本研究将采取典型案例分析法，通过组织深度访谈、定性研究等方法，对案例地区相关的基层官员、村干部、基层组织的领导者以及农民进行深度访谈来揭示现状及问题。总结出此地区在农村文化建设中的经验教训，探讨成功的经验是否具有普适性，可否在全国大范围内进行推广；同时对于失败的教训进行分析，看其是否具有代表性，为政策制定提供实证依据。典型案例并不是随意选取的，本研究主要综合多方面的因素，最后才确定进行典型分析的个案。在个案选择时，既要考虑不同地理位置因素，以反映我国的不同区域特征，又要能代表本地的发展模式。

13.2.1.2 定量与定性相结合 在定性研究的基础上，本研究也注重定量研究和定性研究方法的结合和互补。本研究适当地采用结构性的定量分析技术和统计检验方法，注重定量研究方法的规范性和可靠性；同时应用定性分析方法对定量分析的内容进行验证，以识别传统的数据分析方法可能忽略的实际情况。

13.2.1.3 问卷调查法 这是全文的一个重要研究手段。本研究的主要资料和素材都来自调查，以河南省嵩县为主，其中的大部分材料直接来自基层文化工作者和农民。对一些具有代表性的问题和关键的环节，本研究进行了重点剖析和论证，以点带面，以一反三。

13.2.1.4　文献研究法　通过对文献的查阅、分析、借鉴和比较，探寻本质规律和内在联系。新农村文化建设要求具有极强的操作性与实践性，必须用正确的理论来指导。本研究坚持理论与实践相结合，借助必要的文献资料，运用经济学、管理学、社会学等多学科知识对新农村文化建设进行研究，分析农村文化现状，并从制度上探讨什么样的制度安排能够促进农村文化的有效发展，如何构建包括政府、集体、农户在内的农村新文化建设机制。

13.2.2　数据获取

13.2.2.1　直接数据资料　本研究于2008年12月在河南省嵩县进行为期10天的实地调研。在嵩县16个乡（镇）中按照人均经济水平进行分层随机抽样，对嵩县6个乡镇，44个行政村，340个农户进行了调查。调查方法是以问卷调查为主，辅之以资料、数据的收集。

问卷调查包括村级问卷和农户问卷。村级问卷调查地点的选择原则上是随机选取，调查员到目标村庄进行调查，目标被调查者为村干部，一般找到村党委书记、村委会主任、村会计中的至少1人。农户问卷的目标被调查者的选择标准按照各村的人员花名册随机抽样，然后入户调查，被访者不在家时，则另行抽样，最终保证每个村选择的10个农户随机分布在至少任意村民小组内。

此外，还对县、镇、村的调查访谈中对他们所掌握的本地区文化的相关资料、地区发展情况、相关统计数据等进行采集，与问卷调查和访谈数据相互补充，以尽可能使资料翔实、完整、准确，资料采集部门主要包括：县文化局、县统计局、目标乡镇、目标村庄等。

13.2.2.2　间接数据资料　间接数据的来源包括《中国统计年鉴》《中国县（市）社会经济统计年鉴》《中国文化文物统计年鉴》等；调查地点的地方统计年鉴和相关数据；其他的研究机构和人员已经进行的调查数据收集。

13.3　文献综述

进入20世纪90年代后，伴随着农民负担的不断加重以及农村矛盾的迅速激化，农民收入以及与此相伴的农村文化公共品供求问题逐渐成为专家学者们关注的焦点问题。一些学者开始借助于经济学有关分析工具和分析范式对农村文化公共品供求进行研究。从已有的文献看，关注农村文化建设的资料可谓汗牛充栋。从 1995 年到 2007 年，据不完全统计，我国学界发表了关于农村文化建设的研究文章不下 300 篇（财政部教科文司、华中师范大学全国农村文化联合调研课题组，2007）。如何运用有关理论分析工具，分析现实中的农村公共产品问题，协调农村各种关系，对于当前的社会主义新农村建设有着重要的意义。在对这些文献回顾的基础上，本研究对新农村文化建设中政府供给与农民需求错位进行分析，探索其成因、特征及构建有效改进机制，促进农村文化发展，以农村文化的繁荣和复兴增强农村社区的凝聚力，发挥农村文化在新农村建设中的重要作用，形成乡风文明、村容整洁的农村发展的互动机制。基于此，本研究的文献将集中在以下三个方面。

13.3.1 当前农村文化供给的研究

13.3.1.1 政府供给研究 Perkins et al（1984）指出改革开放以前中国农村基础设施的供给主要依靠农民自力更生。物质成本以管理费、公积金的形式来筹集，人力成本以工分的形式在集体经济组织内分摊，实质上是在各级集体经济组织内对农业剩余的再分配。无论是在人民公社时期，还是实施家庭承包制以后，我国农村社区公共产品的制度外筹资方式都起了非常重要的作用。很多情况下，农村文化的供给并不是根据农村真实需求决定，而是由地方政府及其官员来决定。这种制度不仅交易成本大，而且也未必能够真正体现社区居民的需求偏好。这一观点在李长健、伍文辉（2006）的研究中阐述得较为清晰，他们认为，传统政府力量无法在广大农村设计出文化进步的捷径，政府在提供服务社会时，往往倾向于"中位选民"的偏好，不可能在质和量方面满足各方面的需求。严重的则表现为各种不合理的强制性供给使得农民负担膨胀。而造成强制性供给，主要是因为乡镇政府以及村两委行为的异化。魏建（1998）指出由于行政权力的扩张，村民委员会逐渐转变为政府在农村基层的延伸组织，由于缺乏对村委会进行有效制约的法律安排，这使得农民遭遇到侵权时无力反抗。蔡晓莉（2006）、Tsai（2007）的研究表明，即使正式责任制度薄弱，非官方惯例和规则的约束仍能促使当地官员设立并履行其公共责任。而这些非正式责任制度由特定类型的连带团体提供并在全社区发挥道德权威。在其他条件都相同的情况下，存在这类集团的村庄比没有这类集团的村庄更有可能获得较好的文化供给。而吴理财则认为地方政府过于追求政绩及片面化的经济指标，对农村文化投入过少导致农村文化边缘化，并且在文化建设中只重视输入，至于对其在农村产生的实际效果，则不予关注。农民在进行满足自身文化需求的自我文化资源供给时，形成逐步多元的"私性文化活动"。针对农村私性文化见长、公共文化不足的供给特点，吴理财（2007）认为政府供给的农村文化资源和政府组织的农村文化活动范围，可以限定在农民个体或农村民间无法自行提供的公共文化领域内，不必涉及农民家庭私性领域和农村民间自行供给领域。

13.3.1.2 社会组织供给研究 农村文化的本质属性是公共性，也即非竞争性和非排他性。因此农村文化服务项目更适宜由地方政府特别是县乡政府来提供，这也比较符合国际上通行的做法——农村文化服务更多的是由地方政府或地方性公共（自治）团体提供（吴理财，2007）。我国农村文化长久积淀，其封闭和滞后等特性致使创新动力不足，社会第三种力量应运而生，并为农村文化发展提供创新价值理念与运行机制，逐步形成以政府引导、市场推动、农民自主创新"一体多元"文化体系（李长健、伍文辉，2007）。这不仅是对市场机制在农村文化建设中作用的肯定，也充分认识到了社会力量的重要性。贺雪峰（2008）认为乡镇事业单位有些农村公共服务，因为时代的变革而具备了市场化的条件，因此可以推向市场。在考察湖北"以钱养事"的模式后，他认为前提是有完善的市场体系及市场主体，因而不能将由事业单位改制而来的民办非企业组织一脚踢开，政府只能向这些民办非企业组织购买专业化程度很高且标准化程度很低的服务，如果民办非企业组织不能按照合同提供服务，即不下拨服务经费。而在动员社会力量参与新农村文化建设上，现在的问题是，农村村集体没有钱，取消农业税后，国家希望通过发展村级民主来动员资源，已被证明是行不通的（贺雪峰，2008）。李长健（2006）认为，农村文化的供给可以依靠介于政府和私人企业之间的第三部门提供特定服务。第三部门以公益性和志愿性为特征，以奉献为活动价值取向，在此氛围下，第三部门的活动促进了社会捐赠、义务劳动等社会志愿活动的展开，促进了社会成员之间的信任，从而实现社会和谐。第三部门可以有效沟通城市与乡村，既可以积聚农村内部的松散资源，又可以创新和拓宽外部捐赠等公益性资金的输入途径。郑风田、刘璐琳（2008）认为作为一种组织方式，合作社文化可将分散的农民组织起来，提高他们的合作与自我发展能力，培育和发展合作社文化，能够发挥"文化建设、效益最高"的作用，是新农村建设中农村文化发展的潜力所在。何慧丽、温铁军（2006）的研究表明，凡是有合作社的地方必然有文艺队。陈文胜、陆福兴（2006）认为民间文化组织正日益成为农村文化的重要主体，也是农村文化发展的重要资源。国家要建立相应的奖励机制，鼓励民间资金投入农村文化建设。要把国家投入拉动与民间集资建设有机结合起来，比如民间图书馆、民间剧团、民间博物馆，以及民间艺人文化能人、文化经纪人等，引导文化专业户组建非公有制文化企业，鼓励各种形式的农民自办文化，不断发展壮大新时期下的农村内生型文化。

13.3.1.3 其他供给研究 后税费改革时代，实行税费改革后，基层政府财政收入骤减，使原本已经负债累累的农村文化事业无人管理，农村文化出现真空地带，非正义文化（比如封建迷信、赌博、非正式宗教活动等）逐渐侵入，引发农村文化市场的混乱及一些深层次社会问题。这种现象引发国内不少学者投入到对农村文化现状的研究中去。《瞭望》新闻周刊记者走访陕北、宁夏、甘肃等地发现，在西部部分农村地区，各种地下宗教、邪教力量和民间迷信活动正在快速扩张和"复兴"，一些地方农村兴起寺庙"修建热"和农民"信教热"，正在出现一种"信仰流失"，并有愈演愈烈之势（路宪民，陈蒲芳，2006）。比如，针对江苏、河北、西南山区、山东青岛、河南、湖北、辽宁、东南沿海农村等地的调查表明，农村地下宗教活动泛滥，封建迷信活动猖獗是当前一个带有倾向性的社会现象（郝锦花等，2006）。不少学者认为，农村"信仰流失"的出现，是一些农村基层组织薄弱、文化精神生活缺乏的表现，并有可能成为产生社会新矛盾的土壤。改革开放以来，国家对宗教等信仰控制的松绑、解冻导致了信仰供给的增多，在信仰需求一定的条件下，自然会导致信仰流失（Fenggang Yang，2006；魏德东，2005）。改革开放以来，政府从农村退出（温铁军，2007），一方面，农民群众的许多精神文化需求以及物质需求得不到满足，这样就使得信仰组织所提供的精神以及文化方面的公共品颇具诱惑力；另一方面，曾经在公社生活中存在着的"集体归属感"和"组织感"等情感互动也渐渐消失，在少部分农村社区甚至出现"空心化"和"原子化"等现象，部分农民开始对组织化的生活和社群间的互动产生强烈的情感诉求，而一些信仰组织的出现则正好满足了这种诉求，从而导致了"信仰流失"现象的出现。Galdwell，Green，和Billlingsley（1992），Taylor和Chatters（1988）明确指出，教堂通过满足人们的应急性需求，提供心理以及物质方面帮助的社会网络，关注家庭的特殊需求而为信徒提供社会以及经济帮助。因此，重视农村居民的精神文化生活，增强基层组织的社会组织能力，探索新时期群众工作新思路，应成为我国新农村建设的重要组成部分。

路宪民等（2006）认为，改革开放以来，基督教在广大农村地区广为传播，并有愈演愈烈之势。比如，针对江苏、河北、西南山区、山东青岛、河南、湖北、辽宁、东南沿海农村等地的调查表明，基督教在当地农村发展较快。同时，在信徒的人群特征方面，基督教徒主要表现为"四多"：病人多、文盲多、老年人多、妇女多。但是值得注意的是，目前越来越多的年轻人也加入了信教的行列。牟岱（2005）认为，邪教等伪科学的出现，特别是在农村活动猖獗，主要是人们信仰出现迷茫和混乱而导致的结果。Iannaccone（1992）指出宗教信仰组织是能够提供区域性公共品的团体。宗教信仰组织的行为可以用 Club goods 模型来解释，该模型认为信仰组织可以从对其会员作出限制和自我牺牲的要求中获益。研究者利用基督教的数据为 Club goods 模型提供了支撑论据，表明宗教信仰组织对会员的限制和牺牲要求越大，它所能提供的公共品就越多。周林刚（2006）等学者对农村目前势头越演越烈的六合彩问题进行研究，发现近些年来，在全国 20 多个省（直辖市、自治区）的农村地区兴起了一股地下"六合彩"的赌博之风，与新农村"乡风文明"的要求格格不入，亟待改变。另外，农村社区还存在打架斗殴、道德观念下滑等种种现象，引起学者的普遍关注。农村文化阵地迫切需要先进性文化的指引，而这些深层次问题的存在仅仅靠政府组织的有限的"文化三下乡"等活动显然是不够的，切实解决这些问题，迫切需要农村文化的自主创新，从而促进农村社区的自我发展。

13.3.2 当前农村文化需求的研究

农村文化公共品就是农村居民消费的公共产品，其供给以农村社区为单位。在其提供过程中，不仅要考虑地域和行政隶属关系，也应考虑农村公共产品的外部性特征。这样有利于根据外部性程度，对不同公共产品实行比较灵活的供给制度。农村公共产品作为新农村建设的关键环节，更应强调农民的参与。这就意味着在农村公共产品供给过程中应突出农民的主体地位和乡村组织的核心作用。

13.3.2.1 满足农民需求的研究 国外研究者认为农村文化作为重要的公共产品，对农村的发展有着极为深远的影响。詹姆斯·布坎南（James Buchanan，1965）提出俱乐部产品概念，指出这种产品可以适应从纯公共产品到纯私人产品之间的连续体上的任意一点，他通过建立俱乐部规模与消费水平、生产成本之间的关系来确定产品的供给，而农村文化是农民自觉自发的一种消费形式。布雷顿（Breton）则根据公共产品地理区域将公共产品划分为地方公共产品、区域公共产品和国家公共产品，农村文化属于区域性公共产品，与各地的法律和生活习惯密切相关。在农村公共产品理论研究方面有 T. W. 舒尔茨的制度变迁理论，他把制度定义为一种规则，通过提供一系列的规则来约束人们之间的相互关系，从而减少交易成本，促进生产，通过制度的约束来确保为农民提供足够的文化生活。文化部部长孙家正（2006）指出，随着农村生产力的提高，当前农民的文化需求发生了很大变化，求富裕、求安定、求健康、求文明的愿望更加迫切。当前重视"送文化"而轻视"种文化"，与农民群众的文化需求相脱节。农村公共文化资源远离农民的日常生活，农民难以享受农村公共文化资源的好处。农村文化服务缺乏基本条件，不能满足农村文化服务的需要（吴理财，2007）。针对农村文化的发展现状，刘湘波（2005）认为，一直缺少组织化的农民越来越分散，面对城市和农村生活水平和精神追求差距的加大，农民变得越来越没有信心。李强等（2006）采用小组访谈方法对农民对农村公共服务满意程度和投资意愿进行研究，得出的结论是农村文化公共品服务与农民需求差距较大。这也是政府单方意愿供给下形成的供求错位的表现。贺雪峰（2005）亦认为，快速发展的市场经济与现代传媒技术以及频繁的社会流动深刻地改变了农民的生活样式，农民对精神文化生活有着强大的内在需求。正是在这种精神诉求下，村庄文艺队和老人协会成为新农村建设的突破口，尤其是在那些资源短缺到维持生计都困难的农村地区。文艺队和老人协会能够以较小的成本使成员们获得极大的物质和精神福利感。文艺队和老人协会的组建，可以很好地发挥和谐、稳定、有凝聚力、有生计的新农村建设的部分功能。而当前如火如荼的合作社的实践亦有力地证明，合作的经济与合作的文化是不可分割的，在发展合作社的同时必然产生农民文艺队（何慧丽，温铁军，2006），从而为广大农民群众提供基本的公共文化品。财政部教科文司、华中师范大学全国农村文化联合调研课题组（2007）认为必须对何为"基本公共文化产品"进行界定。他们认为，东、中、西部地区农村的文化设施和文化活动需求尽管在个别项目和需求强度上有差别，不同年龄群体的文化需求也稍有差别，但在整体上具有较高的一致性。如在公共文化设施方面，文化活动室或图书室、电影放映室或电影院、有线电视或电视差转台、公共电子阅览室等文化设施是普遍的共同需求；在公共文化活动方面"文化下乡"、放电影、演戏和花会灯会歌会等传统娱乐项目是不同群体的共同需求。

13.3.2.2　引导农民需求的研究　和谐社会和小康社会目标的实现离不开新型农民的培养，培育社会主义新型农民是新农村建设最核心的内容（孙家正，2006）。从总体上看，农村劳动力文化素质不高，从事非农产业的职业技能缺乏，是当前新农村建设的最大制约和障碍。目前，我国农民平均受教育年限不足 7 年，4.9 亿农村劳动力中，高中及以上文化程度的只占 13%，而初中文化的占 49%，小学及小学以下文化的占 38%，其中不识字或识字很少，占 7%。因此，提高农民素质，培养新型农民，进一步把农村人力资源转化为人力资本，是建设新农村的首要环节。而培育新型农民，一靠教育，二靠文化，三靠管理。姜春云（2006）认为，建设新农村的关键是要促进农村生产方式和生活方式的根本性转变，增强农民、农村和农业的自我发展能力。从农村生活方式根本性转变的角度看，全面实现小康社会要让农民有安全感，身心愉快，提升国民素质，积淀和弘扬优秀的传统文化。农村社会是否和谐，在很大程度上取决于全体农民是否有一个强大的精神支撑——共同的理想信念。从农村生产方式根本性转变的角度看，"文化下乡"和"下乡文化"等系列农村文化建设活动有助于将先进的知识、先进的理念和先进的技术传授给农村，使先进文化在农村生根发芽，从而提高农民的综合素质和农业的综合生产能力（梁燕雯，2006；詹静，2006）。在这一过程中，发展农村新文化，用农村和农民所拥有的最便捷、最实用的资源和手段来武装和充实农民的头脑，提高农民素质，是培育新型农民的重要着力点，也是当前新农村建设的迫切任务（郭晓君，2005）。

13.3.3　农村文化发展机制改进研究

奥斯特罗姆（Elinor Ostrom，2000）的研究表明，成功的政策设计及贯彻实施对于发展有着非常重要的作用[1]。我国正处于制度变迁过程中，机制设计理论必将对相关制度创新发挥更加积极的作用。至于说到农村发展和农村公共产品提供及如何实现对地方政府以及乡村干部的有效约束与激励，至新型农村合作医疗如何能够给农民带来更多实惠等，说到底都与机制设计有关系。设计什么样的规则体系，其成本、收益的配置以及后果是大不相同的。国家政府、媒体记者以及广大学者从不同的角度对新农村文化的重建提出了不少有益的意见与对策（白南生，2008）。李连江（2004）的研究表明，农民相信中央政府会给他们带来利益，而对于地方政府则不是那么信任[2]。由于缺乏信任，农村公益事业筹资难，"一事一议"大多数议不成，这种信任的缺乏不能不说是社会资本缺乏的重要表现。对于这类问题研究和探讨的不断深入不仅有助于我们加深对于问题的理解，也有利于找到农村公共产品问题的治本之策。

---

[1]　Elinor Ostrom, Collective Action and the Evolution of Social Norms *The Journal of Economic Perspectives*, Vol. 14, No. 3. (Summer, 2000), pp. 137 - 158.

[2]　Lianjiang Li, Political Trust in Rural China, *Modern China*, Vol. 30, No. 2. (Apr., 2004), pp. 228 - 258.

13.3.3.1　农村文化财政支持研究　在讨论新农村文化建设之前，李海金（2007）认为，必须要厘清"三农"问题的形成机理，明确解决的价值理念与导向；新农村建设关键在于城乡公共产品的统筹供给；必须突出农民的主体地位，强调农民的参与，建构需求主导型的公共文化品供给体制。然而目前的体制则是文化资源侧重城市。吴理财（2008）认为实现农村文化服务均等化需要系统的体制配套改革，不仅需要改革政府之间的文化服务财政投入和责任分担机制，而且还要改革现行的农村文化服务体制。其中建立规范的农村文化服务财政投入体制，是实现农村文化服务均等化的基础前提。从政府财政支出的角度看，王广深、王金秀（2008）认为应当优化财政支出结构并侧重农村文化发展，他们认为坚持财政的投入长效机制，提高财政支出文化的比重和优化文化财政支出结构，加大对中西部文化财政的投入可推动我国文化的繁荣。不同的观点则认为，这种一味投入机制未必有效。徐晓军（2007）认为经济发展的边缘化导致文化的边缘化，进而导致农村文化本身的虚化，因而从应对农村文化的风险与危机角度，提出：把握现状，建立各民族的农村文化遗产目录；政策扶持，充分发挥政府的主导作用；树立标兵，充分发挥农村文化人的传播作用；创新思路，加强农村优秀传统文化的市场运作。而李长健（2006）认为农村文化资金管理应该加强法律制度的监督。政府财政对农村文化建设的支持在逐年加大，但成效不够明显。社会力量对农村文化事业的捐助，支持建设农村公众文化事业，要加强这些资金的监管，促进效益最大化。这种观点也得到不少学者的认同，如湖北省社会科学界联合会、湖北省经济学界团体联合会、华中师范大学中国农村问题研究中心联合课题组（2007）认为发展农村文化，从财政支持角度看，要打破传统的政府统管一切的"单一"文化投资模式，拓宽资金筹集渠道，建立文化建设的"多元"投资机制，确保对农村基层文化建设的资金投入。

13.3.3.2　农村文化建设内容的研究　贺雪峰（2003）认为，文化层面的乡村建设主要包括村庄、国家和农民三个层面的内容。应该注重农村文化传播体系的建设，发挥传媒、政府和农民的共同作用，保护农村传统的真正意义上的文化（骆正林，2006）。对此，刘湘波（2006）也认为农村的文艺活动是精神生活的最重要的一部分，农民的精神振作离不开具体个人的自觉，更离不开农民整体的组织化。应该发挥文艺演出队、歌声口号，还有集体秧歌或者读书看报的巨大作用，实现农民精神的崛起。中国农村有着极为丰富的制度资源和文化资源。在传统社会条件下，它们在提供公共产品、维护农村社会稳定等方面发挥了积极作用。然而改革开放以后，伴随着我国社会经济市场化程度的不断加深，农村一些传统组织资源和文化资源在市场经济冲击下逐渐发生了改变。在发展文化的形式上，孙玉芹、王玉荣（2004）从阶层角度对农村文化建设的对策作了深入的分析，认为在新时期的农村文化建设中，农村管理者阶层特别是党员干部是社会主义一元性主导文化的倡导者和现代文化的实践者；农业劳动者阶层是传统文化的拥护者；农村个体工商户和私营企业主阶层是农村文化建设的新兴力量；农民工阶层的出现为提高农民素质，加强农村文化建设提供了新的有效形式；农村知识分子阶层是文化的传播者，是农村文化建设的基础力量。农村各阶层扬长避短、相互配合、实现优势互补。应该积极鼓励农民自办文化。鼓励农民自办文化大院、文化中心户、文化室、图书室等，支持农民群众兴办农民书社、电影放映队，大力扶持民间职业剧团和农村业余剧团，因地制宜，分类指导，促进农民自办文化的健康发展（周和平，2006）。

13.3.3.3　农村文化决策机制研究　吴理财（2007）考察了皖、川、鄂三省农村文化公共品供给后发现，无论是在乡的农民还是流动的农民，他们的需求与公共产品的供给之间都存在一定的差距，农民需求相对于公共产品供给总体上处于一种"饥饿"状态（吴理财，2006）。这就意味着，一些农村文化没有深入基层。其中，文化建设重心没有下沉到村一级是关键因素。因此，应在村一级结合国家的"广播电视村村通"工程、村图书室、文化室建设和农村科技培训等项目，建设具有综合功能的村级"文化（活动）中心"。

将更多的公共文化资源投到村庄，让农民真正享受到这些公共文化资源的好处（吴理财，2007）。财政部教科文司、华中师范大学全国农村文化联合调研课题组（2007）基于对70个县市的农村文化实证调查，认为当前农村文化发展滞后是投入不足、体制不顺、技术环境变化、社会结构转型等因素综合作用的结果。立足于农民群体的文化需求，文中以保障文化发展权为核心，提出深化基层文化体制改革，以体制整合和资源整合为基点，推动农村文化建设水平的整体提升；加强财政支持力度，以机制创新为平台，确立公共财政支持农村文化建设的多种实现模式；建立健全农村文化建设目标责任制和基层文化单位的评价机制，推动农村文化建设的法制化、规范化和制度化，为新时期农村文化建设提供制度和组织保证。但如果没有精心设计，而仅靠部分主管者坐在办公室里随意制定的各种千奇百怪的规定，最后不但帮不了真正需要帮助的农民，还会造成资源的极大浪费。惠农政策的制定一定不能在小圈子内操作，其设计推广方案要经过广泛的意见征求过程，以寻求满意度最高的推广政策。最主要的是，一定要让政策指定的受益群体能够真正受益而不是出台一个只让少数人满意的政策（郑风田，2009）。湖北省社科联、湖北省经团联、华中师范大学中国农村问题研究中心联合课题组（2007）在考察了湖北农村文化发展的情况后发现，该地在决策机制上仍停留在传统的"政府决策—农民被动接受"的"自上而下"单向决策模式，在文化服务项目的确定、实施与考核上还存在较大随意性，在基层文化服务人员的劳务费分配上还缺乏严格的标准。在下一步的基层文化建设过程中必须进一步探索完善基层文化建设领域新机制的具体实施办法，确保机制的科学性和民主性。发展农村文化离不开广大农民群众的广泛参与，参与过程可使农民群众的文化需求偏好以及对文化服务的意见得到顺畅的表达。最关键的是要由"政府决策—农民被动接受"的传统单向决策机制向"民主表达需求意愿—政府评估决策"的双向互动决策机制转变，注意听取基层群众的意见，切实兼顾各个群体的文化生活需求，建立科学的公益文化服务"需求—评估—决策—反馈"系统，提高文化服务的质量。

13.3.4　文献小结

综合当前的研究情况，在农村文化建设现状方面，学者们普遍认为，改革开放后我国农村文化虽有了较大的发展，但还存在较多问题，如农村文化发展水平不平衡，发展速度较缓慢，农村文化建设与经济发展不相协调；农村缺乏必要的文化基础设施和基本条件，资金投入明显不够；农村文化管理相对薄弱，文化管理体制尚待改革；文化队伍建设落后，专业文化机构松散，地方政府对农村文化建设不够重视等。在农村文化建设的途径方面，主要观点认为：农村文化建设应以先进文化为指导，保证农村文化的先进性；应加强农村文化的领导力度，制定切实可行的法规条例，完善各项文化规章制度，从总体上规范农村文化建设；应加大对农村文化建设的投入，建立多渠道、多层次的资金投入保障机制，并强化农村文化事业的"造血"功能，增强其自我发展的能力；应充分挖掘农村优秀文化传统和各具特色的地方文化资源，推陈出新，发扬光大，使之熔铸于有中国特色社会主义的文化之中；应完善农村的文化教育和科技发展体系，注重提高文化教育和科技发展的效率和质量；大力发展农村经济，以此为基础带动农村文化事业的发展等。

不难发现，在"建设社会主义新农村"被提出来之后，学术界涌现出较多关于这一问题的理论探讨和各种各样的解读。从宽泛的角度对文化进行研究的文献可谓是汗牛充栋，但是目前阶段从新农村建设的角度对文化进行的研究还比较有限，尤其是能够以农民为主体对新农村建设中先进文化的功效、影响等进行研究的还比较少；二是理论界对新农村建设的研究虽然在不断深入，但是跨学科的研究还比较有限；已有的研究主要是运用规范性的方法对现象、重要性、必要性等进行描述，具有理论高度的文献相对较少；三是从理论和实践上提出解决农村文化落后的切实可行的措施较少。一般的研究局限于只是提出在宏观层次上加强农村文化建设，对影响农村文化建设的微观措施重视不够。特别缺乏一个对农村新文化状况的调查，这样难以在实证材料充分的条件下提出理论和政策主张。因此，本课题将综合运用规范与实证相结合，宏观与微观相结合，定性与定量相结合的方法，从社会学、管理学、经济学的不同角度，综合跨学科的知识，对如何促进农村文化的自主创新，用先进的文化促进农村地区发展进行研究。

13.4　农民需求与政府供给错位分析

13.4.1　农村文化供求错位现状

13.4.1.1　政府提供的农村文化与农民需求不对接　长期以来，在农村各项文化改革的措施中，许多文化工程（如"送文化下乡""万村书库""广播电视村村通"等）的建设都没有摆脱政府出面、大包大揽的局面。而以目前政府的人力、物力和财力储备来看，显然政府还不具备大包大揽发展农村文化的实力。此次调研中，研究者印象最为深刻的当属政府提供的文化设施没有被广大群众所接受，过多流于形式。有的村要么没有提供文化设施，要么提供的文化设施无法使用，根本就无人问津。

从调研的情况看，农民最需求的文化设施与政府提供的存在明显错位。表 13.1 反映了政府提供的文化设施与农民需求的错位情况。

表 13.1　政府提供的文化设施与农民需求的错位

农民日常使用的文化设施 （前三位）	农民期望的文化设施 （前三位）	政府提供的文化设施
教堂	体育健身场所/器材	有线电视/差转台
寺庙	文化活动室	文化大院
有线电视/差转台	电影放映室或电影院	体育健身场所/器材

从表 13.1 反映的情况来看，现实中的农民参与宗教及民间迷信活动场所频率较高，村庄被寺庙和教堂占领，"信仰流失"严重。政府的文化设施供给偏离农民需求，此问题亦警示有关方面，提供农民需要的文化设施刻不容缓。

问题的实质在于地方政府普遍存在"两张皮"现象。由于在行政指令上必须服从上级部门所安排的各项指标与任务，而指标与任务的考核很明确，那就是实实在在的"硬"件，但文化事业的建设成效是软性指标，其衡量办法是大规模的群众访谈及抽样调查，显然目前地方政府还不愿为此投入如此巨大的人力与物力。另一方面则是，实实在在"硬"件的建成既反映了对上级部门任务较好的完成，体现其行政效率，反映政绩，又可以吸引上级部门的进一步投资，以便获得更多的"寻租"机会与空间。而地方政府本应承担的发展农村文化的任务则由于长期的忽视和漠视，根本不被纳入行政考核，因而无需对农民承担任何责任。至于农民有怎样的需求，根本进不了官员的"视线"。虽然各级政府文件一而再再而三强调"围绕""紧贴"，但实际操作中总是"围不住""贴不紧"，形成不了整体，"各吹各的号、各唱各的调、各说各重要"的"两张皮"现象仍较严重。

更为尴尬的是，由于农村住户居住分散，许多农民要想使用这些文化设施，必须经过不少路程才能赶到，这使得一些人干脆放弃使用此文化资源，由此形成建了文化大院，也少有人光临的局面。因而不由得让人怀疑这种文化设施的建成，是否真是为了农民，也让人怀疑以村为单位的文化设施建设的合理性和科学性。这样的错误的文化供给使得这些文化设施不可能长期生存。而重量轻质的供给形式无形中加剧了农村文化如今的尴尬局面。政府部门搞短期行为，应付检查、评比，疏于管理，缺少发展规划，等等，其结果是建起的文化设施能通过省、市、县三级的若干次检查、评比，却得不到真正服务对象的好评，疏于管理加上少有人问津，使得目前农村文化建设没有发展后劲，不少文化设施成了"形象工程"，没有实质内涵。从嵩县提供的文化设施和服务来看，完全没有遵循农民意愿，而是按照政府指令办事，没有灵活而机动的方针和政策，我们不仅要反思政府文化供给的形式问题，而且对政府文化供给本身心存疑虑。农村文化到底是需求导向型还是供给导向型？本研究的观点显然是倾向于前者。

在此次调查中我们了解到，有集体收入的村比较少。同时，村民们大多不愿在建设集体文化设施方面出钱出力，社会捐助几乎没有。因此，村集体文化设施建设只有靠上级财政或文化部门资助。调查发现，有的村虽然设立有活动室、图书室，但因没有维持经费，往往处于闲置状态。

　　而在被问及"您认为农村基层干部对文化建设重视吗"时，回答基层干部重视和比较重视的占了 48.79%，这可能源于农民对基层干部的畏惧。当然也不能排除这样的情况，即基层干部虽然重视，却因缺乏自主发展农村文化的资金而不能在文化建设中大展身手。参见图 13.1。

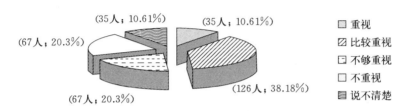

图 13.1　农民对基层干部文化建设的态度的评价

　　这些问题的存在，充分体现了农村文化建设的长期性、艰巨性。多年来政府一贯坚持的"送文化"，也到了该反思的时候了，"热在政府、冷在村里"的尴尬现状应该得到改变。在本次调查中，调研人员普遍感觉到，嵩县农村有优秀的文化资源和文化"能人"，他们土生土长，与广大农民有天然的联系，其文化形式来源于农村，取材自民间，易为广大农民所接受。而长期得不到资金及政府的支持使其积极性受挫，安于自得其乐，因而政府应当建立完善灵活的文化机制，积极培养和提高基层文化工作者和民间艺人素质，逐步变"送文化"为"种文化"。

13.4.1.2　农民需求的"软"文化政府很难予以提供　从调查中发现农民在经济上的贫乏直接表现为闲暇时间较多（闲暇时间为 6.49 个小时/天），这与当地的生产生活方式有关。嵩县属半山区地区，农户的土地大多为半山地，平地较少，加上山区的封闭和工业的落后，除了农忙季节外，大部分人没有从事农外经营性活动，闲暇时间颇多。闲暇时间的增多自然使其产生对消遣性文化的需求。虽然随着政府投入的增加以及农民的增收，农民文化生活的丰富性和多样性有了较大起色，但总体来讲，农民文化生活依然较为贫乏，突出表现在，打麻将、打扑克牌现象严重，村里人聚集最多的地方是牌场而非文化大院。

　　从调研的情况看，政府提供最多的文化活动与农民最期望的文化活动存在较大错位。表 13.2 反映了政府提供的文化活动与农民需求的错位情况。

表 13.2　政府提供的文化活动与农民需求的错位

农民实际参与的文化活动（前三位）	农民期望的文化活动（前三位）	政府提供的文化活动（仅两项）
看电影	放电影	放电影
看戏	演戏	文化下乡
庙会	民间艺术	—

　　从实地调研了解到，虽然政府每个月都会在各村放一次电影，但计划的农村年均 12 场的播放次数实际统计仅为 6.87 场，农民参与观看电影的次数和时间长度的统计数据则分别为平均 3 场和每次 1.5 个小时。这说明，一方面官方声称的 12 场与农民实际看到的有较大出入，另一方面，在农村播放的电影对农民的吸引力不大，导致观看的农民不多，进一步导致播放场次的减少。农村电影放映工程开展多年来，其评价机制仍然仅仅满足于放映了多少场次、覆盖了多少村庄这样的统计数字，至于每场有多少农民观看，是否满意，效果如何，则一直未能纳入评价体系之中，最终导致供需脱节严重，整个耗资巨大的工程变成无人看、无人管的"形式主义"。农民对放电影存在较大期望，说明放电影的这种文化活动形式得到农民的认可，只是放电影的题材、场地缺乏足够的吸引力，导致农民"不买账"，供给的低效率与农民的期望存在较大错位，使得本可以促进农村文化活动的放电影常常处于无人看的尴尬境地。至于农民期望的演戏和民间艺术，则不在供给范围。

　　吴理财（2006）认为，自改革开放以来，农村私性文化有了较快的发展，主要表现在农民或农民家庭拥有的"私性文化资源"日渐丰富，如电视机、影碟机、卫星电视接收设备、电话、手机甚至电脑等现代文化信息产品进入了大多数普通农民家庭。与农民的私性文化相比较，农村的公共文化却"日渐式微"，特别是一些健康文明的公共文化形式更是走向衰微。从此次嵩县的调查中，亦可发现此类问题，农户的私性文化的确比较多，一定程度上消遣了闲暇时间，而公共文化活动则比较匮乏，除了偶尔的庙会或者教堂活动，就剩下串门聊天了。政府供给的则多为文化站、图书室等硬件设施，而农民希望看到的文化、演艺活动队的演出，却因不能得到政府政策和资金的支持组织不起来。虽然提供的放电影可算是公共文化，然而由于影片题材陈旧，加上社会价值多元化的影响，以前农村比较流行的露天电影，如今已得不到农民的喜爱，像《少林寺》《平原游击队》等影片只能成为曾经的记忆。由于无法满足农民群众日益增加的群体归属感，政府提供的各种文化活动自然不被农民接受，响应较高的则是能够提供群体归属感的文化活动形式。比如在传统节日里，农民更希望政府或者村集体提供一些文化活动，调查中有 87.83％的农民回答对节日里举办活动持希望态度，显然，对于集体性参与的活动，农民有很高的期望。

从政府的角度看，要挖掘农民的真实需求，考察公共文化供给的实效性却并非易事。由于"软"文化考核形式多样，且要对多方参与者进行追踪考察，而农户居住分散且很难统一组织起来，使得派人员进行入户调查操作难度加大，加上调查人员的安排、调研、指导排练、组织协调，等等，使得投入"软"文化的费用大大高于预期水平。也就是说，考察其效果的成本太高以至于政府部门放弃了对公共文化供给实效的追踪考察，因此无法确认此"软"文化是否得到农民的喜爱，也就没有了对其进行持久投入的动力。更令人担忧的是，由于存在资金"截流"问题，"软"文化的"寻租"空间比建设"硬"文化的空间更大，比起建设文化设施，组织文化活动或民间艺术的花费存在更大的灵活度，有些隐性支出无从考量，审核其用途也较为困难。所以本应用于组织文化活动的资金通常都会被挪用或占用，真正用于农村文化的则少之又少。尽管一些地方设有农村文化专项资金，但专项资金的使用多数不够灵活，使用方向有严格规定且限制较多，无法形成向好的文化形式和开展得好的地点倾斜，难以起到扶持农村文化的作用。

此外，基层文化工作人员不足的现象也较为突出。目前农村村社干部普遍学历较低，同时人手紧缺。有些村没有负责文化工作的干部。在对嵩县的调查过程当中，我们发现农村文化中坚阶层——农村青壮年的流失首先削减了农村文化发展的后劲，造成了农村文化传承的断裂，其次使得当代主流精英文化因为缺乏农村中坚力量的参与，难以在农村得到长足发展。

13.4.2　错位原因分析

13.4.2.1　供给模式自上而下，缺乏灵活性　当前农村文化政府供给体制是一种"压力型"体制。其突出特征是上级政府及其职能部门把农村文化发展任务及其指标从上到下层层分解，而完成这些任务和指标的状况是评价基层政府有关组织和个人政绩的主要依据，并与相关干部的荣辱、升迁挂钩，从而形成一种自上而下的压力。在这种压力型体制下，出于自身利益的考虑，地方政府热衷于投资一些见效快、易出政绩的短期公共项目，而不愿提供见效慢、期限长的项目；热衷于投资新建公共项目，而不愿投资维修存量公共项目；热衷于提供看得见、摸得着的"硬"件，而不愿提供

"软"件。

"自上而下"的非均衡供给决策机制，导致城乡公共产品资源配置失衡。公共决策在本质上是关于社会财富和价值的一种权威性分配活动，城乡公共产品供给的巨大差异反映出公共决策机制的不合理所导致的社会资源分配的扭曲。我国公共产品供给实行的是"自上而下"的决策机制。对哪些地区、哪些部门、哪个社会阶层和社会群体多分配社会公共资源，多提供社会公共产品，很大程度上取决于政府的选择和"官员"的偏好，供给公共产品的品种和数量亦由政府官员决定，所以作为弱势群体的农民被完全排除在公共品决策体系之外，只能被动地接受决策机构做出的带有个人偏好的选择。由于地方政府部门的决策者主要是出于政绩和利益的需要，利用掌握公共资源的权力做出公共品供给决策的，因此，在现实中，他们往往热衷于一些见效快、易出政绩的短期"硬性"公共产品的生产与供给，而对农村教育、社会保障、公共卫生、科技推广、信息提供以及相应的制度安排等"软性"公共产品，却没有太高的积极性，致使农村公共品供给在总量严重不足的同时，又存在供给结构失衡的问题。农民迫切需要解决的教育负担问题、看病就医问题、最低生活保障问题，至今仍没有一个机制性的保障（许开录，2007）。从调查地区的情况看，此种供给方式的弊端尤为明显。嵩县属半山区县，县内各村居民居住分散，由上级文化部门提供的文化大院等设施即使建在人群最集中的地方，也没有多少人去，更不用说居住较远的人群了。当地农民较为喜欢地方戏，政府却没有及时供给，私人又少有供给，以至于无法满足农民群众日益增加的文化需求，亦使得这些文化趋于失传。政府的文化发展资金用于少有人使用的文化设施，而多数农民喜爱的文化活动却因没有资金得不到提供，让人不得不反思这种文化供给方式存在的问题。

13.4.2.2 供给绩效考核单一，下级只对上级负责，无视农民实际需求　从政府对地方官员的考核制度来分析，亦可看出政府公共文化供给与农民需求错位的个中原因。抓经济建设有明显的杠杆和目标，且考核办法具体，文化很少有量化指标，这就造成地方官员刻意追求经济指标的提高，而对文化建设则长久忽视，甚至置之不理。虽然从中央到地方都强调"两手抓"，但真正落实到农村，特别是边远地区的农村，农村文化建设就显得比较疲软，这与政府部门未建立有效激励机制也有关系。在已有的政府向农村提供的文化公共品制度上存在三种弊端：一是先城市后农村，尽管国家用于农村文化公共品的投入在绝对量上逐年增加，但农村文化公共品的普及率还远远落后于国家发展水平。二是本应由地方政府提供的公共品政府却没有提供，本是农民自身急需的公共文化品却因不能出政绩或是官员个人偏好而无法提供，给农民的，往往是政府部门一厢情愿的供给，农民并不买账。更深入的研究表明，城乡公共产品供给制度的差异性实质上是具有深厚历史延续性的城乡关系、城乡差别以及国家与农村、农民的关系状况等深层逻辑在制度设计和政策配置上的反映。这些从根本意义和基础性层面架构了当前农村公共产品供给的问题指向（李海金，2007）。

过去的农村文化活动并不单调，只是在现代外部环境的长期忽视下，许多民间文化才走向衰落。千百年来厚重的文化遗产在农村普遍存在，一直是农民文化娱乐的源泉。如今，农村被遗弃在角落，许多优秀的民间文化因得到不到重视面临失传，而政府的专项资金倾向于"硬指标"，即承担对上级部门的责任，对农民的需求和民间文化的传承视而不见。

从现状来看，在当前农村公共文化供给"一刀切"的模式下，考核指标只针对"有"或者"没有"文化设施，从不考察文化供给的效果到底如何，农民的需求完全被忽视。对于基层干部来说，完成上级部门的任务显然比满足农民"虚"的要求来得快，也更能体现行政效率，因而不少文化设施的投入成为劳民伤财的"摆设"，无人问津。此次调查中研究者亦深有体会，以在全国推行的农村电影放映试点工作为例，在高额投资和高科技手段的支持下，看上去似乎能够保证每部电影都被"放"了出去，只是放映效果好不好，有多少人来看，爱不爱看，既然上级不考核，基层执行者也就不再去管。而这项活动则被想当然地认为应该受到农民群众的热烈欢迎，但事实却并非如此。据部分主管文化事业的基层干部反映，在很多村，放电影时基本没什么人来看，更让人感慨的是为了完成放映所规定的场次和时间，放映员只能对着屏幕空放，有时甚至连屏幕也不用。而走访的农户则觉得，和家里的电视相比，露天电影的吸引力已经很小，且放的片子大多很老，没什么意思。在许多地区，大多数农村家庭已经拥有了电视机的情况下，看电影对他们来说已经不那么具有吸引力，尤其是在冬季天气较冷时，很少有农户乐意出门观看露天电影；农村电影放映工程名义上以"企业经营、市场运作、政府购买、群众受惠"为指导原则，实际上在政府采购的模式下，放映的只是"政府认为好"的电影，并使得电影生产商也只会更多考虑政府的偏好，无视农民的需求，最后导致农民群众不爱看、不愿看；整个农村电影放映工程开展多年来，其评价机制仍然仅仅满足于放映了多少场次、覆盖了多少村庄这样的统计数字，至于每场有多少农民观看，是否满意，效果如何，则一直未能纳入评价体系之中，最终导致供需脱节严重，整个耗资巨大的工程变成无人看、无人管的"形式主义"。

13.4.2.3 目标整体不明，缺乏长期有效的针对性 从历史上看，长期以来，我国农村文化建设一直没有很好地解决目标定位问题。20世纪30年代，中国知识界的一些先觉者意识到改造中国农村文化的重要性，发起了农村文化建设运动，如陶行知的"晓庄试验"、黄炎培的"农村改进试验"、晏阳初的"定县平民教育实验"、梁漱溟的"乡村建设运动"等（郭晓君，2001）。尽管取得一定的成效，但在当时的历史条件下，总体收效并不大，其主要原因是缺乏政府力量做主导。在当前以政府力量为主导的新农村文化建设中，对于农村文化发展过程中目标进行准确定位，无疑具有重要的理论和现实意义。然而实际情况并非如此，盲目、无目标指向、"一刀切"式的指标建设多有存在。

从调查情况来看，各村的文化建设依然依靠上级行政指令，由于经费有限且用途多被限制，因而在实际操作层面难以有所突破。加之一些文化领导轮换，其在建设方针、目标和指向上各有不同，建设要求更是带有明显的个人风格，没有长远的目标及规划，更有急功近利者，把长期的文化建设工作变成短期的"工程项目"，缺乏长期规划和长远考虑，评估验收合格后就不管不问，后续经费投入和管理维护跟不上农村文化建设需要。在20世纪八九十年代，许多农村地区就已经开始筹建文化大院、建设图书室、组织村庄文艺表演队，多年过去，到现在的农村公共文化建设仍然是这几大内容，不但没能再过去已有的基础上发展深度和广度，反而因为过去的设施缺乏维护、年久失修，不得不从头再来，而曾经组建的文艺表演队，也总是只能热闹一时，缺乏可持续性。

13.5　政策建议

许多学者在研究中都发现了类似弊端，并提出"以人为本""以农民需求为本""增强农民自主性"等政策建议，然而值得注意的是，农民群众对文化的公共品的需求，与物质需求相比具有更强的隐含性和可引导性。在公共文化的提供上，部分地区基督教会的效率和效果，要比当地基层政府要好。问题的关键并不在于有否信仰，而在其参与感和组织化程度上。这就提示我们，只有先把具有更具参与性和互动性的文化推广到农村，才能为农村文化后续的设施供给提供人力资源，并以此不断满足农民身处集体的安全感和荣誉感。

因此，积极培育农村"文化能人"，充分利用农民群众的主观能动性，更多地关注基层文化组织，最好能够和农民合作社等其他合作组织结合起来。为避免农民自行组织的各种文艺团体和传统乡村文化活动缺乏资金难以为继，需要考虑改变当前自上而下的管理模式，引入更多的筹资渠道和社会资源动员方式，通过设立农村文艺基金等形式，为农民自己创办的文艺团体提供更多的鼓励和支持。让农民在参加文化活动的同时获得多重收益，提高他们参与文化活动的积极性和认同感，加强农村文化组织的参与性、凝聚力和可持续性。

13.6　研究不足

本研究对新时期农村文化供给体制框架重构、供给机制创新和农村政府供给和农民需求错位问题的研究，还有待在实践中进一步验证和完善。论文尚存在不少不足之处：首先是调查数据样本不够大，由于数据所限，本研究的一些结论尚需进一步细化。在对农村文化财政投入进行计算时，借用了其他学者现成的数据，而没有进行测算，这无疑影响了计算的精确性，不过好在这种处理对结论不会产生实质性的影响。其次是本研究着重于从政府责任和制度安排等角度来研究农村文化供给体制问题，对包括农民组织在内的农村公共文化承接载体的研究不足。农民组织在农村文化供给体制改革与重构中具有基础性作用，但从整体上看，真正能为农民提供公共文化服务的农村组织并不多见。从农村文化供给体制的现实基础看，分散农户越来越难以独立成为文化服务、公共信息、文化产品和政策性资金服务等诸多农村文化公共产品供给的承接体。再次，论文写作过程中虽然也进行现场调查，但毕竟只局限在一个较短的时间段，没有做多年重复定点调查，研究结论仅局限在"静态"意义上。这些缺陷都有待进一步的弥补和完善。

Shennong
Series

第 14 章 农村公共文化供给对农村居民宗教信仰选择分析[①]

14.1 引言

14.1.1 农村地区文化公共品供给贫乏，农村地区精神贫困已是非常普遍

在我国目前城乡二元结构背景下，近年来城市和农村文化的差异性逐步加大。城乡差距、地区差距拉大也表现在文化上。在我国改革开放的进程中，农村文化建设取得了历史性的进展，但同时存在着突出的问题。农村文化处于边缘化境地，投入严重不足，不少地方的农民文化生活贫乏、枯燥，人们"早上听鸡叫，白天听鸟叫，晚上听狗叫"，低俗和消极文化乘虚而入，侵蚀农村优秀的传统文化，甚至在不少地方"黄、赌、毒"卷土重来，封建迷信活动猖獗。有学者认为，当前的农村文化建设不仅内部发展落后，还落后于城市文化，落后于时代的要求，不仅影响了城乡文化的建设，同时也不利于社会的稳定（翁志超，2004；祝影，2003）。

在现有的物质生活层面之上，人们天生具有追求更高层次的、更具长久意义和永恒价值的生活之需求（Iannaccone，1998）。随着经济的发展和生活水平的提高，我国农村居民同样也开始对精神生活产生更高层次的需求。而当前农村社区的实际情况是："空心化"现象严重、"集体记忆"消失、人心离散（徐晓军，2002；贺雪峰，2005），智力贫困、信息贫困、观念贫困、文化贫困（辛秋水，2006；伍应德，2006；马怡，2006；缪自锋，2006；郭鹏，2006）；在这种情况下，少部分农村地区，民间信仰和其他信仰开始大面积蔓延，农民怀着极大热情兴修寺庙、教堂，参与各种祭祀和其他宗教信仰活动，并有越演越烈之势（路宪民，陈蒲芳，2006）。

许多学者对于这种现象的出现表示忧心忡忡（辛秋水，2006；温铁军，2005；贺雪峰，2005；刘湘波，2006；余方镇，2006），并提出通过组建农村文艺团体、老人协会、文化下乡及提供"文化低保"等方式，满足农村居民在精神文化方面的需求，提

供一种真正与大众生活高度相关的、活的、为大众服务的文化（何慧丽，温铁军，2006；潘家恩，2006）。

与此同时，值得注意的是，尽管"信仰流失"问题是一个文化现象，但它却又不仅仅是文化层面上的问题，单纯"就文化谈文化"是远远不够的。为什么部分农村地区的青少年"不爱学堂爱教堂"[①]？为什么这种"信仰流失"会从妇女延伸至全家，最后甚至出现"代际锁定"[②]？为什么大量农村地区，乡民抵制筹资修路修渠，一提到修庙却积极踊跃[③]？最令人深思的是，在少部分地区，宗教活动场所已经成为当地居民文化生活和社会交往的主要场所，其中某些教职人员的权威性甚至大大高过了基层干部[④]。

如果对这些问题，一概以"愚昧""迷信"视之，而不去关注现象背后的深层逻辑和原理，就始终无法把握解决问题的关键，也将始终徘徊在彻底化解"信仰流失"，重构农村精神文化需求的大门之外。Munson（2002），Iannaccone et al（2003）都指出：类似于宗教、极端主义这样以超自然力量为诉求的信仰体，其核心价值虽然是对"不可知"的"灵魂"世界的追求，但对教众的吸引和维持，却与其提供的教育、社会服务等因素息息相关；因此，越是社会管理缺乏、教育落后、文化贫瘠的地区，宗教信仰，尤其是极端信仰越容易发展壮大，此外，当教职人员以其清廉、亲切等形象出现，并与当地公职人员形象产生鲜明对比时，同样会对教众产生极大的吸引。

当前我国少部分农村地区居民价值观念扭曲、党的先进理念、思想和文化传播不开、"信仰流失"的现状，与当地在精神文化层面上的公共事业建设力量弱小等问题，存在着密不可分的联系。

---

① 赵社民（2004）在对河南嵩县的调查中发现，大量青少年参与基督教等信仰团体的原因是"许多学生因为家庭贫困，早早辍学。然而，由于留恋在学校的光景，而教堂却有诗歌班，她们可以来唱唱歌，读读《圣经》，还觉得'学校没有教堂建得好，没有教堂好玩'"，从而更加乐意参加各种信仰团体活动。

② 据《中国宗教》杂志的调查表明，许多农村妇女最初会因为一些带有功利色彩，如"保平安"之类动机参与基督教会等信仰团体，但在团体活动中会逐渐"由于心理的踏实和教徒间彼此互动过程中产生的种种互相支持和归属感"而坚持下来，且逐渐得到家人的支持，并进而带动全家人加入教会乃至子女继续信教。

③ 《瞭望》（2006）记者在采访中了解到，一些农村地区"平时老百姓为一点墙边角地的纠纷就要打得头破血流，但只要听说是修庙子，都争着把地让出来。而且，因为是'菩萨用地'，连国土部门也不怎么过问。"

④ 杜景珍（2004）通过个案调查发现，自从 20 世纪 80 年代基督教在农村迅速发展后，由于宗教感情而使一些传教者的影响力大增，有些时候超过村乡一级干部对村民的号召力。

14.1.2 农村地区"信仰流失"严重，各种宗教组织发展很快

在农村文化现状方面，部分学者提出农村地区出现"信仰流失"现象。《瞭望》新闻周刊记者走访陕北、宁夏、甘肃等地发现，在西部部分农村地区，各种地下宗教、邪教力量和民间迷信活动正在快速扩张和"复兴"，一些地方农村兴起寺庙"修建热"和农民"信教热"，正在出现一种"信仰流失"，并有愈演愈烈之势（路宪民，陈蒲芳，2006）。比如，针对江苏、河北、西南山区、山东青岛、河南、湖北、辽宁、东南沿海农村等地的调查表明，宗教在当地农村发展较快。

我国官方对我国信教人数公布的数据是1亿，其中佛教信徒有1 000万人，占全国总人数的8%；第二宗教是道教，但是没有公布具体数据；其次是伊斯兰教。

这一数据是被引用得最多的数据，同时也是被质疑最多的数据。如牟钟鉴在北大的一次演讲中就指出，1亿这个数字是50年代统计出来的数字，显然已经不符合现在的情况了。2008年2月25日和3月24日，中国社会科学院农村发展研究所于建嵘教授在河南省洛阳市和浙江省温州市分别与"基督教家庭教会"培训师伊天原和郑慕行探讨了目前基督教发展的一些问题时，伊天原就指出，现在政府公布的基督教徒的人数应与现实的信教人数有较大的差距，国家有关部门统计的数字太老，已经不准确了。

2007年第6期的《瞭望东方周刊》刊登了"当代中国人宗教信仰"调查的结果[①]——在年龄为16周岁以上的中国人里，具有宗教信仰的人占31.4%。如果按照目前的人口比例来推算，中国具有宗教信仰的人口约3亿。这一数字大大高于以往常说的"约一亿多人信教"。这一结果还指出，中国主要的宗教是佛教、道教、天主教、基督教、伊斯兰教，这五大宗教的人数占了中国信教人数的67.4%。其中佛教、道教和对龙王以及财神等传说的崇拜者约有2亿，占了所有信教人数的66.1%。天主教有1600万，基督教4 000万（占所有信教人数的12%）。这一结果被 *China Daily* 以及BBC、美联社等国内外主流媒体所转载。此番公布的数据作为"首次有关中国宗教的全国范围内的实证调查"的结果，意味着我国宗教研究取得了巨大进步。

---

① 资料来源，people's daily on line，2007。此文可在 http://english.people.com.cn/200702/07/eng20070207_348212.html 获得。

14.2　文献综述

本论文重点探讨宗教发展及其与政府公共品供给关系的问题，研究切入点放在宗教发展状况上，主要讨论两大问题：一是影响农民加入宗教组织的决定因素有哪些；而是政府对农村公共品供给的状况会对农民信教产生什么样的影响。

鉴于此，本论文的文献研究部分将把注意力集中于目前国内外有关宗教发展及其与政府公共品供给关系的研究。可以看出，整个文献研究紧紧扣住宗教发展问题主线，研究视角逐步缩小，层次分明地系统回顾了在此问题上的相关研究进展，并试图在此基础上展开进一步研究。

14.2.1　关于宗教作为有效的公共品提供者的研究

14.2.1.1　宗教具有公共品供给职能　以 Laurence R. Iannaccone 和 Eli Berman 为代表的学者，以 Club goods 模型为依托，建立了一套宗教发展的俱乐部公共品理论。他们认为，宗教组织通过提供教育、医疗等社会服务和军队等政治工具而成为公共品的有效供给者，这些组织建立起来以后，通过对其成员的限制要求和牺牲要求避免免费搭车行为，使其成为有效强大的组织。如果这些组织是极端宗教组织的话，还会要求其成员履行自杀式袭击这种自我牺牲的任务。

与亚当·斯密把宗教信仰组织完全比作生产"信仰产品"的公司企业不同，学者引入俱乐部模型（Club goods Model），是认为宗教信仰组织虽然也会具有一些与企业类似的性质，但它更多地提供一种"互助利益"（mutual-benefit），成员之间通过做礼拜、信仰教育、社会活动等方式，在集体行动中相互受益；Hull 和 Bold（1989）曾经列出人们参与宗教信仰组织所期望得到的四大主要益处：现世的幸福（temporary bliss）、社会服务（social goods）、未来的永恒（deferred perpetuity）和命运的改变（altered fate）；与此同时，在参加宗教组织活动的过程中，教众之间的互动关系，包括参与人数的增加、热情地相互对待、共同怀着虔诚心情朗诵教义和祈祷、彼此承担义务和责任的程度，等等，都将影响到参与者个体的效用感受，并对他们进一步的行为选择带来影响（Laurence R. Iannaccone，1992；Carr Jack L. 和 Janet Landa，1983；Chiswick Barry R.，1991；Sullivan Dennis H.，1985；Joe Wallis，1990）。

许多宗教信仰组织会对其成员进行相应的教育和培训，这种教育提供的不仅是关于教义、教规和该信仰所特有的价值观等，也会有相应的世俗知识和文化的培训，正如基督教的教会学校中，也会向学生传授历史、文化、自然科学等多种形式的知识。另一方面，在接受这些教育、提升人力资本的同时，教众本身，乃至教众的家人、子女也会受到相应的"溢出效应"影响，从而也开始认同这种信仰，最后加入该宗教信仰组织，形成所谓"代际锁定"（Iannaccone，1990）；Lehrer 和 Chiswick（1993）指出，父母的信仰倾向会影响到子女，并同时使得子女在寻找配偶时希望与具有相同信仰的人结合，最后传递下来，使得整个家族都会大致具有同样的信仰。

14.2.1.2 宗教组织在公共品供给方面的有效性　在宗教组织公共品的供给中，需要解决的一个最大的问题就是免费搭车的问题。Iannaccone（1992）指出宗教组织是能够提供当地公共品的团体。宗教组织可以用 Club goods 模型来解释，该理论认为宗教组织可以从对其会员作出限制和自我牺牲的要求中获益。他利用基督教的数据为 Club goods 模型提供了支撑论据，表明宗教组织对会员的限制和牺牲要求越大，它提供的公共品就越多。

宗教作为公共品的提供者的同时，也通过严格的教义来屏蔽免费搭车者，从而使其更加强大。Iannaccone（1994）在其文章中指出严格的教会会强大的原因在于它减少了免费搭车行为，屏蔽了那些缺乏责任感和义务感以及缺乏加入激励的人。Berman（2000）将这一论点延伸应用到东正教（Ultra-Orthodox Jews）上，认为，对教派的补贴增大了对会员的限制和牺牲要求。限制大了之后，以色列的东正教妇女的有效工资降低，从而使生育率大大提高。Berman 和 Stepanyan（2003）又利用五个国家的伊斯兰宗教的数据进一步论证了这一论断。

当宗教变得强大以后，它可以以此来产生有效的组织。Berman（2005）解释了宗教极端组织能够产生有效的民兵组织的原因。虽然民兵组织并不是本研究要探讨的主题，但是 Berman 在该文章中利用 Club goods 模型来解释该问题，认为宗教极端组织之所以能够要求其会员做出牺牲并产生有效的组织，是因为在政府缺失的状态下它充当了有效的公共品的提供者。

Berman 和 David D. Laitin（2008）利用效用函数揭示了宗教组织是如何对其成员实施有效的限制和牺牲要求的。他们基于半个世纪以来以色列、巴基斯坦的恐怖主义和国内战争的数据，利用 Club goods 模型方法，揭示了：①由提供了良好公共品的激进宗教组织策划的运动相对于其他有相似目标和理念的宗教组织策划的运动，往往更致命，更有可能是自杀袭击；②自杀袭击被确定之时往往是目标比较难攻击时，比如很难被摧毁。

Berman 和 Latin（2005）在对自杀式袭击的研究中认为，宗教组织是有效的公共品的供给者，他们之所以能够排除潜在的背叛者，是因为他们将作出自我牺牲作为承诺信号，从而能够成功组织危险的恐怖袭击。

俱乐部理论认为对非宗教活动进行征税将会是克服免费搭车的一个有效途径。该理论预期教规越严的宗教组织在供给公共品方面就越有效，就越具吸引力。Iannoccone（1994）对此进行了实证检验，其结果完全符合其理论预期。Berman（2000）对东正教的研究也表明，教派目前所表现出来的强大程度与其对教会成员的限制和牺牲要求的强度有着极为密切的关系。另外，该理论还预测，组织规模与宗教委身程度应该具有负相关关系，因为组织规模越大的教会组织在供给公共品方面就越无效。Sullivan（1985），Robert Stonebreaker（1993），Peter Zaleski 和 Charles（1994）对教会成员对教堂的捐献与教会组织规模之间的关系进行了检验，结果发现，二者之间存在着明显的负相关关系。

14.2.2　关于信教能够缓冲不良事件带来的冲击的研究

Dehjia et al（2006）运用消费支出调查数据，研究了宗教参与对信徒消费平衡的保障机制。其结果发现，对宗教组织进行奉献的家庭能够更好地保障其受到冲击时的消费平衡。

Berman（2000）在对东正教的分析中也明确指出，东正教之所以能够对其会员作出严厉的要求，其前提条件就是东正教为其教众提供了有效的互助机制。

宗教组织是众多能够提供非正式保障的组织之一，家庭成员可以以此来保障自己免受冲击（Cox，1987；Altonji et al，1997）。在发展中国家有大量证据表明成员之间共同承担收入冲击（Deaton，1992；Townsend，1994）。这也激发了大量关于风险承担和其他非正式保障行为的出现，比如组织成员之间互相借钱或共同存款来抵抗风险。（Foster 和 Rosenzweig，2001；Gertler 和 Gruber，2002；Genicot 和 Ray，2003）。受到亚洲金融危机影响的人更容易信教，说明宗教为受到冲击的那些人提供了某种保障（Chen，2004）。

有很多文献研究宗教参与和个人沮丧情绪之间的关系（Diener et al，1999；Pargament，2002；Smith et al，2003）。有研究表明宗教参与能够减缓收入冲击，大量文献研究宗教参与能够削弱创伤性事件带来的不良情绪（Ellison，1991；Strawbridge et al，1998）。

最近这方面的研究集中在宗教参与的结果上。Gruber（2005）将参与宗教的人群和当地其他不参与宗教的人群比较发现，宗教参与率高导致更高的教育水平和收入水平。Barro 和 McCleary（2003）论证得出宗教参与和经济增长有因果关系的结论。

社会风险分担机制的倡导者 Daniel Chen（2004，2008）则将宗教组织视为一种社会风险分担机制，这种社会风险分担机制使得宗教组织在社会发生重大经济、政治以及其他危机的时候更具吸引力。利用印度尼西亚在金融危机前后的数据，Chen 使用两阶段估计方法对这一理论进行了实证检验。其结果发现，对于每月人均非食物消费支出每下降 1 美元的家庭来说，其参加可兰经学习的概率就提高 2%，将其一个孩子转学到伊斯兰学校的概率就增加 1%。根据社会风险分担机制的理论，当存在另一种社会风险化解机制时，宗教组织的风险化解机制对人们的吸引力将大打折扣。也是在同一篇文章中，Chen 通过在回归等式中引入每月人均非食物消费支出与信贷可获得性的交互项，对这一理论预期进行了检验。其研究结果表明，信贷的可获性使得经济危机对宗教委身程度的影响下降 80%。

Ellison（1991）和 Strawbridge et al（1998）的研究表明宗教参与能有效降低创伤性事件对其幸福感等精神福利的影响。基于欧洲的数据，Clark 和 lelkes（2005）发现宗教参与是减轻还是加剧创伤性事件对幸福感的影响主要取决于教派以及事件的类型。Dehejia et al（2006）使用美国全国家庭调查数据，发现在受到收入冲击的时候，参加到宗教信仰活动中的个体能够更好地保持其幸福感。

14.2.3 关于宗教和政府在提供公共品时的替代效应的研究

很多学者研究认为，宗教组织对其成员提供福利和政府公共支出之间有一定的挤出作用。

一方面，宗教作为公共品的供给者，对政府活动有一定的挤出效应。当政府的公共品供给减少时，宗教组织就弥补了这一不足。美国 1996 年联邦福利法改革后，政府减少了对非市民的福利服务提供，失业率高、人口年龄大及个人收入低的社区福利支出加大，此时教堂的慈善支出增加。这说明教堂活动代替政府活动，对政府活动有挤出效应（Daniel M. Hungerman，2005）。即使教堂和政府是相互独立的，政府提供了较少的保障将直接刺激人们对来自宗教组织的保障的需求，从而很有可能使宗教组织的影响力增强（Dehejia et al，2007）。

另一方面，当政府加大公共支出时，也会挤出宗教组织在这方面的支出。Jonathan Gruber 和 Daniel M. Hungerman (2007) 在研究 20 世纪 30 年代罗斯福新政对于教堂慈善支出的挤出程度时发现，较高的政府支出导致较少的教堂慈善活动，挤出效应相对于政府支出比重很小，只有 3%；但是相对于教堂慈善支出比重却很大，政府支出使得教堂慈善支出下降约 30%。

宗教信仰的组织化过程伴随着其对教众社会管理和社会服务事业提供的增加，从另一方面看，这种社会管理的增加也会吸引更多的教众参与，从而成为宗教信仰组织发展壮大的一个重要原因 (Iannaccone, 1992；Bock et al, 1987；Stark 和 Bainbridge, 1998)。

研究表明，在地方政府的社会管理比较薄弱，或者社会秩序较为混乱的情况下，宗教信仰组织常常会成为人们的替代选择，来提供各种公共管理服务，例如，Bork et al (1987) 和 Stark 和 Bainbridge (1998) 就曾发现，在美国，某种基督教派组织占主流的社区中，青少年参与吸毒、抽烟、酗酒和暴力行为的可能性相对更小；此外，对犹太教和伊斯兰教的实证研究也表明，这些教派在提供一个相互支持的社会网络方面能够表现得更为有效 (Berman, 2000)。

因此，Iannaccone 和 Berman (2002) 总结：当地公共部门在社会管理方面做得越好的地区，宗教信仰越不容易繁荣发展，也越不会表现出暴力倾向。

14.2.4　国内相关研究

研究农村文化问题是当代最重要的理论和实践课题之一，当前学术界对农村文化问题的研究日益活跃，并取得了一定的成果。综合当前的研究情况，农村地区文化公共品及农民信仰问题的研究主要内容如下。

14.2.4.1　关于我国农村地区宗教发展现状的研究　当前农村的文化建设远远落后，使得城乡之间的差距越来越大 (翁志超，2004)，且农村地区各种宗教组织力量发展很快。根据"当代中国人宗教信仰"调查结果，在年龄为 16 周岁以上的中国人里，具有宗教信仰的人占 31.4%。如果按照目前的人口比例来推算，中国具有宗教信仰的人口约 3 亿。这一数字大大高于以往常说的"约一亿多人信教"。

《瞭望》(2007) 记者在我国中西部的一份调查显示，在我国中西部部分农村地区，各种地下宗教、邪教力量和民间迷信活动正在快速扩张和"复兴"，一些地方农村兴起寺庙"修建热"和农民"信教热"，正在出现一种"信仰流失"。针对江苏、河北、西南山区、河南、湖北、辽宁、东南沿海农村等地的调查表明，农村地下宗教活动泛滥，封建迷信活动猖獗是当前一个带有倾向性的社会现象（郝锦花等，2006）。而地下宗教、邪教力量和民间迷信只是我国农村"信仰流失"的一种，属于普化宗教的范围（杨庆堃，2007），相对普化宗教，制度宗教也是"信仰流失"的一个重要组成部分，仅以基督教为例，在国家正规宗教部门所统计的 2000 万宗教信仰人数之外，还存在着大量数以亿计的信仰人数（于建嵘，2008），Economist（2008）引用 PEW（皮尤研究中心）的调查估计为 1.3 亿基督徒。如果加上这一部分的统计，农村信仰流失规模将会更大。我国农村"信仰流失"在发展速度[①]和数量上[②]的严重状况不容忽视。

Leung 的研究回顾了新中国建立以来，中国政府宗教政策的变化。新中国建立之后，领导人认为，宗教与帝国主义文化和封建迷信是联系在一起的，这种看法加剧了宗教和新中国意识形态的冲突。在 20 世纪 50 年代，国家宗教事务局建立，将宗教活动纳入管理之中，宗教自由政策出台，然而在政策执行过程中，基督教家庭聚会和佛教为死者超度的仪式被禁止，宗教的影响被大大降低。在随后的"文化大革命"中，宗教更是遭到了很大的打击，很多宗教场所被毁。1982 年的中共中央第 19 号文件《中共中央关于印发〈关于我国社会主义时期宗教问题的基本观点和基本政策〉的通知》重新确立了宗教自由政策，在此之后，各种宗教都有了较为迅速的增长，教堂和寺庙等宗教场所开始得到修缮。

杨凤岗（2006）认为，中国存在三个宗教市场：红市——合法的宗教组织、信众及活动，在意识形态上与政府相适应；黑市——政府禁止或取缔的宗教组织、信众及活动；灰市——合法宗教团体中的非法活动，如接受被禁止的宗教指令；与打着文化、科学的旗号进行的宗教活动，以逃避宗教管理机构的检查。只要宗教组织在数量和活动上受到政府限制，黑市就必然会出现（无论信徒个人要付出的代价有多大）；宗教管制越严，灰市越大。而关于信教人数的统计，目前尚有许多争议。按照官方公布数据，各类信教人数应该在 1 亿。但童世骏等（2007）一项有关宗教信仰的首次大

---

① 根据王申红（2006）的调查，1982—2004 年，皖西北地区基督教信仰人数的年均增长速度为 9%。而根据吕朝阳（1999）对吴庄的调查，1949—1980 年，该村基督教信仰人数的年均增长速度为 2%，而 1980—1998 年，该村基督教信仰人数的年均增长速度为 13%。

② 根据一些学者的微观调查，部分农村地区信教比重高得惊人，根据白庆侠（2006）的调查数据，鲁南白庄现共有 137 户，其中有 87 户、97 人信仰基督教。从户数上来看占到总户数的 63%，如果不算刚刚结婚的 33 户年轻人，则这一比重骤升到 81%。根据李红菊等（2004）对河南省新乡市张巨乡蒋村的调查，该村估计信徒有 500 人左右，其中女性有 400 人左右，占总人数的 80%。

型调查中，被调查人数达4 500人，发现16岁以上的中国人中有31.4%的人信教，依此推算，也就是全国大约3亿人是信教者。虽然抽样覆盖全国31个省（自治区、直辖市）且属完全的随机抽样，但是对于城乡差距、地区差距衡量不够，未对人群加以分类，因而质疑较多。

14.2.4.2　宗教组织发展原因研究　在目前已有的对宗教组织发展原因的分析中，供给派和需求派争论不休，提出的解决对策也大相径庭。供给派认为是由于改革开放以来，国家对宗教等信仰控制的松绑、解冻导致了信仰供给的增多，在信仰需求一定的条件下，自然会导致信仰流失（Fenggang Yang，2006；魏德东，2005），并提出信仰交易成本理论。该理论认为，由于国家宗教管制程度的下降，人们信仰宗教的交易成本下降，故而会出现信仰流失。这一派观点的前提是宗教信仰需求恒定，按照这种假定，"信仰流失"是一种自然趋势，政策上所能采取的应对措施应以疏导为主。

而需求派的观点则认为，改革开放以来，政府从农村退出（温铁军，2007），从一方面看，农民群众的许多精神文化需求以及物质需求得不到满足，这就使得信仰组织所提供的精神以及文化方面的公共品颇具诱惑力；而另一方面，曾经在公社生活中存在着的"集体归属感"和"组织感"等情感互动也渐渐消失，在少部分农村社区甚至出现"空心化"和"原子化"等现象，部分农民开始对组织化的生活和社群间的互动产生强烈的情感诉求，而一些信仰组织的出现正好满足了这种诉求，从而导致了"信仰流失"现象的出现。

这一派的理论支撑主要来自宗教俱乐部模型（Club goods model）（Iannoccone，1988，1992，1994；Iannoccone，Bermen，2004）以及宗教风险分担机制模型（risk-sharing model）（Chen，2004，2008）。这些理论的核心观点认为，人们的信仰需求在很大程度取决于参加信仰组织所能给其带来的效用以及信仰组织行动的有效性。如果这一理论得以在我国农村地区成立，那么应对农村"信仰流失"的最有效手段，就是由政府提供更能满足农民群众需要的物质和文化公共品，以党和国家的关怀来实现农民的"信仰回归"，这正与党的十七届三中全会所提出的"大力发展农村公共事业，促进农村社会全面进步"思路不谋而合。

14.2.4.3　我国农村文化公共品供给现状及问题研究　当前我国农村文化公共品供给现状为：

14.2.4.3.1　农村文化供给单一，农民需求很难满足。不同年龄段、不同文化程度的农户对文化的需求是不同的，但由于文化供给比较单一，农民多样化的需求很难得到满足。目前，看电视已经成为广大农民的唯一消遣，而电视节目的针对性差，难以满足农民日益增长的文化需求。在农村文化市场中，虽然健康、优秀的文化产品占据主导地位，但是庸俗、低级、迷信的内容很大程度上充斥着文化市场。特别是一些民间艺术团体，人员复杂、文化水平低、素质不高、专业水平差，大多是草台班子，无组织、无纪律，表演节目随心所欲。他们以经济效益为目的，以粗俗的表演来吸引观众的眼球，提高叫座率，有的表演肆无忌惮、不堪入目，甚至出现了曾被中央电视台《焦点访谈》曝光的脱衣舞现象。黑网吧、无证经营游戏厅接纳未成年人进入，严重影响了青少年的健康成长，社会反应比较强烈；音像制品、书店盗版现象十分普遍，色情、暴力影像、图书充满大街小巷。事实上，农民买得起、看得懂、用得着、贴近农民生活、反映农村社会好的文化产品实在是少之又少。

14.2.4.3.2　文化基础设施落后。改革之后，农村的社会活动中心向家庭转移，部分地区村级组织形同虚设，无法真正履行文化供给的职能。这表现在文化基础设施落后，许多原有设施挪作他用。据调查，十几年间农村阅报栏数量、运动场数没有显著增加，而文化活动室却有所减少。连云港市共有乡镇、街道办事处 100 个，有文化站建制的乡镇（街道）为 92 个，无文化站建制的有 8 个。近几年来，有的乡镇将文化站房挤占、拍卖或挪作他用，另有一批因小城镇改造被冲拆，不能落实"拆一还一"政策，以致有相当数量的乡镇（街道）又出现了新一轮无房、危房文化站，文化站阵地严重萎缩。目前，文化站符合省标准的有 21 个，不达标 48 个，无站舍 31 个，不达标文化站占总数的近 80%。大多数文化站的活动场所，如电影院、礼堂等，因年久失修，都不能使用，农村电影队基本解散。

14.2.4.3.3　农村文化发展不平衡。这主要表现为农村文化建设地域间发展不平衡和农民文化素质有差异。其中农村文化建设地域间发展不平衡表现在：我国东南部发达地区文化繁荣，西北部不发达地区文化贫乏单调，平原地区文化丰富，山区文化落后，"老少边穷"地区文化落后状况尚未从根本上改善。到 2004 年我国东部地区基本实现乡乡有广播电视站、计算机网络、有线电视和有线广播。同时，农业信息站相继成立，配备了办公自动化设备，选派专职的农业信息员负责信息管理。以河南、河北、江西为代表的中部地区，虽然也不乏比较活跃的农村文化群，但在这些省还分布着多个国家级贫困区、贫困县，如大别山区、太行山区、井冈山区等，文化设施落后成为制约农村文化发展的关键因素之一。西部地区文化设施更为落后，但在国家西部开发的重大举措及现代文化设施发展的趋势引导下，已初步建成了以电视、报纸、乡村广播站、电话、手机等为主，计算机互联网等其他现代化设备为辅的信息网络。

学者们认为目前农村文化建设滞后的一个重要原因是国家公共财政投入不足，因此必须加大国家的公共投入。如吴理财（2006）就主张"公共财政引导、文化资源下沉进村、以'人'建设为本、完善管理服务机制"，最终形成农村文化"管理以县为主、协调服务以乡为主、建设以村为主"的新格局（吴理财，夏国锋，2006）。

14.2.4.3.4 财政投入严重不足，影响了农村公共文化的发展。长期以来，我国采取的都是重城市轻乡镇的非均衡发展思路，层层向上集中财力，乡镇财政困难，很难保障其职责之内的农村公共文化事业建设。同时作为调整财力配置的转移支付也将重点放在了城市，对农村关注不够，进一步加剧了城乡文化事业保障结构失衡，导致农村公共文化事业财政投入严重不足，经费投入的"硬缺口"仍然存在，并直接影响到国家和省级政府制定的文化经济政策在乡镇的落实，削弱了中央对农村公共文化事业进行宏观指导的能力和资金使用效率。财政投入的区域结构失衡进一步加剧了农村公共文化经费投入的矛盾。农村公共文化经费投入不仅增量不足，内部结构也存在着严重的资源配置错位，投入结构失衡影响农村公共文化事业持续发展。我国农村公共文化经费投入重东部轻西部、重发达地区轻贫困地区的倾向明显，区域间的人均文化事业费支出差距堪忧。

黄蔚（2004）认为，中国农村经济、政治、文化发展滞后，是制约农民增收、农村全面建设小康社会的根本原因。贺雪峰（2006）认为，物质文化盛行与农民物质需求不能得到满足的两难现状长期存在导致农民精神贫困加深。刘湘波（2006）认为，农村的贫困，更为根本的贫困是精神贫困。而造成这种现象的根本原因在于农村的非组织化和农村自身缺少外来信息的有效流入。

也有的学者认为农村的贫困不仅是物质资源的贫困，更是社会资源的贫困，即智力贫困、信息贫困、观念贫困、文化贫困。贫困文化是贫困阶层所具有的一种独特的生活方式，是长期生活在贫困之中的人群的经济状况的反映（辛秋水，2006；伍应德，2006；马怡，2006；缪自锋，2006；郭鹏，2006）。潘家恩（2006）认为，文化现象看似丰富的背后是步步为营般文化资源的枯竭和功能的丧失。需要倡导一种新的文化，一种真正与大众生活高度相关的、活的、为大众服务的文化。

为了解决我国新农村文化艺术发展问题，学者们提出了不少的建议。例如温铁军等学者通过多年来乡村建设试验区的改革与建设总结出乡村建设的宝贵经验，认为新农村建设中成本最低、收效最高的办法就是农村文化建设，即文化建设，效益最高

（温铁军，2006）。学者们还提倡建设群众性文化活动组织。

何慧丽（2005）认为"新乡村建设的突破口在于文艺队和老人协会"，并分别在湖北荆门和河南兰考开始了通过建设村庄老年人协会、文艺队等群众性文化活动组织来重建乡村文化的乡村建设实验。

余方镇（2006）认为农村文化以农民为载体、为中介，参与农业各个过程的循环，影响农业的各个方面，表现出衍生性和渗透性，成为农村各种活动的背景因素。正是在这种精神诉求下，文艺队和老人协会成为新农村建设的突破口，尤其是在那些资源短缺到维持生计都困难的农村地区。文艺队和老人协会能够以较低的成本使成员们获得极大的物质和精神福利感。村庄文艺队和老人协会的组建，可以很好地发挥和谐、稳定、有凝聚力、有生计的新农村建设的部分功能。

广大农村的不同地区具有风格各异的乡风民俗和文化资源，拥有独具特色的艺术品种，要扬长避短，充分挖掘地方文化资源，发挥文化特色和地方优势，开放文化产业的强项。要找准文化与地方经济的最佳结合点，形成具有鲜明特色的农村文化产业突出部分。农村文化产业中要实施民族文化精品工程，只有民族的才是世界的，只有多出民族精品才能在激烈的市场竞争中处于不败之地。要发挥各种优势，力求产出品位高、影响大、销路广、效益好的、有浓郁地方民族特色的文化精品。

14.2.5　文献研究小结

国内的众多关于农村地区文化建设的研究中，文化建设现状的研究多是描述性分析，即通过一定的调查研究，从几个角度描述一个或多个地区文化建设的现状。另外还有一些研究是关于文化建设重要性以及如何开展农村地区文化建设的政策建议的。而关于宗教发展的众多研究，大多是从哲学角度阐述分析宗教在我国的发展历程及现状。它们都没有从经济学角度去研究在农村地区宗教发展与文化公共品供给的关系。

当然，国内外还有大量论及农村文化建设的论文。总的来说，目前对新农村建设中如何发展农村文化艺术的相关研究虽然不少，但大部分的研究还只是限于泛泛而论，缺乏代表性的实证调查与数据资料，只侧重于定性分析。

14.3　研究框架

既然宗教组织和政府均作为公共品的提供者，那么我们就须考虑这两者之间是不是存在一定的替代效应。是不是当政府在公共品方面供给不足时，宗教组织就发展起来弥补了这一空缺？或者当政府在公共品方面供给增加时又挤出了宗教在这方面的投入？

14.3.1　政府对农村公共文化设施支出情况对宗教组织的影响分析

很多学者研究认为，宗教组织对其成员提供福利和政府公共支出之间有一定的挤出作用。宗教作为公共品的供给者，其教堂活动对政府活动有一定的挤出效应。美国1996年联邦福利法改革后，在政府减少了对非市民的福利服务提供的情况下，教堂的慈善支出增加，教堂活动代替政府活动，对政府活动有挤出效应（Daniel M. Hungerman，2005）。即使教堂和政府是相互独立的，若政府提供了较少的保障也将直接刺激人们对来自宗教组织的保障的需求，从而很有可能使宗教组织的影响力增强（Rajeev Dehejia et al，2007）。同样的，当政府加大公共支出时，也会挤出宗教组织在这方面的支出（Jonathan Gruber，Daniel M. Hungerman，2007）。

基于以上分析，本部分研究提出以下研究假设：

假设：当政府对农村的公共文化设施供给的数量不足时，容易刺激宗教组织发展。

14.3.2　政府对农村公共文化活动支出情况对宗教组织的影响分析

通过之前的分析，我们可以考虑这样一个问题，是否因为现有的农村公共文化服务不能满足农民群众日益增长的精神文化需求，才使得其他信仰乘虚而入，造成农村地区的"信仰流失"？

基于以上分析，本部分研究提出以下研究假设：

假设：当政府对农村的公共文化活动供给数量不足，或者政府提供的文化活动不是农民所需的活动时，会刺激宗教组织的发展。

为此，本研究将通过计量模型分析的方法，对上述假设进行检验，以此为基础探讨政府对农民的文化公共品支出状况对宗教组织的影响。研究将选取文化大院、文化活动室、图书室、电影院、老年活动室等指标来反映政府公共文化设施支出；选取文化下乡、放电影场数、演戏场数来反映政府公共文化活动支出；选取有无教堂、距县城的距离来反映村庄社区特征。

14.4　数据来源与描述性分析

本研究中所使用的数据来自中国人民大学农业与农村发展学院师生 2008 年 12 月 15—25 日对河南省洛阳市嵩县的 6 个镇 40 个村 340 户农户进行的抽样调查。此外，本次调研还对各村村级干部进行了广泛而深入的访谈。

14.4.1　样本点的选择

之所以选择河南省嵩县作为调查地点，主要是基于以下考虑：中国社会科学院农村发展研究所教授于建嵘在河南省洛阳市和浙江省温州市分别与"基督教家庭教会"培训师伊天原和郑慕行探讨目前基督教发展的一些问题时提到，"据国家有关部门统计，到 2000 年，基督教的信徒超过 1 600 万人。这个数字太老，已经不准确了。国家宗教事务局的人在内部的讲话中曾经估计，全国的基督教徒已经有 1.3 亿，我们认为这个数字严重地夸大了。现在大家通常的说法是 1 亿人左右。中国基督徒主要分布在河南、安徽、山东、江苏、浙江、上海、福建等地区。""2007 年 10 月，我曾到陕西省榆林地区调查过地下宗教问题。2008 年 1 月，我从北京送访民刘学立回洛阳嵩县时，在他们村里看到一个非常大的基督教堂，可以容纳近千人。据介绍，他们一个县在近些年就建了 70 多个大教堂，有的一个乡镇就有五六个大教堂，信教的群众达几万人。"

因此，本研究选择河南嵩县作为典型地区，通过解析嵩县案例，说明我国农村地区宗教发展的问题及其与政府公共品供给的关系。

根据抽样调查原则，我们随机抽取出 6 个乡镇的 40 个村进行调查。剔除数据缺失的样本，关于 38 个村的基本情况参见表 14.1。

表 14.1　38 个村的宗教情况

乡镇	村	教堂数	信教人数	信教人数占比
田湖	窑上村	5	30	2.00%
九店	郭村	0	220	16.60%
九店	郭岭村	0	250	10.20%
九店	陶庄村	1	60	4.74%

（续）

乡镇	村	教堂数	信教人数	信教人数占比
九店	宋王坪村	0	20	2.64%
九店	汪沟村	0	120	8.57%
九店	东岭村	0	10	7.94%
九店	九店村	0	50	4.01%
城关	孟村	2	300	11.03%
城关	杨岭村	0	25	1.66%
城关	新二村	0	25	1.56%
城关	北园村	2	15	1.14%
城关	菜园村	1	10	1.52%
城关	青山屯村	1	330	11.95%
城关	北街村	0	50	2.98%
旧县	马店村	1	250	9.85%
旧县	旧县村	1	550	27.19%
旧县	龙潭村	1	40	5.33%
旧县	西店村	1	200	6.85%
旧县	寺上村	3	500	22.73%
黄庄	龙石村	0	55	5.90%
黄庄	油坊村	0	20	1.90%
黄庄	付沟村	0	120	13.20%
黄庄	庄科村	1	20	1.64%
黄庄	惠子营村	0	8	1.34%
黄庄	河东村	1	45	7.43%
车村	树仁村	3	70	3.30%
车村	水么村	0	20	0.92%
车村	孙店村	3	45	0.87%
车村	下庙村	0	10	0.61%
车村	河北村	0	30	1.28%
车村	陈楼村	1	50	1.64%
田湖	屏风村	0	70	7.69%
田湖	大石桥村	0	50	4.17%

Shennong Series

（续）

乡镇	村	教堂数	信教人数	信教人数占比
田湖	陆浑村	2	15	2.39%
田湖	窑店村	1	30	2.80%
田湖	程村	0	100	5.88%
田湖	高屯村	1	125	4.68%

从以上数据可以看出，38 个村中，1 个村有 5 个教堂，3 个村有 3 个教堂，3 个村有 2 个教堂，12 个村有 1 个教堂，19 个村没有教堂。信教人数最多的村人数可达 550 人，信教人数最少的村人数有 8 人。信教人数占比最高的村比例为 27.19%，信教人数占比最低的村的比例为 0.61%。因此，宗教组织在当地人们的生活之中占据着重要地位。本数据覆盖了宗教组织发展程度不同的状况，有利于对比分析人们加入宗教组织的原因以及政府公共品支出对宗教组织的影响效应。

14.4.2 描述性分析

14.4.2.1 村庄宗教发展情况　在调查中，通过与村干部的问卷访谈，我们对样本村庄的宗教发展情况进行了详细了解。其中，主要调查的指标包括：教堂数量、本村信教人数等；调查的时间是 2008 年。样本村庄的基本情况参见表 14.2。

表 14.2　样本村庄基本情况

	最小值	最大值	平均值	标准差
教堂数	0	5	0.84	1.15
信教人数	8	550	103.63	132.50
信教人数占比	0.01	0.27	0.06	0.06

资料来源：课题组嵩县调查。

14.4.2.2 性别对农民信教的影响情况　被调查对象中，女性有 120 人，其中信教人数为 34 人，女性群体的信教比例为 28.33%；男性有 206 人，其中信教人数有 21 人，男性群体的信教比例为 10.19%。女性群体的信教比例远远高于男性群体的信教比例。参见表 14.3。

表 14.3 性别对农民信教的影响

性别	信教状况	人数	比例（%）
女性	信教	34	28.33
	不信教	86	71.67
	总计	120	100
男性	信教	21	10.19
	不信教	185	89.81
	总计	206	100

资料来源：课题组嵩县调查。

14.4.2.3 健康状况对农民信教的影响情况 被调查对象中，患有疾病的农民有116 人，其中信教人数为 46 人，信教人数比例为 39.66%；没有疾病的农民有 209 人，其中信教人数为 12 人，信教人数比例为 5.74%。患有疾病群体的信教比例远远高于没有疾病群体的信教比例。参见表 14.4。

表 14.4 健康状况对农民信教的影响情况

健康状况	信教状况	人数（人）	比例（%）
有疾病	信教	46	39.66
	不信教	70	60.34
	总计	116	100
无疾病	信教	12	5.74
	不信教	197	94.26
	总计	209	100

资料来源：课题组嵩县调查。

14.4.2.4 受正规教育年限对农民信教的影响情况 受正规教育年限为 5 年以下的人群中，信教人数为 14 人，信教人数占比为 18.92%；受正规教育年限为 5 年到 10年的人群中，信教人数为 32 人，信教人数占比为 19.28%；受正规教育年限为 10 年以上的人群中，信教人数为 9 人，信教人数占比为 19.15%。由此可见，受正规教育年限的长短并不对农民是否信教产生决定性影响。参见表 14.5。

Shennong
Series

表 14.5　受正规教育年限对农民信教的影响情况

受正规教育年限（年）	信教人数（人）	不信教人数（人）	信教人数占比（%）
0~5	14	60	18.92
5~10	32	134	19.28
大于 10	9	38	19.15

资料来源：课题组嵩县调查。

14.5　政府对农村公共品支出对宗教组织的影响效应研究

14.5.1　变量选择

为了考察政府对农村公共品支出对宗教组织的影响效应，本研究选取信教人数占总人口的比例作为因变量。

我们的主要研究目的是探讨政府对农村公共品支出对上述变量的影响，因此，本研究拟采用以下四大类变量共同构成解释变量集：一是反映政府公共文化设施供给的变量；二是反映政府公共文化活动供给的变量；三是反映村庄社区特征的变量。其中，第一、二类变量是我们重点关注的变量，而第三类变量则是属于控制变量的范畴。变量具体的设置情况如下所述：

14.5.1.1　反映政府公共文化设施供给的变量　借鉴已有文献的相关研究，结合实地调查情况，本研究选择以下控制变量来反映政府公共文化设施供给情况，其中包括文化大院（Culture yard）、文化活动室（Amusement stage）、图书室（Library）、老年活动室（Elder stage）、健身器材/场地（Sport equipment）、阅报栏（Newspaper colume）、有线电视（CATV）、有线广播（Cablecasting）。

14.5.1.2　反映政府公共文化活动供给的变量　借鉴已有文献的相关研究，结合实地调查情况，本研究选择以下控制变量来反映政府公共文化活动供给情况，其中包括文化下乡（Culture activities）、演戏场数（Darma acting）。

14.5.1.3　反映村庄社区特征的变量　借鉴已有文献的相关研究，结合实地调查情况，本研究选择以下控制变量来反映村庄社区特征情况，其中包括教堂数（Church）和距县城距离（Distance）。

表 14.6 反映了解释变量的定义与描述统计情况：

表 14.6　解释变量的定义与描述统计

变量符号	定　　义	最小值	最大值	均值	标准差
Culture yard	文化大院有无（"1"表示有，"5"表示无）	1.00	5.00	2.40	1.93
Culture centre	文化活动室有无（"1"表示有，"5"表示无）	1.00	5.00	2.37	1.92
Library	图书室有无（"1"表示有，"5"表示无）	1.00	5.00	3.32	2.00
Elder stage	老年活动室有无（"1"表示有，"5"表示无）	1.00	5.00	3.36	1.99
Sport equipment	健身器材/场地有无（"1"表示有，"5"表示无）	1.00	5.00	2.70	2.00
Newspaper colume	阅报栏有无（"1"表示有，"5"表示无）	1.00	5.00	4.00	1.75
CATV	有线电视有无（"1"表示有，"5"表示无）	1.00	5.00	3.05	2.03
Cablecasting	有线广播有无（"1"表示有，"5"表示无）	1.00	5.00	3.70	1.90
Culture activities	文化下乡有无（"1"表示有，"5"表示无）	1.00	5.00	4.08	1.71
Drama acting	演戏有无（"1"表示有，"5"表示无）	1.00	5.00	3.74	1.88
Church	教堂数	0	5.00	0.85	1.14
Distance	县城距离	0	110.00	32.31	28.47

资料来源：课题组嵩县调查。

14.5.2　构建计量模型

根据上述分析与设定，我们可以用以下函数形式来表达所要验证的计量模型：

$Proportion_i = f$ (Culture yard i ＋Culture centre i ＋Library i ＋Elder stage i ＋Sport equipment i ＋Newspaper colume i ＋CATV i ＋Cablecasting i ＋Culture activities i ＋Drama acting i ＋Church i ＋Distance i) ＋e_i

式中，i 代表不同的农户，e_i 为随机误差项。

对于该模型，由于其被解释变量属于连续型变量，故而本研究采用多元回归模型进行检验。

14.5.3　计量模型结果及分析

表 14.7 给出了政府公共品供给对农村宗教影响的估计结果。从中可以看出，在农民信教影响因素模型中，计量结果在一定程度上验证了研究假设。

政府公共文化设施供给对宗教发展的影响中，文化活动室的供给情况对信教比例的影响系数为正且显著，说明，供给文化活动室时信教比例降低，没有文化活动室供给时，信教比例上升。

政府公共文化活动供给对宗教发展的影响中，戏曲表演的供给对信教比例的影响系数为正且显著，说明，供给戏曲表演会降低信教比例，没有戏曲表演时，信教比例上升。

其他公共文化设施或活动的供给情况不对信教比例产生较大影响。

表 14.7　多元线性模型回归结果

	系数	t 统计量	显著性
政府公共文化设施供给			
文化大院	−0.235	−0.933	0.362
文化活动室	0.516	1.984	0.061*
图书室	−0.195	−0.992	0.333
老年活动室	−0.260	−0.997	0.331
体育健身器材/场地	−0.377	−1.528	0.142
阅报栏	−0.364	−1.939	0.067
有线电视	−0.231	−1.188	0.249
有线广播	0.304	1.471	0.157
政府公共文化活动供给			
文化下乡	0.021	0.100	0.921
演戏	0.325	1.744	0.096*
村庄社区特征			
教堂数	−0.065	−0.354	0.727
县城距离	−0.199	−1.050	0.306
R Square	0.503		
Adjusted R Square	0.206		

注：* 表示在 0.1 水平上显著，** 表示在 0.05 水平上显著，*** 表示在 0.01 水平上显著。

14.6　结论与政策建议

在现有的物质生活层面之上，人们天生具有追求更高层次的、更具长久意义和永恒价值的生活之需求（Iannaccone，1998）。而随着经济的发展和生活水平的提高，我国农村居民同样也开始对精神生活产生更高层次的需求。但当前农村社区的实际情况是："空心化"现象严重、"集体记忆"消失、人心离散（徐晓军，2002；贺雪峰，2005）、智力贫困、信息贫困、观念贫困、文化贫困（辛秋水，2006；伍应德，2006；马怡，2006；缪自锋，2006；郭鹏，2006）；在这种情况下，少部分农村地区，民间信仰和其他信仰开始大面积蔓延，农民怀着极大热情兴修寺庙、教堂，参与各种祭祀和其他宗教信仰活动，并有越演越烈之势（路宪民，陈蒲芳，2006）。

许多学者对于这种现象的出现表示忧心忡忡（辛秋水，2006；温铁军，2005；贺雪峰，2005；刘湘波，2006；余方镇，2006），并提出通过组建农村文艺团体、老人协会、文化下乡、提供"文化低保"等方式，满足农村居民在精神文化方面的需求，提供一种真正与大众生活高度相关的、活的、为大众服务的文化（何慧丽，温铁军，2006；潘家恩，2006）。

当前我国少部分农村地区居民价值观念扭曲，党的先进理念、思想和文化传播不开、"信仰流失"的现状，与当地在精神文化层面上的公共事业建设力量弱小等问题，存在着密不可分的联系。

本研究正是针对我国农村社区宗教发展与政府文化公共品供给关系中存在的问题，从公共品供给的视角，对如何实现农村地区的"信仰回归"进行了深入的讨论。具体研究的是农村地区宗教发展的问题及其与政府公共品供给的关系。通过计量分析和案例研究相结合的实证研究方法，在实地调查资料数据分析的基础上，本研究对上述问题的回答有了初步的看法，在此将对论文的研究成果进行全面总结，主要包括以下三个部分：一是研究的主要结论，二是基于结论的相关政策建议，三是本研究的不足。具体内容如下：

14.6.1　研究结论

政府公共文化设施供给对宗教发展的影响中，文化活动室的供给情况对信教比例的影响系数为正且显著，说明，供给文化活动室会降低信教比例，没有文化活动室供给时，信教比例上升。

政府公共文化活动供给对宗教发展的影响中戏曲表演的供给对信教比例的影响系数为正且显著，说明，供给戏曲表演时会降低信教比例，没有戏曲表演时，信教比例上升。

其他公共文化设施或活动的供给情况不对信教比例产生较大影响。

14.6.2 政策建议

基于上述实证研究结论，本研究将有针对性地提出如下相关政策建议，希望能对政府相关部门的科学决策有所帮助。

第一，健全党的关怀机制。在基层组织中，"党的关怀机制不健全"，尤其是在文化、教育、社会管理等方面的工作力量薄弱，导致党的先进理念、思想和文化传播不开。因此，首先，应形成完备的农村公共文化服务体系，繁荣农村文化，促进农民"信仰回归"。按照十七届三中全会报告提出的要求，提高农民思想道德素质，扎实开展社会主义核心价值体系建设，从而引导农民牢固树立爱国主义、集体主义、社会主义思想，让社会主义先进文化占领农村阵地。其次，通过强化农村社会管理，坚持服务农民、依靠农民，完善农村社会管理体制，加强农村社区建设，保持农村社会和谐稳定，实现农村地区"信仰回归"和农村社会的全面进步。

第二，建设多元的农村文化，丰富农民精神生活。要发挥中小城镇的区域中心带动和辐射功能，把文化设施建设纳入城镇建设总体规划，使之布局合理，形成由县（市、区）文化馆、图书馆、科技馆、乡（镇）文化中心、文化馆（站）、广播站、电视转播台、基层党校、农民夜校、农广校、村（居）文化大院、图书室以及文化专业户、文化一条街、阅报栏、黑板报等构成的农村文化网络，形成良性互动关系。在财力有限的情况下，必须依靠社会力量、依靠群众力量来多方面、多层次、多渠道、多形式地加强农村文化设施建设。另外，文化部门和单位自身也要通过举办有偿培训、开办图书文体用品商店、开发具有本地特色的文化旅游用品等营利性项目，来积累资金，增强自我发展自我改造的能力。

第三，重视优秀民间文艺人才的培育，支持民间文艺的发展。农村有众多的优秀民间文艺人才，依靠这些人，既可以发展民间艺术，又能为不少艺术团体输送大量的文艺人才。各级党委政府要珍惜这些土生土长的优秀人才，关心他们的生活，给予其必要的物质帮助，为他们的成长和成材积极创造条件；文化部门要采取多种措施，热情辅导、培训业余创作人才，对做出突出贡献的要在精神上和物质上给予重奖，鼓励他们创作更多的具有浓郁乡土气息和较高艺术质量的文化作品，繁荣本地文化事业。

14.6.3　不足之处

14.6.3.1　在对影响农民信教的因素进行计量分析时，如何选择能够较好地反映宗教信仰的变量一直是困扰研究进行的主要障碍。衡量指标的不同会在很大程度上决定调查结果。本研究是通过直接询问是否信教来衡量宗教信仰状况，在直接调查中，出于面子问题，即使倾向于信教的人有时也会作出相反的回答。被调查者是否会因为种种顾虑而没有给出真实的回答？调查员的提问方式是否会产生导向性？这些都极有可能影响调查的准确性与真实性。

14.6.3.2　在研究影响农民信教的因素时，我们对在家庭收入和是否信教两方面的影响效应进行了定量分析，结果表明，收入并未表现出显著性的影响。出现这一结果的原因可能是数据有问题，因为对农户家庭收入的衡量本身就是一件困难的事情。在调查中，凡是遇到收入的问题，农户的回答总是让人感到不准确，或者和我们的提问方式也有关。总之，有关这一部分的调查还需要进一步的改进。

14.6.3.3　本研究所用数据为横截面数据，忽视了时间因素对宗教发展的影响。实际上，时间长短可能会给宗教发展带来较大影响。

第 15 章　宗教信仰对乡村治理的影响[①]

15.1　引言

　　据官方不完全统计，目前我国宗教活动场所约 8.5 万余处，宗教教职人员约 30 万人，宗教团体 3 000 多个。宗教团体办有培养宗教教职人员的宗教院校 74 所。其中基督教（新教）的信徒已达上千万，教堂 1.2 万多座、聚会点 2.5 万多处，牧师和其他教职人员 1.8 万；天主教徒近 400 万，神职人员 4 000 人，教堂 4 000 余座；佛教寺庙 1.3 万余处，出家僧人约 20 万；信仰藏传佛教的各民族总人口约 700 万，现有喇嘛、尼姑 12 万，活佛 1 700 余名，寺庙 3 000 余座。在道教方面，全国有开放的道观近 1 500 余座，道士、道姑 2.5 万余人；信仰伊斯兰教的各民族总人口约 1 800 万，有伊玛目、阿訇 4 万余人，清真寺 3 万余座。而且在有的地方，宗教问题引发了诸如民族、不同宗教间的社会冲突；还有的地方，特别是某些农村地区，由于种种原因，宗教已经表现出一定的社会影响力（党国英，1997）。

　　在农村地区更是兴起了一股宗教信仰热潮，以基督教为例，农村信徒占 70%。这些宗教场所 90% 以上存在于县及县以下的乡镇。与宗教场所的分布相一致，信教群众也主要集中在农村。

　　宗教是人类社会长期发展的产物，它也对社会产生着深刻巨大的影响，具有特定的社会功能和作用，表现为社会整合功能、社会控制功能、文化功能、个体社会化功能、认同功能、交往功能、心理调节功能七个方面（戴康生，1998）。这些功能存在着相互对应的两重性，在不同的主客观条件下会体现出不同性质的作用。许多现象可能会对社会稳定构成现行的或潜在的威胁。因此，宗教已经"不仅存在于个人意识之外，而且……带有一种强制性的力量，它们凭借这种力量强加于个人"（迪尔凯姆，1999），成为当今中国社会日益凸显的一个社会现实（李峰，2005）。

　　作为一种意识形态，宗教信仰引起了众多社会学、人文学者的研究，这些研究分为两个层次。其一，认为宗教的产生无疑是人所无法认识和控制的自然、社会和人自

身的异己力量对人压迫的结果，是农民愚昧无知的表现和选择。如李学昌认为，农民信奉宗教是由于文化科学知识贫乏，及其对自然力量的恐惧和无知。另外，陈旧的意识和迷信观念根深蒂固，也是宗教在农村大行其道的重要原因。在这方面，刘忠卫还分析了农民的传统习俗、生活方式方面的宗教文化色彩，认为，农民的生老病死、婚丧嫁娶等重大的习俗仪式和宗教性的活动，造成了农村浓厚的宗教文化氛围，并渗透到人们的思想观念之中，转化为他们的思维定势，为其接受宗教提供了社会文化基础。其二，众多学者将从正统宗教演变而来的邪教作为主要的研究对象，着重从政治影响的角度分析邪教对社会发展的影响。

　　但是，根据杨庆堃的观点，我国的乡村民间宗教分为制度化宗教和普化宗教。所谓制度化宗教，即外来宗教，如佛教、天主教、基督教、伊斯兰教等在乡村的传播所形成的正统宗教系统；而普化宗教，即民间宗教信仰，是指流行于一般民众，特别是农民中间的神、祖先的信仰，庙祭、家祭、墓祭、岁时节庆、人生礼仪和象征等，是中国传统的儒、道等乡村信仰的延续，包括鬼神和祖先崇拜的民间信仰系统（苗月霞，2008）。

　　多数宗教活动都有其自身规则，一般都定期定时开展活动，并常年坚持，组织也很严密，影响力很大，每逢大的聚会、活动，都能吸引周围数村、数乡的信徒参加，规模十分宏大。与此相反，有的村党支部、村委会却长期不开展活动。村民相信宗教团体，也确实得到了宗教组织的关注和实际帮助。从感情上来说，他们已经疏远了基层政权组织和村级自治组织。

　　无论是乡村的正统宗教还是民间传统仪式，由于不同的信仰内容造成了小团体内部信任的积聚和跨团体社会的分裂，在我国这样一个宗教多元化的国家，社会的普遍信任很难从某一种宗教中发育出来，而宗教组织对乡村社会治理的影响也就变得更加复杂。

15.2　宗教信仰与乡村治理

　　乡村治理并不是村干部之治，只有全体村民都积极参与进来才能实现真正的村民自治。因此，村民的全力参与将会对乡村治理产生很大影响，村民的行为也必将影响到乡村治理的实施效果。而我们所要研究的就是农民的宗教信仰行为是如何影响乡村治理的？本研究将分别从宗教的组织化和乡村治理组织化的不足与现实缺失两方面来阐述二者的关系。

从总体上来说，农村地区宗教势力的发展对农村社会的积极影响和消极影响将长期并存。宗教大都含有提倡真、善、美，强调止恶扬善的内容，具有一定的心理消解、关系调解、行为规范作用，如果政策把握得好，能调动起广大信教群众参与建设、维护稳定的积极性，就有利于社会的和谐安定和发展。但如果形势判断失误，政策把握不好，管理宽严失度，反复摇摆折腾，宗教就会释放出破坏的功能，甚至被别有用心者用来作为引起民族分裂、制度剧变、国家解体的催化剂。

比如说，从基督教在农村迅速发展的实践逻辑来看，我们不应对基督教抱以过高的价值期待。农民的宗教信仰尚属浅层次信仰，具有很强的实用性和功利性，宗教教义尚不能真正或完全内化到教徒心灵深处，成为约束个人行为或指导生活实践的规则，在这个意义上可以说基督教并不能成为沟通农民心灵秩序和乡村社会秩序之间一座稳固的桥梁。就农村基督教传播的弥散性和自由性而言，缺乏必要规制的基督教团体有可能形成一个强大的利益集团，不仅可以消解国家的权威，而且可能对现存秩序造成更大的冲击。当前在宗教场域中，不仅有五大宗教以及民间的私人信仰的存在，同时还潜伏着各种各样、名目繁多的邪教。宗教场域中的竞争和社会转型带来的各种问题给邪教的滋生提供了土壤，尤其是农村基督教传播缺乏必要的规范和治理，也给乡村秩序带来隐忧和挑战。

在非正式宗教团体嵌入村庄的过程中，缘于宗教传输载体、区域内生秩序以及宗教市场等因素的作用，加上缺乏必要的外在规制，出现了一种宗教三棱镜的现象。外来的教会团体在进入乡村之后，必然会对乡村的内生秩序产生影响，目前这一问题也受到了学界越来越多的关注（陈潭，陆云球，2008）。时国轻和高师宁认为在中国农村特殊的场域中，基督教的民间信仰化是一种不可忽视的普遍现象（时国轻，2005；高师宁，2005）。李向平（2005）等学者则注意从社会组织的角度对基督教进行研究。何兰萍（2005）也主张从组织的视角考察当前的宗教热。在具体研究中，何兰萍和陈通（2005）将乡村基督教会视作农村的非正式组织，并认为这与农村社会控制弱化有关。

总体看来，我国农村宗教事务基本有序，宗教活动基本正常。但由于宗教问题的复杂性，农村宗教还存在一些不稳定、不和谐的因素，这些因素对建设社会主义新农村有消极作用，应该引起我们的重视。

15.2.1　农村宗教形式的演变

嵩县的调研结果显示，不同的民间宗教信仰形式对乡村治理的影响是不同的。以基督教为代表的正统宗教由于组织较严密，经费较充足，在一些乡村基督教地区，教会组织已经开办了许多公益事业，并参与到乡村道路、学校建设等属于村委会治理范围的公共事务中来，对村委会的村务管理工作带来了显著的影响。而以村庙和宗祠等崇拜传统仪式为形式的民间信仰则组织比较松散，活动定期但不经常，庙会组织也只是负责拜神和祭祀等仪式活动，对村级治理事务的影响不大，许多村落传统仪式更多的时候是以民间文化的形式出现的，并且在某些方面还融入了一些现代社会的因子。以河北省赵县的龙牌庙会为例，其自 1982 年恢复以来，每年农历二月初二左右定期举行一次，庙会上虽然仍有烧香拜祭龙牌和其他神灵的活动，但是已经更多地演变为乡村的集市贸易和文化表演盛会了，庙会上还有梨树病虫害防治的科技知识以及文化知识的宣传栏（谭飞等，2007）。

从上文的叙述，可以看出我国农村宗教有着不同于国外的新现象和新特点，因此在发展中也经历着形态的变化。在长期的发展过程中，农村宗教信仰分化为三种主要形态（马雁，李育全，2005）。

第一种形态是演变为民俗活动。这是民间宗教流向民间、完全世俗化的表现。它的政治色彩较少，价值观和活动方式都趋于平和、保守，信奉安身立命的价值体系，与医学、天文、占卜、气功等领域联系，以治疗疾病、预测未来、消灾祈福等为目的，注重适应不同人群的现实需求。民俗活动在民间是普遍存在的，已深入到民众的日常生活，成为一种生活常态。

第二种形态是发展为民间宗教结社。民间宗教结社的状态不稳定，倾向也不明确，由当时所处的具体社会状况决定。当社会平和、自然灾害较少、人们生活稳定时，其宗教保守性相对突出；当社会动荡、自然灾害频发、游民增加时，则政治结社的性质突出，行为的暴力倾向明显，有明确的反社会意识和对抗社会秩序的行为。

第三种形态是演变为邪教。邪教具有特定的政治目的和武装化、暴力化的行为取向，有突出的意识形态色彩。其聚众活动往往是否定现有社会秩序，强调所谓"追求理想乐土"的政治行为，以"神秘体验"为幌子，实行教主崇拜、骗钱敛物、招徒纳众。我国近些年出现的"法轮功"以及嵩县当地曾经出现的"哭喊派""东方闪电""三班仆人"等即为邪教组织，他们不断活动，秘密发展信徒，干扰了正常宗教活动的开展。

15.2.2 农村基层政权不力，农民转向教会组织

对村集体和教会在信徒中的权威问题，笔者调查时曾作出如下设问：其一是教会

和村集体谁更可信赖？其二是若两者号召捐款，愿捐给谁？对于前者，60％的信徒认为教会可以信赖；30％的信徒认为村集体可以信赖；10％的人回答都可信赖。由此我们不难看出村集体在农民心目中的地位并不高。对于后者，愿意选择教会的占56％，愿选择村集体的仅占9％，村集体和教会都愿捐的占18％，但其中17％的信徒又说更愿意选择教会[①]。可见，教会的权威和影响力已超过基层政权。

造成上述现象的原因，除了教会本身的特点外，也与有的基层政权组织和村级自治组织疏于组织群众、团结群众有关。教会在某种程度上行使了基层组织的部分功能，使农民能找回在集体的感觉。应当说，农村教会在一定程度上是发挥着积极作用的。多数宗教活动都有其自身规则，一般都定期定时开展活动，并常年坚持，组织也很严密，影响力很大，每逢大的聚会、活动，能吸引周围数村、数乡的信徒参加，规模十分宏大。与此相反，有的村党支部、村委会却长期不开展活动。村民相信宗教团体，也确实得到了宗教组织的关注和实际帮助。从感情上来说，他们已经疏远了基层政权组织和村级自治组织。不少农民信徒抱怨说，村里从选举结束之后就没有再开过会、组织过活动，平时各忙各的，心里几乎没有集体这个概念了。这无疑会使农村基层组织的影响力和权威性受到威胁。

此外，农民在基层自治中很大程度上并未发挥政策参与功能，基层自治虽然已经在全国推广，但毕竟是新生事物，发展仍然缓慢，村民自治的水平仍然较低。在许多地方，农村村民委员会组织法贯彻执行不力，村务处于不公开的状态，农民对村里公共事务管理和公共政策制定的参与难以保证。在农村，农民对乡村干部实施监督的言路常常堵塞，有的投诉即便被接受，其结果也往往是议而不决，或是石沉大海，或是"相互踢皮球"。更有甚者，有些信访干部竟沦为某些被投诉对象的情报员，致使监督举报者遭打击报复的事件时有发生。正是抱着对村集体深深的失望，这些农民开始投向教会的怀抱了。

15.2.3　农村宗教对乡村治理的积极影响

宗教的迅速发展，直接影响了农村基层组织的建设，对农民的生活产生了较大的影响（赵琼，2006）。林盛根等（2001）也指出，近年来，我省沿海地区部分农村的宗教和民间信仰发展较快，并对该地区经济、社会、文化特别是对农村基层组织建设产

---

① 数据来源：嵩县课题组调研。

生影响。席升阳等（2002）指出河南农村宗教活动会对基层政权产生影响。汪恩乐（2008）则认为，基督宗教信仰对构建社会主义和谐社会有着积极作用。

1. 宗教价值观有助于农村社会控制　宗教信仰实际上是以超自然的神秘方式实现社会控制的。宗教以其特定的信仰和学说，使教徒能在观念上接受其既定的现实命运，从而使教徒安于自己现实的社会地位，甘心承受一切现世中的苦乐祸福，不存有非分之想。宗教还通过其礼仪的某种特定方式，把社会价值观念神圣化，使现实的社会秩序按照现有的框架排列，以便人们能够以此来约束自己，培养和强化教徒的遵从意识，使行为规范有序，从而对稳定现存的社会制度产生相当大的影响。因此宗教的这一功能有利于维护我国农村基层政权的稳定。

2. 宗教道德是乡村治理调节功能的一种辅助　宗教界以其特有的道德说教方式，对教徒进行行善止恶的道德教诲，要求教徒恪守社会公德，也有助于社会秩序的稳定和良好的社会风气的树立。在社会主义条件下，宗教通过它的宗教经典中的思想、教会和神职人员对教徒的有效组织，使宗教在社会道德规范方面仍具有重大的社会控制作用，而且在强化道德方面发挥着重大影响。据有关部门统计和研究得出的结论，相对来说我国农村地区宗教信徒犯罪率明显低于社会犯罪率，尤其是青少年犯罪率在宗教徒中比在非宗教徒中要低得多。这与宗教道德的调节作用及其特有的说教方式是不无关系的。

此外，尽管我国的法律体制已经日趋健全和完善，但法律还是难以延伸到农村的每一个角落。乡村社区的各类关系及其纠纷不可能完全依靠国家的法制来协调，相当一部分是靠社区内部自我调节的。农民信徒众多的正统宗教作为社区权威，往往能起到行政司法调节难以起到的作用，如一些行政司法干部难以解决的乡村纠纷，宗教权威的调解却很见效，可以说，宗教权威的这种协调功能是颇具建设性的。

15.2.4　农村宗教对乡村治理的消极影响

一些地方发生的打砸抢烧事件和所产生的影响，让人们更加认识到做好宗教工作在维护民族团结、社会稳定中的重要意义和作用。宗教渗透于社会生活的方方面面，与我们所处的经济、社会利益格局发生的深刻变化有着密切关系。

林盛根认为，农村宗教信仰对农村的传统文化和社会生活方式都有重要影响，对宗教活动的管理不善将会导致对基层组织建设的严重破坏。韩明谟先生在《农村社会学》一书中，从历史的角度，论述了民间宗教与近代社会运动之间的关系，指出，每一次重大的社会政治运动，都不可避免地打上了民间宗教的鲜明印记，从明末农民起义到辛亥革命，无不是与民间宗教活动纠合在一起的。这对于引发我们对农村宗教活动社会影响的深入思考具有启示意义。

事实上，宗教管理不善的负面作用并非像人们通常想象的那样简单，在社会安定时期，它是以一种隐性方式存在着，一旦遇到社会动荡或局部失衡就会很快被催化而凸现出来。此时，宗教往往会被一些不法之徒利用来制造矛盾、挑起事端，从而成为反对政权的力量。然而这种利用宗教去从事非法活动的苗头，往往又会被忽视，教徒们总以为他们是依天意（或神、上帝的旨意）而行事，基层政府又很难对他们实施控制，因此所造成的社会危害是难以预料的。席升阳在《河南农村宗教活动对基层政权的影响及对策研究》中首先论及农村宗教活动对基层组织影响的隐性状态，认为这种隐性状态使基层组织难以有效对其实施引导和控制，因此造成的社会危害具有不可预测性。他认为虽然引发宗教发展的原因是多方面的，但宗教对农村基层组织的影响却多为负面影响。

宗教不良发展对农村社会的负面影响，最根本的莫过于对社会权威的颠覆。依恩格斯的看法，权威是规律的体现。社会运动的内在规律要求社会权威的存在，要求人们服从权威。一方面是一定的权威，不管它是怎样造成的；另一方面是一定的服从，这两者，不管社会组织怎样，在产品的生产和流通赖以进行的物质条件下，都是我们所必需的。农村基层组织权威的丧失，导致其对社会的控制力瘫痪，社会离心力增大，社会陷入无序的几率增大，社会的安定受到威胁。

15.2.4.1　宗教作用的片面夸大，影响了农村基层组织的思想稳定　在当前的许多农村地区，不良宗教势力往往肆意地夸大宗教的作用，把宗教当成解决一切问题的灵丹妙药。宗教组织极力向群众灌输宗教意识，强化人们对神灵的信仰，煽动信教群众对党的方针政策不满，严重影响了农村基层组织对群众的思想教育，甚至影响了农村基层组织自身的思想稳定。

一旦教会有大的活动，他们除了用金钱诱惑村民参加外，还对那些不愿意参加活动的村民进行暴力攻击，形成了与政府作对的势力。受此影响，不少村民以让孩子加入该教为荣，因为一旦加入该教，不仅有吃有穿，还有现金补贴。这样难免滋生这些孩子的懒惰和好逸恶劳的恶习，严重影响乡村治理以及新农村建设。

15.2.4.2　宗教势力的发展，危害了农村基层组织的自身建设　宗教理论对农村基层组织思想的影响，必然通过对基层组织建设的影响表现出来。在宗教势力影响较大的地方，大量的农村青年特别是一些能力较强的青年参加了宗教组织，并成为宗教活动的积极分子，这使得农村基层党组织在吸收青年加入时遇到了难题。

现在农村基督徒传福音的一个主要对象是村干部及其家属，或在本村有威望的长者，目前已经初见成效。这些在村里有影响力的人员信仰上的嬗变将直接影响到政府对基层的管理。农村教会发展，信徒逐渐增多，发展空间广阔。教职人员随着信徒的增多在乡村的威望逐步树立，其组织和动员能力进一步加强。有些地方农村教会逐渐取代原村委会的某些社会职能，使乡村两级管理体制受到进一步削弱。

于建嵘在陕西榆林地区调查时就发现，有些村党员，为了保持这种影响力，不得不加入教会组织。在河南就有地方宗教局的领导说，基督教这么发展下去，虽然对国家和民族不会产生很大危害，但会影响到共产党的执政安全，因为国外的政治势力会通过基督教推动国内信仰自由，实现政权颠覆。

据了解，当前活跃于教堂的神职人员，有相当一部分人是以前的团干、村干，有的甚至是在职的乡镇村干部，这些人在本地大多有一定的影响，在群众中有一定的威望，这无疑会给党的基层组织建设带来严重的影响。

15.2.4.3　宗教活动的泛滥，冲击了农村基层组织对农村社会事务的管理　农村宗教活动日益频繁，规模越来越大，人们逐渐被宗教势力所吸引，不再信赖基层组织，不再服从基层组织对农村社会事务的领导。在一些宗教力量过分强大的地方，宗教组织不仅要求信教群众必须听从他们的安排，甚至还会干扰正常村民会议的召开，干扰基层组织对社会事务的管理。宗教势力也是影响村民自治运作的一种重要势力，尤其是在信教群众多的农村地区，教会的影响有时超过了村委会，甚至有的村要召开村民会议也必须通过教会召集（苗月霞，2007）。

15.2.4.4　宗教势力对农村基层组织管理的渗透，产生了"政教合一"的倾向　由于宗教作用的日益增强，其势力逐渐开始渗透到基层组织管理之中，产生了"政教合一"的倾向，甚至有取代农村基层组织对社会的管理之势。有些地区，农村基层组织在处理乡村生活中一些棘手的问题时，往往请教会来帮忙。根据某县的一位传道教工说，他们在传道时经常教导信徒要积极配合乡村组织做好上缴任务，一般教徒都是这方面的表率。也有材料表明，由于矛盾重重，乡村干部无法完成上缴任务，从而积极要求在其村设置基督教活动点。有的基层组织还把基督教会看作是农村社会主义精神文明的重要力量，以宗教的道德作为农村文明家庭的评选标准。宗教教会与农村基层组织并驾齐驱，共同管理社会事务，虽然并不代表农村的普遍现象，但却值得注意。

15.3 结论、政策建议及研究缺陷

15.3.1 结论

宗教在农村的发展，将直接对农村基层政权的权威和影响力产生不利影响。建设社会主义新农村，需要基层政权组织带领农民共同努力，但如果相当数量的农民沉迷于宗教，或只听信宗教组织，而疏远或者不信赖基层组织，基层组织就难以开展工作，推进新农村建设必然要付出额外的成本。

当前中国农村宗教影响力呈扩大之势，已从政治、经济、道德三个方面影响着新农村文化建设的整体架构。农村宗教是新农村文化建设必须长期正视的问题，应发挥宗教积极因素，弱化其消极影响，使之服务于新农村建设（张彤磊等，2001）。

15.3.2 政策建议

15.3.2.1 构建有利于增强基层党组织政治功能的乡村治理结构 现代乡村公共治理有多重目标，但是最基础、最现实的目标是能够有效地维护农民权益。

15.3.2.1.1 优化治理架构，探索乡村治理新格局。党的十七大报告指出："要健全基层党组织领导的充满活力的基层群众自治机制，扩大基层群众自治范围，完善民主管理制度，调整和改革党组织的设置方式，增强党组织对乡村治理的渗透力。一是从农村发展的实际需要出发，打破行政村域限制，引导农村党支部跨地域整合联建，形成利益链、区域链、服务链等多种设置形式。二是在一些农业产业特色较为鲜明、农民专业合作经济组织发展较快的地区，以合作组织为依托，设置党的基层组织，开展组织活动，使党的组织体系覆盖到产业发展的每个环节，实现党建工作与经济发展的有机结合。三是顺应农村市场化进程加快和非公企业发展的需要，根据农村党员外出务工、经商等特点，实行村企联合，建立市场型党组织。如建立外出创业人员联谊会党支部、城镇工商业联合会党支部和非公企业党支部等。四是根据农村社区建设需求，把具有不同专长的党员科学合理地划入到相应的功能型党组织中去，发挥党员的先锋模范作用。五是在城乡二元体制向一元化迈进的形势下，农村基层党组织要主动同一切与发展农村经济有关的城市经济社会实体的党员和党组织建立联系，进行组织共建和资源整合，建立健全城乡党的基层组织互帮互助机制。"

15.3.2.1.2 规范治理秩序，构建民主科学的乡村治理运行体系。在农村各种组

织关系中，重点是要理顺以下几个方面的关系：一要理顺乡镇与村的关系。合理划分乡镇权力，规范乡镇行政行为，明确乡、村两级之间的财权和事权。乡镇政府授权村民委员会代办的一些行政工作，需遵循责、权、利一致的原则，给予相应的财力支持。这不仅可以减轻村委会的行政和财政负担，也有助于约束乡镇政府不合理的行政行为，维持村委会的自治权。二要理顺村党组织与村委会的关系。村党组织要在法律规定的范围内通过民主的方式和手段，对村民自治实行领导，但绝不能用村党组织的核心领导作用来代替村委会的工作。三要理顺村委会与村民会议或村民代表会议的关系。村委会要根据法律赋予的权力，承担执行管理的责任，依靠和组织村民对村中事务进行民主决策和管理。但村民自治不等于村委会自治，村委会必须向村民会议或村民代表大会负责并报告工作，使村委会始终处于全体村民的监督之下。

15.3.2.1.3　把握治理方向，坚持并完善村民自治机制。一是完善村务公开的内容。对国家有关法律法规和政策明确要求公开的事项，都要按群众的要求公开。特别是对新农村建设中有关涉及农民群众切身利益的问题都要及时进行公开。二是规范村务公开的形式、时间和程序。在形式上要提倡群众与干部直接沟通对话，在时间上向事前、事中、事后全过程延伸，在程序上要积极探索更加科学、规范、有效的工作制度。三是有效发挥村务公开监督小组的作用。按照法律法规的要求，对村务公开监督小组的产生方式、成员资格、素质要求、职责范围等作出明确规定。落实农民群众的决策权。

15.3.2.1.4　改善治理环境，形成增强农村基层党组织政治功能的乡村治理结构。乡村治理结构的调整和完善应该是在国家法律、政策范围内进行，应按照村民自治原则，从立法上赋予村民代表会议（村代会）在具体的村治工作中更多的自主权，逐步消除农村管理的体制性障碍（白仙畔等，2005）。

15.3.2.1.5　惩治农村基层政权中的官僚腐败分子，重塑基层政权的"公仆"形象。端正乡村干部的工作作风，对一些情节严重的腐败分子，要绳之以法，重新树立基层政权的"为公"形象。农村基层政权组织和村级自治组织要从满足农民各种需要的角度出发，注意工作方法，改变工作态度，做到以人为本，真正下力气解决农民生产生活中最迫切的实际问题，使农民得到实惠。并采取措施使干部能够广泛联系群众，增强带领群众增收致富的能力。

只有这样，那些入教的农民才会重新回到科学的阵营，重树马克思主义的信仰，使农村基层政权真正成为所有农民群众可信赖的领导核心和坚强后盾。

15.3.2.2 加强农村宗教信仰的管理 目前，在农村地区有的宗教团体存在一些"混乱"的问题。这种"乱"主要表现为：一是乱劝教，有的教徒出于对本宗教的虔诚，不分地点，不论场合，不管对象地去劝说别人甚至包括儿童与中小学生去信教；二是乱传教，他们私设聚会点，个别自由传教人在这些点进行非法的传教活动。据了解，还有极个别的教徒聚会点，其成员由于受邪教的影响，不愿意向政府申请登记。

对于这些"乱"象，有的农村少数基层干部，由于宗教政策水平不高，便听之任之。在嵩县的调研中，无论是当地的乡镇领导还是村干部都认为宗教信仰是个人行为，无需政府加强监管。殊不知，一旦政府放松对宗教信仰的监管，后果将不堪设想。因为，在我国广大农村地区，还存在着这样的宗教组织，它们打着宗教的旗帜，背地里却欺骗信徒，搜刮信徒财物，而且这些所谓的宗教组织并没有得到政府有关部门的设立许可，内部管理极其混乱，教义常常违背真理，严重脱离现实。

但是对这些问题，农村一些干部由于平时不注重对宗教政策的学习，基本辨别不清宗教与封建迷信、合法与非法宗教的区别，"保护合法、取缔非法、打击渗透"工作任务依然十分艰巨。一定程度上可以说我国农村的宗教管理尚处于空白状态，农村宗教活动大多处于自由泛滥状态，加强农村宗教事务管理，引导宗教与社会主义社会相适应，具有必要性和紧迫性。

因此，乡村干部要增强宗教知识，提高宗教管理水平，不断提高各级领导和党员干部对宗教工作重要性的认识，努力改变基层干部对宗教工作不想管、不会管、不敢管的状况。

而对农村宗教的复兴，对农民的宗教热，一定要加以正确的引导，立足于调动农民的主动性，使之不断增强自我改造主观世界、自我实现精神需求的能力，以发挥其积极作用，减少或避免其消极影响。

15.3.2.3 打造丰富多彩的农村文化生活 与农民对由个体组织的文化娱乐活动需求一样，农民对各项公共文化娱乐设施的期望得分与农民对这些公共文化娱乐设施的使用供给情况有着密切的关系（参见第4章）。农民对各项公共文化娱乐设施的接触越多，该文化娱乐活动的期望得分往往也就越高。这再次说明了农民的文化娱乐需求具有较强的可塑性。因此，地方政府应当有效利用这一点积极推行针对性强的措施，以引导和满足农民群众的文化需求，打造丰富多彩的农村文化生活。

15.3.2.3.1 加强农村的文化基础设施建设。在农村城镇化建设过程中，必须抽出一部分财力建设以村镇为单位的剧院、图书馆、群众娱乐场所、文化站等。规模不求宏大，重要的是突出地方特色，方便村民的自娱自乐；并对某些有生命力和凝聚力的民间艺术和娱乐形式加以扶植和发展。此外，要着力兴建图书室、文化活动室之类的文化活动场所，使农民在农闲之余有地方阅读书籍报刊，参与科学文明的文化娱乐活动，开阔眼界、了解外部信息、充实精神世界，并且能学到知识、发展技能、提高素养，转变落后的思想观念。这样，既可以帮助农民建立文明健康科学的生活方式，也可以培养农民的文化生活素养，精神充实起来的农民就不会在宗教中寻求慰藉了。

15.3.2.3.2　加强村级领导的文化意识和民主意识。以村支书为首，要及时疏通村民的不满低落情绪，引导他们摆脱悲观消极的生活态度，并对其给予实质性的帮助，使他们在经济上和精神生活上都能不断提升，使更多的人自觉远离宗教信仰，在基层政权组织和村级自治组织领导下，积极发展生产，改善生活，实现新农村的新风貌。同时，开展丰富多彩、生动活泼的参政、议政活动，提高农民的主人翁意识，使他们感受到集体的温暖和感召力。

15.3.2.4　构建良好的社会人文关怀体系　在抽样调查中，有 85％的人说，信教的原因是因为有病；其中有 60％的人说是因为没钱治病[①]。他们只有通过心理上的安慰途径来解决生理上的疾病。由此可见，当代农村群众的信教问题，不是一个简单的个人信仰问题，应该从我们所处的社会中寻找原因。农村医疗保障问题，是一个需要切实落实的问题；农村社会福利问题，是一个迫切需要解决的问题。

因此，要重视农村各项社会保障制度的建立和完善，推进各种互助活动的开展。对原有的敬老院、五保户、合作医疗制度，应加以完善；有条件的地方应大力推行养老保险制度等新的事物，从而从根本上提高农村的社会保障水平，为广大农民、尤其是困难农户解决后顾之忧。

15.3.2.5　建立与新农村建设相协调的宗教组织与制度　宗教组织是宗教构成要素之一，是宗教的内在凝聚力的外在体现。在不同农村，爱国宗教组织要建立相应级别的地方性宗教组织，掌握农村宗教的领导权。这要求爱国宗教组织在保留现有职能和任务的同时，还要担负起抵制和反对境内外宗教敌对势力对我国农村地区宗教渗透、控制的历史重任，坚持独立自主、自办宗教的原则，牢牢掌握对农村宗教的领导权和对宗教事务的主导权。在农村宗教组织自身建设上，应选拔政治上坚定、有一定宗教学识的信徒特别是农村知识分子，通过合法途径进入各级宗教组织的领导机构，

---

① 　数据来源：嵩县课题组调查。

以掌握宗教组织的政治方向（赵琼，2006）。

其次，倡导和鼓励宗教文化中与社会主义文化相适应的部分的发展。宗教文化可以与社会主义文化并存，为社会主义先进文化所借鉴，这是为我国社会主义实践和我国宗教理论研究者所论证的正确观点。宗教文化中包含着许多有益的成分，譬如我国的五大宗教教义基本上都有劝人向善、乐善好施、互助互济、远离邪恶、清心寡欲的思想。这些思想和我们社会主义的先进文化所倡导的社会公德、职业道德和个人修养是相通的。

15.3.3 研究的不足

15.3.3.1 本研究最大的不足在于样本量过小，一方面使得说服力不够，另一方面也无法通过对数量巨大的样本进行背景和影响结果的分析。

15.3.3.2 没有调查到私人教会的兴起状况以及对乡村治理的影响与公开的、政府承认的教会的影响有何不同，哪个对乡村治理的危害更大。

第16章 发达国家农村文化艺术建设经验研究①

16.1 韩国农村文化建设

16.1.1 韩国农村的基本现状

许多韩国学者认为，目前韩国农村正处于"危机"状态，主要表现在：

一是农村主导产业——农业陷入困境。虽然农业的生产率持续提高，但市场开放带来的农产品价格下降及农业成本上升，使农民收入停滞增长，农村居民家庭实际收入反而在减少。和城市劳动力收入水平比较，1985年是一个拐点，当年农民收入是城市劳动力的112.8%，之后逐年减少，2003年仅为城市劳动力的76.0%。另外，韩国农民的农业外收入非常有限。在发达国家，农村居民家庭农业外收入一般约占80%，而韩国只有50%。韩国农村的经济结构本来就比较单一（偏重农业），而目前农业又陷入困境，在这种状况下，在农村"吃饭都成了问题"。

二是农村基础设施相对落后。例如，以2003年为基准比较城市和农村，公路铺设率在农村为51.5%，城市是89.5%；自来水供给率在农村是52.9%，城市是98%。以2000年为基准，超过30年以上的老住宅所占比例农村是20.4%，城市仅为4.6%。不仅如此，90%以上的医疗机构集中在城市，在1420个邑、面中，有500个邑、面没有保育设施。农村学校规模不断缩小以及非专业教师增多，直接导致农村教育质量的下降。可以说，农村是生活环境、医疗福利、教育条件都相对落后的"生活不便的地方"。

三是农村人口的持续减少。据统计，1960年，韩国农村人口占总人口的比重曾高达72%，而目前已降到23%，人口的锐减加剧了农村人口的老龄化，65岁以上人口比例邑为9.6%，面为18.1%，洞为5.5%，超过全国邑、面总数量一半的771个邑、面开始进入了高龄化社会。

农村人口结构呈现一种中间纤细的畸形形状，使农村不仅无法保障自主再生产，而且逐渐失去活力。甚至有人把农村比喻为"吃饭成问题""生活不便""听不到婴儿

---

① 执笔人：邵玉娟。

哭声"的地方，最终要离开的地方，不适合居住的地方。尽管如此，农村仍是一个拥有丰富自然资源、美丽景观和高品质文化资源，且和城市有密切联系的一部分（赵相弼等，2007）。

16.1.2　韩国新农村建设的文化内涵和特点

16.1.2.1　以"脱贫致富"为内涵，培养农民积极向上的精神状态　韩国人民曾经饱受战争、贫困、疾病和文化落后的痛苦。韩国从 20 世纪 60 年代开始实施经济开发五年计划，在缺少资本、资源贫乏的情况下，发展产业的重点放在投资效益高、开发成效快的工业部门和大城市。经过若干次五年计划，工业取得了惊人的进展，但是农林渔业发展缓慢，造成了城市和农村经济的巨大差距，在政治、经济和社会各个领域也相应出现了一系列问题。韩国农村地区的"新村运动"就是在这样的背景下产生的。

韩国的"新村运动"始于 1970 年。这场运动的内涵就是脱贫致富，基本精神是"勤勉、自助与协作"。这里所谓"勤勉"不单纯指勤奋，它包含自我能动的涵义，即凭借自己的能力，寻找最有价值的人生道路，实现最充实的自我。"自助"绝不是指只顾自己的消极态度，而是向自己的"极限"挑战，克服自我极限，用坚强意志掌握自己的命运，开辟有意义的人生道路。"协作"是指团结、互助，扩大自我能力，用众人之合力实现个人无力实现的事业。总之，"新村运动"是对贫困的挑战，是对生活惰性的挑战，是对未来的挑战。

有一位叫河四容的韩国农民曾当过兵，但因肺结核中途退伍，结婚后无力抚养全家。后来在当地华侨的帮助下他学会种蔬菜，开始有收入，之后买了几亩*地，还盖了楼房，他用自己的实际行动验证了"勤勉、自助与协作"和"干，就能成功"的新村理念。他在总统、诸位部长面前讲述了自己的感受，总统非常高兴，在青瓦台总统府接见了他，并当即决定奖励他 1 000 万韩元，这笔钱相当于他二十多年的收入，但他婉言谢绝了。至今他还居住在原来的居所，每年还为村政府和村民糊上千个信封，收集扔掉的纸杯作栽育庄稼苗用，堪称资源节约型和环境友好型的农民楷模。

16.1.2.2　在国家加大投入的基础上，将新村运动建成一个庞大而周密的系统工程　新村运动有三个特点。首先，它是以教育为先导、全民总动员、官民结合、城乡互助的政府主导型民间事业。其次，国家的投入大。以 1987 年为例，韩国政府对新村

---

* 亩为非法定计量单位，1 亩＝1/15 公顷。

教育事业、新村基础建设事业、新村增加收入事业、新村福利与环境事业等四大事业共投入了30亿美元。这数字同有着11亿人口的中国每年投入的扶贫资金40亿～50亿元人民币（折合8亿～10亿美元）相比较，不能不说是巨额资金。再次，新村运动是一个庞大而周密的系统工程。新村运动包括上述四大事业、60多项工程，大到教育、生产、基本建设、交通、通信、金融，小到农村文库（乡村图书馆）、农家电话、植树造林、文明厕所的建设等无所不包。

16.1.3　韩国农村文化建设的做法①

16.1.3.1　把精神教育放在头等重要的地位　新村运动最重要的一条经验就是把精神教育放在头等重要的地位。初期新村国民教育的宗旨是提高国民的智力水平，铲除愚昧无知，克服无所作为的懒汉懦夫思想和宿命论观点，启发自立自强精神，激励超越自我极限的激情。中后期教育的宗旨是改变国民意识结构，树立正确健全的价值观，培养出先进国民的文化修养。为了实现这个目标，韩国政府组织力量首先对新村运动领导人进行精神教育，提高其领导能力和实践能力。然后，对社会领导层进行教育。这些社会领导层中包含政府各部处的行政长官、次官等高级官员，各级行政、社会团体的负责人及企业领导人。教育的目的是对这些领导干部赋以使命感。最后，对农民和农协干部进行精神教育，使新村精神教育从上到下贯彻到底。上述新村精神教育使全民取得了共识，为新村运动的成功打下了思想基础。

16.1.3.2　大抓"乐园农村"的建设　对农村青年来说，城市仍有无限魅力，大量青年流入城市，农村一度出现农业后继无人，"农村空洞化"等现象。为了防止农村人口流失，韩国花大力气建设"有乐趣的农村"，改变农村那种日出而作、日落而息，只有辛勤劳作而没有多彩生活的荒漠形象。为此，大力发展农乐、农谣、农舞等传统农村文艺活动和农村体育运动，使农民在辛劳之后享受人间乐趣，增进健康，丰富生活。此外，大力开展民间工艺的挖掘工作，奖励农民文学、农民绘画等艺术，使农村变成经济文化共同繁荣的乐园。

16.1.3.3　大力开展国土公园化运动　以1988年汉城奥运会为契机，韩国在新村运动的口号之下，大力开展以美化环境、提高国民修养、宣扬爱国爱乡精神为宗旨的全国性国土公园化运动，使国土面貌焕然一新。

---

①　参见金吉龙，1994。

16.2 日本农村文化建设

16.2.1 日本农村的发展

自20世纪50年代以来，日本农村的发展主要表现在以下几个方面。

16.2.1.1 农业人口减少 自20世纪50年代快速城市化以来，城市工商业为农村剩余劳动力提供了大量就业机会，农业人口转移速度加快。农业人口占总人口的比例，1970年为25.3%，1980年为18.3%，1990年降到14.0%，1997年再降到9.2%。农业人口的减少为农户规模的扩大及农业现代化创造了条件。

16.2.1.2 农业生产率提高 随着日本农村城市化，农民收入增加，其对土地的投入也增加了，从而促进了农业劳动生产率的提高。从主要农产品单位面积产量看，1960—1986年，水稻产量平均由4 010千克/公顷提高到5 260千克/公顷，小麦产量由2 540千克/公顷提高到3 570千克/公顷，分别提高了31.2%和40.6%。1985年，日本每公顷谷物的单产高达5 790千克，远远高于发达国家的平均水平2 960千克。日本的劳动生产率，在1952—1972年的20年间，提高了3.2倍。

16.2.1.3 政府对农村基础设施投入增加 日本在城市化中后期注意到农业、农村发展问题，加大了对农村基础设施的投入。日本对农村投资的方式及渠道较多，中央政府主要是对建设项目进行财政拨款及贷款，地方政府除财政拨款外，还可以发行地方债券，用于公共设施的建设。日本政府对农村基本建设投入很大，1998年为10 840亿日元，1999年增至10 910亿日元。农村基础设施的改善，加强了城镇间、城乡间联系，为实现城乡一体化提供了可能，而农村发展也为城市产业和人口的扩散开辟了道路。

16.2.1.4 城乡差别缩小 1965年每个城镇工人年收入为17.7万日元，每个农民年收入为14.6万日元，到1977年农民年收入为92.2万日元，工人为81.7万日元，高于工人10万日元。随着收入的增加，农民的生活条件也得到很大改善，实现了生活城市化和电气化。1978年，每1万个农户拥有的汽车量为65.7辆。在政策引导下，农村发生了很大变化。农村不再是单一农户居住的区域，而成为专业农户、兼业农户、非农户混居的社区；农业不再是农村的支配产业，1980年日本农村中从事第三产业的人口比率达到42%，大大超过了从事农业的比率（24%）。尤其是地方小都市得到了较快发展，如长野县小布施町，1999年总户数为3 017户，人口11 436人，劳动

力 6 655 人，从事第一、第二、第三产业的劳动力分别占总劳动力的 25.4％、34.2％
及 40.4％。第一、第二、第三产业紧密配合，经济、社会发展生机勃勃。

16.2.2 日本农村文化建设的特点

日本，在第二次世界大战的废墟上用了不到半个世纪的时间就成为世界第二大经
济体，其经济、科技、教育等综合国力令世人瞩目。日本民族在创造"经济奇迹"的
历史过程中，其农村地区文化事业的发展也呈现出明显的特点，即农村传统文化的传
承与现代化同步进行。

日本文化厅长官河合隼雄指出，他上任之后，一直强调必须提高日本的文化力，
千万不能只讲经济力，他认为文化力和经济力是两个同样重要的车轮，缺一不可。他
说，二战结束后，社会匮乏，大家都去搞经济，但却过于重视经济了。经过一段时期
的经济发展之后，泡沫经济破灭了，经济发展缺乏了生机和活力。他主张，要振兴日
本经济，仅仅把目光放在经济上是不够的，还必须重视文化，要把目光放在发展文化
事业上。河合隼雄认为，在日本，文化振兴的圈子必须扩大，日本文化、政治、经济
中心都集中在东京一地并不好，影响范围毕竟有限，他正在试图努力振兴以京都、大
阪、神户为中心的关西地区的文化圈，进一步扩大日本文化的影响面。当然，他所说
的文化不只是能乐、歌舞伎等传统的东西，还包括与人们衣食住行有关系的方方面面
的东西，他认为应该从日常生活的角度来看待文化。他说，我们鼓励更多的志愿者从
事文化活动，一些大型的文化活动都是由政府和民间合作举办的，而志愿者的工作很
好地弥补了经费上的不足。

日本农村民族传统文化的传承与现代化的实现的特点有：

16.2.2.1 乡镇现代化的新视角——内发性开发 一个地区用自己的自然与文化
资源推动乡镇建设，称为内发性开发。在乡镇建设中，由居民内部产生出构想和提
案，某些提案也可经外部的诱导而产生，但这些提案的主体是当地的居民，决定乡镇
建设方向的主体是当地居民。为当地居民建设美好生活是开发的主旨，在此基础上，
充分吸收行政、专家、客人的外来指导。

16.2.2.2 地方即历史，即个性——乡镇建设中的文化意蕴 日本千叶大学宫崎
清教授提出：地方即历史。任何地方都有各自的历史与生活文化。每个地方的历史、
生活文化都应和我们人类各自的人格一样获得公众的认同，并受到保护。乡镇建设的
展开，是从调查自己居住的地方有哪些财产、特色开始的。首先，要作地方的生活文

化调查。在调查中，找出这些"特色"，再度认识地方的文化意蕴，是乡镇营造与设计的出发点。乡镇设计应该反映出当地居民的人心之所向，使其在自己的历史上建立新的历史，从事农村地方的建设。

16.2.2.3　人心之华：意匠——工业设计的人文精神　日本流行"意匠即人心之华"的格言，此格言蕴涵下列双重含义：唯有健全的社会，才会孕育出健全的意匠；唯有健全的意匠，才会创造出健全的社会。这是适合任何时代的警世谚语。在工业化带来丰富的物质文明的今天，有必要以人心之华作为生活文化的磐石，谋求更长远的发展[①]。

16.3　各国经验对我国新农村文化建设的借鉴和启示

16.3.1　以农民为本位，强调农民主动性

在农村地区文化建设中，要突出农村和农民的特色。长期以来，农村地区有其特有的风貌。从某种意义上说，小桥、流水、人家也未必不是新农村的形象。要体现新农村这个"新"字，重要的是使之表现在内涵上，而不是形式上。村社文化基础设施建设是新农村建设不可或缺的部分，在建设公共文化设施时，要照顾村社的文化传统，要为人口较多、村民居住较分散的自然村修建文化活动室，以使农民在村社内休闲、娱乐，进行人际交往和开展文化活动，从而增强村社的凝聚力。因为现在村民习惯上的交际娱乐范围大多是在自然村或人民公社时的生产队的基础上形成的，如果只在行政村建文化活动中心，而不注意村民的习惯，就不利于发挥公共文化设施在熟人社会中的公共空间作用。

以民为本才是农村文化建设取得长足进步的根本动力。新时期农村文化建设并不仅仅是建乡村图书馆，或者简单地"送文化下乡"，而是从农民的视角出发，找出真正适合农民的，真正能给他们带来切实精神享受的文化方式。家家生产发展，生活富裕，人人讲文明，村村讲民主，人民精神饱满，斗志昂扬，身边有喜闻乐见的文艺形式，这才真正称得上是农村文化事业的发展。

16.3.2　注重精神教育，让农民有所追求

从思想上克服惰性。首先，培养农民敢于改变现有不足之处的意识，并积极为之

---

①　参见王东海，2004。

努力。在这方面，韩国"新村运动"成效较好，其经验值得学习。新村运动初期，新村教育比较注重对社会各阶层的核心骨干人员和中坚农民的培训，通过集体住宿、集中讨论、生活教育三个环节达到教育目的，培训的主要内容有地区开发、意识革新、经营革新、青少年教育等七个方面。各层次的新村教育培养了一大批献身于国家经济发展的社会骨干，为推动韩国的发展做出了重要贡献。以上经验表明，要从根本上改变农村面貌，必须引导农民参与其中，培养农民的勤奋向上精神，调动农民的创造性（王习明，2004）。

在培养农民的自信、合作精神方面，韩国的农村文化建设运动亦有许多可供借鉴之处（付云东，2006），他们始终重视对农民进行思想教育。韩国的学者们认为，要想提高人力资本的水平，必须根据韩国国情和农村实情，通过一种措施提高国民的生活伦理水平，使其与国民经济和科技发展相辅相成、比翼双飞，这样才能全面发展农村经济和推进社会进步。随着世界经济的发展和国际间交流的扩大，从国外引进新的科学技术并不难，但是国民的伦理道德素质，如勤勉、诚信、节俭、自助、平等、合作等思想精神是永远无法通过金钱和引进获取的。国民的生活伦理与其文化、宗教、道德、民族、民俗等内在的诸多因素密切相关，而且一个国家国民的生活伦理道德具有必须依靠本国国民树立与提高的本质特征。如果通过一种具有感召力的活动和国民喜闻乐见、易于接受的形式而不是政治运动，使国民长期受抑制而潜在的良好的社会伦理道德再次迸发出来，就会释放出无穷无尽的效能。

我们可以认识到，除了物质基础与民主权利需求之外，农民人生价值与生存尊严的实现也是非常重要的。这种价值感的实现还依赖于互助和可参与的文化生活。这使无法转移到城市生活的农民，不会因文化的边缘化而自感尊严缺失。重建村庄文化，让富有浓厚文化氛围的村庄能成为农民安定生活的地方。同时，它又可通过培养农民的精神满足感，为经济发展创建良好的社会环境。

16.3.3　重视村级文化建设，增强村民凝聚力

韩国从开展新村运动的第二年开始，政府就帮每个村社兴建了村民会馆。农民有了自己的会馆以后，不仅用它召开会议，而且举办了各种农业技术培训班和交流会。村民会馆收集了包括农业生产统计资料和农民收入统计资料在内的各种统计资料，展示了关于本村建设与发展计划的蓝图。

在我国新农村建设成就较为显著的村庄，也大多重视村社公共文化设施建设。如

海南省开展的文明生态村建设，就是以自然村为单位的，每个大的自然村都修建了包括水泥排球场在内的文化活动中心（王习明，2007）。

日本造村运动期间，村民们重新审视农村文化的价值，并开展了一系列文化活动。每个村落都成立了自治会，并经常召开村落会议讨论有关社区发展的大事。在村落集会上，讨论的话题除了"农道、农业灌溉水渠的维护和管理""土地基础设施等辅助项目的计划和实施"等农业方面的主要议题外，还有"村落的福利待遇""生活相关设施等的建设和完善"以及"环境美化和自然环境的保护"等农业以外的议题。此外，自治会负责垃圾的分类和收集、照顾老人和小孩、开展体育活动以提高健康水平、组织防盗等，不仅提高了经济效益，而且维持了社区固有的社会秩序。

温铁军在接受《海南日报》采访时说道："中央每次的农村工作会议文件，都在强调提高农村的组织化程度，提高农业的组织化程度，加强党的基层组织建设，发展农民专业合作社等。而农村中的文化组织用很低的成本就可以运作起来。你花几百块钱给妇女们买红绸子，她们的秧歌就扭起来了。妇女是农村中极大的弱势群体，但也是一个可依赖的群体。把妇女组织起来，最好的办法是搞乡村文化建设，一个能够常年开展的文化活动，最能够为妇女们所接受，让农村充满着浓厚的文化氛围，重新让大家的心联系在一起，这是其他方式难以达到的成效。因此说，文化建设投入，收益高，这在很大程度上是新农村建设中有利于安定团结、稳定基层的一项工作。"

以上经验说明，对于村落整体实现农业和农村振兴来说，重要的一点是如何提高乡村社区的凝聚力，因为乡村社区是农民生产、生活和娱乐三位一体的场所，它是否有凝聚力，直接决定着公共品供给状况、社区的生产和生活秩序。

16.3.4 注重以推动生产发展为农村文化建设的切入口

韩国农村文化建设之所以有强大的生命力，就在于注重以推动生产发展为农村文化建设的切入口。他们建立健全了韩国版的"农科教结合"模式，成立了集农林部科技教育行政、农业科研、教育、推广为一体的机构农村振兴厅。

在这方面，我们还可借鉴日本的经验。目前，日本在全国建有农业科研体系和农业改良推广体系以及农协负责的推广服务体系。农业科研体系由公立科研机构、大学、民间三大系统组成。在农业技术推广方面，国家将通过有关国税税种征收的财政收入以"交付金"形式支付给地方，地方以一定比例配套，共同作为地方推广事业经费，维持农业推广体系运行。

16.4 借鉴时需要注意的地方

16.4.1 因地制宜，结合我国国情

时任教育部比较教育研究中心主任李水山接受《南方周末》采访，在谈及韩国新村运动前的社会矛盾基本状况与当前中国有无相似之处时指出，20 世纪 70 年代的韩国和中国当下情况非常相似。国家的工业化和城市化加快，工农业发展严重失衡，农民和城市居民的收入差距加大，农村问题十分突出，东西方文明和价值观相互冲撞，拜金主义、享乐主义等思潮蔓延。

两国都是人多地少，资源贫乏，农业机械化程度低，鄙视、逃离和离弃农业、农村风气蔓延，农业基础薄弱，农村教育落后，农民普遍缺乏自信，文化素质有待提高。

虽然中韩两国的国家制度不同，但中韩两国都是国家和政府主导的社会、经济发展模式，在短期内集中力量办大事方面，有着惊人的相似。

但中韩也有不同之处：中国曾经实行长期的计划经济体制，官僚主义和形式主义比韩国严重得多。韩国国民没有经历过类似我国的"文革"运动，另外在韩国，宗教发挥了积极的作用，公民社会的信仰和诚信基础好一些。

还有一点，必须牢记：在韩国市场经济体制和人文思想毕竟占主导地位，尽管儒家、传统文化的影响很大，但在制度革新上还是民主、自由、和谐、竞争的理念更受尊重。韩国新村运动的最重要的理念是"我们能做！""干！就能成功！"新村运动是农民靠自己的勤劳致富，始终以农民为主体的创造与建设运动，是给农民带来实惠的实践运动，激发了全体国民参与。

16.4.2 文化建设中"官主导"的做法并非最有效合理，应该倡导"民主导"，反映农民的真实意愿和需求

比如韩国"新村运动"，其一开始由政府主导，叫"官主导"，这样的做法就不是最有效合理的，是需要加以修正的。农村的文化建设是属于农民的，一切应以农民为主导，反映他们的真实意愿和需求。

后来韩国学者们发现"官主导"下的新村运动有很多弊端，没有真正调动广大农民的积极性和创造性，于是通过改进，使之逐步过渡到政府和民间共同主导的形式，叫"官民一体"，再后来就变成"民主导"，完全由非政府组织、机构负责组织、协调、

宣传和评价，这就是新村运动中央协议会。

尽管在韩国也曾有人想否定这种体系，但有法人资格的民间组织已经确立了社会运行体制和机制。在这不断改进的过程中，"民主导"的体系发挥的作用日趋显著：学者们深入参与新村运动，开展深入实际的调查研究，及时发现问题并矫正，各级政府也通过学者们的建议得到信息。

我国的新农村建设，既需要广大农民和农村基层干部的参与，发挥其主体作用，也需要专家和媒体的深入参与，才能建立科学的组织实施、反馈、矫正和完善的运行机制（徐楠，2007）。

16.4.3 文化建设应以当地传统文化为依托，发展既有传统特色，又能满足农民需求的文化

农村地区文化建设要以当地传统文化为依托，发展起既具有传统特色，又能适应现阶段条件，具有强大生命力的文化。传统文艺往往以"忠孝、节用、友爱"为价值导向，有助于维系村民间的团结和稳定，赋予农村生活以意义。同时，农村蕴藏着极为丰富的传统文艺，开发它们，有利于保持文艺的多样性和传承地方历史文化。

黄灯在中国当代乡村建设研讨会中说道："在农村传统的文化遭到彻底破坏后，城市文明并没有在此扎根。我原以为电视在农村的普及，会切切实实改变农村的文化生活，但事实上，种种和生活隔膜、作秀多于关怀的节目并不能激起他们的半点兴趣。'超女'尽管使得满世界的城里人为之疯狂，但没有一个入围的女子就是他们身边的邻家女孩，在这样一种精神的匮乏状态中，当带着利益目的、而又充满刺激的赌博和六合彩悄悄来临时，它们势如破竹的进展可以想象、也可以预见。"

为了求得生存的平安，一些传统的仪式重新走向了台面。乡戏在沉寂了多年以后，在2006年的正月，再次来到了村里简陋的戏台上面。我记得正月十五下午唱的那场《卖妙郎》，坐在我后面的村妇看得泪光点点，唏嘘不已，一个劲地感叹"这个戏是在教育现在的后生仔，是在教育他们，要孝顺、要讲良心"。"打醮"作为一种民俗，也成为村里那些德高望重的老人挽救颓败乡村命运的一种手段。我看到淳朴的村民在鬼王游村时的虔诚，我看到乡间法师一脸的严肃和真诚，我看到惊慌的农妇，在将象征着灾难的那盆水泼出去后的释然。这些传统礼仪的重现，纯粹出自一种天然，村民在沐浴这些洗礼的时候，脸上出现了从未有过的宁静和坦然。也许，为了缓冲城市文化对乡村的强烈震荡，为了增强农村的抵抗力、并且尽快恢复农村的秩序，从而使得

他们获得一种精神上的归宿和皈依，最后还是离不开生长在他们骨子里的传统文化的复兴和重建。

的确，在开展农村文化娱乐活动时，一些民间艺术形式的重要性不可忽视，如贴近农村生活的大众文艺腰鼓、秧歌、茶馆等，让农民可以在闲暇时间内，有一个公共的、适合他们需要的交流机会，有一些可以展现自我才能的舞台。民俗学研究者李凤亮、张士闪等指出，农村群众文艺的生成和表演，一般是配合一定的民俗活动进行的，常借助于一定的民俗氛围。人们在人生的重大境遇中的情感、节庆典仪中的心理，都需要一定的程式来抒发，而农村群众文艺正好迎合了这一需要。农村群众文艺也是农民审美观与生活承袭的结合，它给农民以生活美的享受。农村群众文艺是民族传统最重要的传承方式之一，是即时民俗社会的传神写照。农村群众文艺还有利于农民在集体参与中振奋精神，实现生存尊严。

第17章 发展中国家农村文化建设的经验与启示①

17.1 发展中国家农村文化建设的背景比较

同日本、韩国等农村文化建设较为成功的国家相比，发展中国家的农村文化建设成果并不显著。

首先，发展中国家较低的经济水平决定了文化建设开展的困难性。当大部分农村还处于须解决温饱的状态之时，发展中国家的政府和民间仅能用微薄之力关注农村问题。许多发展中国家国内政治动荡，政府的权力无法下达农村，广大农村处于政府可以控制的范围之外，因此不存在文化建设，并无经验教训可循。如非洲的发展中国家。东欧和中亚各国在1990年之后一直处于计划经济到市场经济的调整期，农村面临失业率上升，农民收入下降，年轻人和有技术的人才流失，人口密度降低和基础设施建设落后等严重的经济社会问题（Sabine Baum et al，2004），一定程度上阻碍了文化建设的进行。同时东欧各国原有的农村文化设施和服务也陷入瘫痪，社区中心不再重要，特别是在匈牙利和捷克，私有化导致可用于公共用途的建筑物减少。原来用于文化用途的建筑物的新主人没有义务保留这些文化设施（Turnock，David，1995）。教堂在农村中的地位显著上升。

其次，大部分中等收入的发展中国家已经高度城市化，农村人口少并且密度低，电视等私性文化娱乐活动已经普及，建设农村公共文化空间既没有必要也不受政府的重视。拉美发展中国家尽管人均GDP达到3 000~4 000美元，进入中等收入发展中国家行列，但是由于大庄园制的土地政策和工业化滞后于城市化，导致大量农村人口聚集在城市，形成"贫民窟"。《经济日报》报道，整个拉丁美洲2007年城市化水平高达78%。最为显著的是巴西城市化率由1960年的56%，提高到81.4%。目前巴西城市"贫民窟"居住有3500万人，占全国城市人口的25.4%（谭炳才，2008）。

再次，同大多数发展中国家相比，中国的农村建设已经走在了前列，很多硬件方面已经远远好于大多数发展中国家。从经济条件上来看，2007年我国农村居民人均收

---

① 执笔人：杨筱思。

入为 3 587 元，但是我国农村居民每百户彩电拥有率高达 89.4%（国家统计局，2007），大大高于同等发展中国家。而同样是发展中国家和人口大国的印度，尽管进行了近半个世纪的农村建设，某些方面还是远落后于中国。表 17.1 是印度家庭电视机和收音机的拥有情况，通过数据可以看出作为基本文化娱乐方式的电视并没有在印度普及。

表 17.1　印度家庭电视和收音机拥有率

	全印度	农村	城市
电视（%）	31.6	18.9	64.3
收音机（%）	35.1	31.5	44.5

资料来源：http://www.thehoot.org/web/home/searchdetail.php? sid=1051&bg=1。

综上所述，大部分发展中国家的农村由于种种经济、政治和社会原因并不重视文化建设，唯一能够给中国农村文化建设以一定经验和启示的就是印度农村的文化建设。作为有 70% 以上人口生活在农村的农业大国，印度从 20 世纪 50 年代开始就积极探索如何改善农村文化娱乐活动，让农民在闲暇时间有事情做，因此，积累了大量的经验和教训，是发展中国家农村文化建设可供借鉴的极难得的例子。印度农村文化建设中的乡村图书馆非常成功，其通过图书馆把文化建设和乡村社区建设相结合，取得了非常不错的效果。本研究力图尽可能详细地介绍印度农村文化建设自 20 世纪 50 年代开始的各种政策、项目和成果。

17.2　印度农村文化建设的特点

17.2.1　印度经济情况和农村发展

从独立初期 1951 年到 20 世纪 70 年代末，印度经历了一个低速增长时期，其年均经济增长率仅为 3.5%。这被已故著名经济学家拉吉·克里希纳称为"印度教徒增长率"。20 世纪 80 年代，英·甘地和拉·甘地进行经济调整时期，印度的年均经济增长率上升到 5.6%。此后，因政府频繁更迭所引起的政局动荡和政策失误，以及海湾战争的影响，印度经济于 90 年代初陷入严重的经济危机，并使 1991—1992 年度经济增长率跌落到 1% 左右。1992 年起，印度实行了新的经济改革，印度经济增长率上升到 5.1%，以后逐年上升，1996—1997 年度达 8.2%。尤为难得的是在 1994—1995、

1995—1996 和 1996—1997 三个年度年均增长率高达 7.5％，创造了独立以来的新纪录（孙培钧，华碧云，2003）。1997 年以后，只是由于亚洲金融危机和世界经济衰退，印度的经济增长率才出现下降的现象。但是，与其他发展中国家相比仍属于较高的水平。

然而，印度最引人瞩目的农村文化建设的成就却不是在经济发展的黄金时段取得的。印度的农村建设像经济增长一样阶段性明显。20 世纪 70 年代之前，"农村发展"在印度是指整个农村地区全体民众参与的农业的发展和社会的发展。1971 年英·甘地提出了"消除贫困"口号后，"农村发展"的范围缩小了，成为改善特别群体——农村贫困大众——的经济和社会生活的战略，要将经济和社会发展的成果扩大到生活在农村的最穷困的人中去。20 世纪 70 年代之前"农村发展"的具体措施包括向无地农民发放土地，增加人力资本投资及发展教育和增加农民就业等；20 世纪 70 年代之后的措施更像是扶贫计划，目的是防止农村中贫者更穷，富者更富。

印度政府的农村建设工程主要表现在两方面，一是就业，二是农村基础设施建设。基础设施建设的重点主要包括：饮用水、环境卫生、住房、教育和道路建设等。其中，普及基础教育是国家目标，因印度的农村教育还处在提高基础教育入学率的阶段。就业方面，则重在对妇女能力的培养。提高妇女的各种能力，增强妇女的经济自立，帮助以妇女为户主的家庭摆脱极端贫困状况，成为近年来政府重点考虑的问题之一。妇女和儿童发展部以及农村发展部都有许多增强妇女能力、提高妇女地位和保护妇女儿童的相关工程。1987 年，妇女和儿童发展部就开始了妇女培训和就业计划，目标在于使贫困而且没有任何家庭资产的妇女获得谋生技能，鼓励和帮助她们在传统就业领域，如农业、小型家畜家禽养殖业、奶业、鱼类养殖、手工纺织等方面找到可持续发展的就业方式。

17.2.2 印度的文化建设

印度政府对文化产业十分重视。印度宪法中有专门的保护民族文化、促进文化发展的条款，政府制定的各个五年计划中都对文化的重要性予以充分肯定并制定了相应的发展计划。在印度国家计划委员会编制的第九个五年计划文本中，有专门的段落对文化进行评价，从中央到地方政权中的文化部门每年都可以得到经费的支持来发展文化产业。为了加强与其他国家和地区的文化交流，还专门成立了印度文化关系委员会（ICCR），除了进行官方的和非营利性的文化活动之外，这个委员会还十分重视将印度的文化产品向世界推介，例如组织印度艺术团体到国外进行演出，举行民间手工艺品的展销等。

　　印度独立后，宪法中明确规定了"向 14 岁以下所有儿童实行免费普通教育"，这就为儿童入学提供了法律保证。因此，全国各地不少小学对一至五年级学生实行免费入学，甚至有些邦对六年级学生也实行免费教育。与此同时，政府一直为教育增加经费，如 1950—1951 年教育经费为 11.4 亿卢比，到 1984—1985 年度增加为 600 亿卢比。另据记载，1986 年用于教育的经费为 47 亿美元，仅次于国防开支。这就为发展教育提供了一定的物质基础，使学校数量不断增加，学生入学率不断提高。印度民众的识字率已由 20 世纪 50 年代初的 16.6％提高到 20 世纪末的 62％以上，这就使书报发行成为有发展前途的市场。另外，信息网络的迅速扩展也使信息业成为印度文化产业的新的增长点。

　　印度农村文化建设取得成果最突出的当属喀拉拉邦。喀拉拉邦人口 3 300 万，农村人口占 80％，有 990 个乡，人口密度在全国排第二，每平方千米有 750 人，但是喀拉拉邦却是印度人类发展指数最高的一个邦。举例而言，印度在整体社会发展和经济水平方面与中国相差甚远，但是喀拉拉邦在社会发展方面却高于中国的平均水平。喀拉拉邦人均寿命比中国高 2～3 岁，人口出生率和婴儿死亡率低于中国，该邦居民识字率几乎达到 100％，中等教育普及率高达 90％。

　　另外，一个惊人的数字是喀拉拉全邦有 9 000 多间图书馆，12 000 千多间阅览室。其中，隶属于"喀拉拉图书馆议会"的图书馆有 5 000 多间，分为三类，甲类有图书 25 000 册以上，乙类有 15 000 册以上，丙类有 5 000 册以上。三类图书馆的比例是 2：3：5。这就是说，每个乡大约有人口 25 000 人，图书馆 8 间，阅览室 10 间（刘建芝，2002）。乡村图书馆在喀拉拉邦已有 60 多年的历史。在 20 世纪 40 年代，还在英国殖民统治时期，潘力卡（PN Panicher）推广图书馆运动，每一个乡村成立一个图书馆和一个阅览室。1945 年 9 月，图书馆联会正式注册，后来成为"喀拉拉图书馆议会"，有 47 个创办成员。1989 年，喀拉拉邦议会通过议案，正式承认它为喀拉拉邦的公共图书馆，邦和地方政府每年拨款添置图书，管理人员大多是义务的。

　　这几千个图书馆并非个个都活跃，但积极推广科技知识、文化活动的还是不少。在安那库林区，VNKPS 图书馆是甲类图书馆，有 55 年历史，藏书 2 万册，订阅 8 份报章 30 份期刊。位于三个乡中间，这个图书馆有 1 千名会员，1/3 是女性，还有 300 名儿童会员。图书馆是三层大楼，面积 280 米²，有阅览室、会议室、康乐室、儿童图书室。一名妇女图书馆员负责流动图书室，每周为 200 个农户送上书籍。图书馆经常与各类合作社和学术、农科机构合办工作坊、培训班，内容涉及农业、畜牧、能源、母婴健康等图书馆自办刊物，鼓励会员写作投稿并组织辩论和研讨。馆内的活动多姿多彩，有征文比赛、话剧创作表演、体育竞技活动、草药医治班等。

在首府特里凡得琅区（Trivandrum）的柏连卡马拉乡（Peringamala），乡村图书馆作为中心，推行培训课程。首府的"发展研究学院"（CDS）派出研究员来柏乡，对当地的大学毕业生进行关于社会经济发展、社区发展银行业务和政府福利政策等的培训，然后由这些青年志愿者各自领导一个 20 名妇女组成的小组，协助小组提出发展项目，申请拨款，然后执行。项目的设计，是致力于让每个小组发展出有领导才能的人，使其以后不用志愿者帮助也可自行运作。书馆同时设立信息中心，邀请医生、工程师、地区发展官员等参与，协助小组成员挖井、养蘑菇、种菜、改善食水供应、搞小型水利设施等。

"喀拉拉邦民众科学运动"（KSSP）在推动该邦超前的社会发展和文化建设水平中功不可没。这个运动发端于 1962 年，由一些具有社会责任感的科学家和其他知识分子发起，是一个独立于政党之外的组织。该组织深入民众举办各种农村科学论坛，协助科学家和知识分子把科技运用到生产实践中，并通过民间艺术演出等形式把群众组织起来，开办医疗营地、农业展览等，进行深入调查研究，普及各种有关农业、工业化、环境保护、健康、教育等方面的知识。它所发起的全民扫除文盲运动得到了政府的支持，不仅在本邦扫除了文盲，而且在全国也产生了积极影响。

此外，印度还进行了如农场广播论坛（Radio Farm Forum）和农村电视（Rural Telecast）之类的创建农村公共文化生活空间的创新。20 世纪 60 年代起，印度开始在广大的农村推广"农村广播论坛"。这一项目的基础是印度社区拥有的收音机数量自建国后到 60 年代有了飞速的发展，具体数据见表 17.2。

表 17.2　印度农村收音机数量

时间	1948 年	1954 年	1956 年	1965 年
社区收音机数量（台）	2 000	7 000	30 000	95 000

资料来源：http：//www.thehoot.org/web/home/searchdetail.php？sid=1051&bg=1。

20 世纪 50 年代，印度政府出台了补贴政策来推动农村社区收音机的普及。具体措施为联邦政府出资一半，邦政府和村庄各出四分之一资金，收音机的维护费用由邦政府和村庄分摊。在这项补贴政策下，印度农村的收音机占有量迅速上升，为政府推行农村广播计划奠定了物质基础。最初农村广播的内容包括最新的农业新闻、天气、农产品价格和运输情况，等等。但是不久组织者发现这种内容的广播很难吸引听众，村民们只是偶尔才会听一听，并且几乎不会谈论任何广播内容，这充分证明他们对广播内容不感兴趣。

根据这种情况，联合国教科文组织（UNESCO）提出了一种名为"农村广播论坛"的将听众组织起来的方法，即让这些听众收听特意为他们准备的节目，然后让他们自己讨论感兴趣的问题。这种方法在加拿大的农村推行得非常成功。通过这种方法，大量的农业信息和农民关心的问题能够在农村广泛传播。然而加拿大和印度的情况有很大差别。加拿大农民识字率很高并且拥有自己的收音机，而印度大部分农民是文盲，私人拥有收音机的数量也非常少。但是印度 Poona 在其广播站所做的实验发现，经过播放农村广播论坛节目，试点的印度农民的知识和所获得的信息量明显上升；相比之下，没有进行这个实验的对照村庄的知识改善程度就没有这么显著（Neurath，1962）。之后，农村广播论坛开始在印度各邦推行，为印度农民提供了所需信息的同时也丰富了他们的生活。

17.3 发展中国家农村文化供给的经验与教训

17.3.1 文化建设要以经济发展水平的提高和文化基础设施建设为基础

文化的发展离不开经济发展和文化基础设施。文化是需要有载体和传播途径的，缺少物质基础无法进行文化建设。发达地区和欠发达地区的显著区别就是能够接触到的大众传媒方式的多少（Gordon C. Whiting et al，1972）。

印度的农村文化建设进行了近半个世纪，也进行了很多制度创新，但是仍然存在很多制约因素，特别是经济水平较低和农村文化基础设施设施建设不足。印度农村电力化程度非常低。截至 2000 年年底，全世界没有用上电的人口中有 35％是居住在印度，一共有 112 401 个村庄没法用电（Nouni et al，2007）。尽管印度在推广农村广播电视方面做出了很多制度创新，如农村广播论坛，但是农村供电缺乏的基本事实导致电视始终无法在农村普及。相比之下，中国改革开放之后经济快速增长，农村几乎 100％通电，家庭电视普及率达到 89％，极大丰富了农村居民的文化娱乐生活。文化建设和基础设施建设存在互为因果的关系，大力发展农村文化基础设施建设是农村文化建设得以实施的保证，而文化建设也必须与发展农村经济，与农民脱贫致富结合起来。只有与农民群众的生产经营活动紧密结合，农村文化产业才有生命力。

17.3.2　文化建设应该吸取各方力量的支持

在印度的乡村建设中，参与者来自各种渠道。除了联邦政府和邦政府，本国和国际 NGO 也是活跃在印度乡村建设中的组织。他们的参与有效地分摊了政府的负担，并且带来了发达国家的先进经验。

我国的农村文化建设也长期处于农村文化投入不足的境况，因此更需要借助多方力量来推进农村文化建设。2005 年国家对农村文化共投入 35.7 亿元，仅占全国财政对文化总投入的 26.7%（何兰萍，2007）；我国多数县农村公共文化机构运转困难，文化产品、文化服务供给不足，2/3 的图书馆全年没有购书费，文化馆站设备落后；乡镇文化工作队伍人员老化、知识结构不合理的问题比较突出；有的乡镇撤销了文化馆站，有的文化馆站被侵占或被挪用，而且没有从事文化工作的专职人员，工作处于涣散状态。我国尚有很多农村地区无法落实中央制定的各级政府文化投入占财政支出的 1% 的规定，如湖北省 2003 年文化投入只占 GDP 的 0.39%。

要解决文化建设投入不足的情况，首先应当加大政府投资力度，保证从财政预算中划拨的用于农村文化设施建设和活动经费支出的专项资金逐年增长，特别是要提高在村级的资金分配比重，争取落实中央关于农村文化建设的规定，每村建立一个阅报栏、一个图书室，逐步实现"有线电视村村通"，让农民真正享受到健康的精神文化生活。

其次，应该借鉴印度在进行农村文化建设中的筹资经验，即发挥市场和非政府组织在农村文化公共品供给方面的作用，弥补政府资金匮乏的劣势。应当充分调动村级组织、社会、企业参与其中，使农村文化建设"多样化""公益化"。

17.3.3　文化建设和农村社区发展共同进行，尤其应当注重发展农村公共文化空间

公共空间，是指社会内部业已存在着的一些具有某种公共性且以特定空间相对固定下来的社会关联形式和人际交往结构方式（曹海林，2005）。大体包括两个层面：一是指社区内的人们可以自由进入并进行各种思想交流的公共场所，如中国乡村聚落中的寺庙、祠堂、集市等；二是指社区内普遍存在着的一些制度化组织和制度化活动形

式，如村落内的企业组织、村集会、红白喜事活动等。当前，乡村社会变迁中村落公共空间的演变，呈现正式公共空间趋于萎缩与非正式公共空间日益凸现的趋势（何兰萍，2007）。尽管我国农村经济水平有了迅速的提高，但是农村文化活动正在逐渐地私人化，农民有能力和条件享受文化生活，但在农民的闲暇时间越来越多的同时，闲暇反倒成为无法打发的时间。

　　而反观印度的农村文化，无论是农村广播论坛还是电视的普及，都是致力于农村公共文化空间的建设，以促进村民之间的文化交流。以村民的文化活动为基础构建文化生活空间，有着特殊的意义。通过文化活动及其文化传递，帮助人们分享和认同共同的价值观念，很大程度上决定了农民对日常生活意义的理解，在此基础上对村庄舆论、村庄伦理的形成产生重要影响，并对政治性公共空间的形成产生影响。

17.3.4　进行农村文化建设需要注重农民的参与

　　印度的农村广播最初并不成功，原因在于组织者忽视了农民的感受和意见。后来他们将其改进为由农民自己参与广播节目，遂获得了很好的收听率。印度经验对于我国的启示就是发展农村文化产业，实现农村文化可持续发展的根本动因在于调动农民自身积极性。因此，农村文化产业必须坚持国办、民办并举，充分调动农民的积极性。农民应该既是农村文化产业发展的受益者，也是农村文化产业的参与者。在政府制定相关规划的过程中，应该注重农民的参与。

Shennong
Series

第 18 章　东部地区农村文化艺术建设的典型案例研究①

18.1　引言

从 20 世纪 80 年代末到 90 年代初，由于改革开放的逐渐深入以及市场经济的逐渐形成，农村的整体面貌有了很大改观，但同时由于外来文化的冲击，以及历史原因所造成的父辈们自身文化素质过低、观念落后，使得他们在受到外来文化冲击时显得犹豫、盲目以及不适应，农村里传统的文化生活方式如：看大戏、听说书、扭秧歌、祭祖等逐渐消失，农村文化阵地明显萎缩，文化建设发展缓慢。

此外，农村文化公共品供给不足日益显著。宗教等非主流文化供给开始进入农村，并取得了长足的发展。一些落后文化如赌博、烧香拜佛、占卜算命、看风水等在农村地区盛行起来，严重腐蚀了农村的传统文化。农民对落后封建文化的热衷程度大大提高，远远大于对村庄公益事业的热情。从政治经济学中可知，上层建筑（文化意识）反作用于经济基础。虽然很少有文献对农村文化和农村经济的发展作严格的相关分析，但是显而易见，农村文化艺术的缺乏必然会对农村的发展起阻碍作用。

更令人担忧的是，农村文化发展水平和城市差距越来越大。城市的文化公共品供给是由城市主导的，而农村的文化公共品则没有明确的提供主体和机制。国家正慢慢放手农村，但是在农村地区的发展和治理变得越来越自由的时候，一些基本的文化公共品供给却没有了保障。从文化事业的投入看，2006 年文化事业费是 158 亿，用于农村的却只有 40 多亿，还不到 1/3。如果按人均算账的话，每个农村人口享有的文化事业费只有 1.48 元，因此，多数的文化事业费分布在城市，农村的分摊太少（周和平，2008）②。

---

① 执笔人：章淑云。
② 资料来源：http://npc.people.com.cn/GB/28320/116286/116574/6994575.html。

18.2 东部地区农村文化艺术建设经验总结

18.2.1 以文化大院建设为主体——山东威海市农村文化艺术建设

2006 年，威海市新建、改造村级文化大院、活动中心 460 处，形成独具一格的"大院文化"，吸引和方便农民就近参与文化活动。全市自发涌现出庄户剧团 1 200 多个、女子腰鼓队 1 600 余支。在保证农村文化建设资金不低于当年财政总支出 2% 的基础上，初步建立起市、县、镇、村四位一体的投入机制，按市、县、镇、村 4∶3∶2∶1 的比例统筹建设资金，对重点项目进行重点扶持。同时，在建设改造资金上，采取各级财政补一点、有关部门帮一点、村集体出一点、社会各界捐一点的办法，多渠道筹措；在实践模式上，采取结对帮扶的形式，鼓励社会力量参与农村文化建设。如，在当地政府的带动下，荣成盛集团投资 2 000 多万元建设了 5 000 米² 的室内文体、休闲、健身设施和面积 50 000 米² 以上的室外文化健身广场。文登西楼村投资 1 000 多万元，建起了可容纳 1 400 多人的大剧场。这些文化大院有的是旧房改造而成，有的是规划新建。

18.2.2 从阵地到机制——江苏省农村文化艺术建设

在"十一五"规划的指导下，江苏省农村文化建设得到充分的重视。江苏省以新一轮乡镇文化站建设为契机，率先全面构建农村公共文化服务体系。在构建全面的农村文化服务体系的目标下，江苏省初步形成了：有阵地——文化站，有内容——"三送"工程，有服务手段——信息资源共享工程，有机制的保障——基层文化服务运行机制。主要内容如下：

18.2.2.1 推进乡镇文化站建设 2005 年江苏省在全省确立了 20 个乡镇文化站标准化建设的试点工作，到目前为止，已建成 17 个。目前大多数乡镇都建有一个集图书阅读、文化信息资源共享、广播影视、宣传教育、文艺演出、科技推广、科普培训、体育、老年与青少年活动等于一体的综合性文化站。文化站建设的资金主要来源于政府的文化事业费。

18.2.2.2 抓好"三送"工程 "三送"工程就是"送科普、送电影、送戏下乡"。其一就是对经济薄弱地区各乡镇文化站每年赠送价值 1 万元的科普图书，即通过政府采购方式，集中购买农村适用、农民喜爱、内容健康的图书，直接配送到全省经济薄弱地区的县（市）图书馆，由县（市）图书馆再分配给所属各乡镇文化站，由乡镇文化站以流动文化服务的形式，将图书送至行政村文化活动室，方便群众就近读书。其二是按照国家农村电影"2131"工程要求，对经济薄弱地区开展"送电影"活动，每村每月放映一场电影，每场补助80元。所需电影拷贝由省集中采购并免费配送给经济薄弱地区县（市）。当然，各市、县、乡镇还需要有一些配套措施，农民还是喜欢看电影的，一个月要保证农民能够看到一场电影。其三是对经济薄弱地区乡镇开展"送戏"活动，标准为每个乡镇每年4场演出，每场补助2 000元，主要是依靠各县级剧团送戏下乡，由县级文化主管部门组织实施。

18.2.2.3　建设信息共享工程　信息共享工程是文化部用现代科技手段开展的文化信息资源共享工程，是当前公共文化服务体系建设、完善的重要手段。为此，国家已经投巨资建成了技术指标先进、容量很大的数据库、资料库。目前，江苏省已经建成300多个信息共享工程基层服务点，已经成为全省城乡基层群众获取优秀文化信息、提高文化娱乐档次、学习科学文化知识和实用技术技能的重要平台。

18.2.2.4　创建文化服务运行机制　公共文化服务体系建设不仅包括硬件，还有"软件"，这个"软件"就是机制。尽管文化站的硬件建设有难度，但是毕竟经过努力还是可以建设起来的，然而要建立一套完整、创新的、能够支撑文化站长期运行的机制，难度更大，也更重要。江苏省在文化服务运行机制方面就表现较好，能保证良好、灵活的投入机制。

18.2.3　正在不断发展的文化建设——浙江省嘉善县农村文化艺术建设

18.2.3.1　注重文化设施建设　嘉善县把文化设施建设纳入了城乡建设整体规划，把文化馆、图书馆、体育馆、文化艺术中心、文化站等作为重点列入建设规划，加大投资力度，加快文化设施建设，满足广大人民群众就近、经常和有选择地参加文化活动的需要。截止到2003年，嘉善县拥有国家县级二级图书馆1个，浙江省一级文化馆1个，文化站1个，村级综合文化活动室103个，省级爱国主义教育基地1个。

18.2.3.2　开展特色农村文化活动　嘉善县的农村文化已呈现一村一品、一镇一品的趋势，提出建设"文化名镇""民间文艺之乡""体育名镇""旅游特色镇"等目标，并制定相关政策、措施，增加投入，结合自身的优势、文化传统，大力推进农村文化建设，形成了各自的特色。

18.2.3.3　繁荣群众文艺创作　近年来，嘉善县基层文艺工作者认真坚持"二为"

方向和"双百"方针，弘扬主旋律，提倡多样化，树立精品意识，深入实施名家精品工程，努力创作出一批具有时代气息和浓郁地方特色，深受广大群众欢迎的文艺作品。近年来，共创作、发表、演出、展出、出版各类文艺作品4 000余件。

18.2.3.4 增加农村文化投入 近年来，嘉善县一直把文化建设纳入国民经济和社会发展总体规划，所需经费列入地方财政预算，确保文化事业经费的增长不低于当年财政收入的增长幅度。在统筹安排文化事业建设费的过程中，注重向农村文化建设项目倾斜。

18.2.4 结合地方特色进行农村文化建设——福建省农村文化艺术建设

18.2.4.1 推动实施《芳草计划》 福建省农村文化建设以《芳草计划》作为总纲，统揽海峡西岸文化走廊、山区农村文化建设、儿童文化园等各种专题规划的实施，结合省经济社会发展"十五"规划提出的新要求，增加新的开发项目，重点考虑：①建构以市场机制运作新的农村文化体制，推动农村家庭文化、民间艺术团队、民俗文化、儿童文化园、田园旅游文化建设；②培养一批年轻化、素质高的文化经营管理人才和社会艺术教育人才充实基层队伍建设；③建成一批上规模、现代化，具有标志性的城镇文化设施；④对全省农村文化资源进行全面的分类普查、研究、上网、建档；⑤建立健全全省城乡知识网络和图书馆自动化、网络化、信息化工程。

18.2.4.2 开发、利用和保护民俗文化和民间艺术，发挥其在团结海外"三胞"，促进祖国统一中的特殊作用 在发扬和继承民俗文化、民间文艺中，应注意淡化其封建迷信色彩，强化其文化内涵，同时融入时代精神，使它们在新时代焕发勃勃生机。对于一些有特殊价值的民间艺术，哪怕现今参与者和观赏者已经不多，也要把它作为一种珍贵的文化遗产、文化珍藏、文化化石保存起来。

18.2.4.3 深化文化馆站改革，坚持有所为有所不为，通过职能改变，焕发生机 由于文化市场的蓬勃发展，民间文艺社团的兴起，文化馆站所创办的文化设施和经营项目，已从"独此一家、别无分店"的地位，变为千百家中普通的一家。因此，文化馆站宜退出文化市场，尤其是"三厅"等娱乐性、竞争性领域。文化馆站退出这一领域，不仅不会影响目前这类文化的总量，更重要的意义还在于，使文化馆站从以劣势参与娱乐市场竞争，既当运动员又当裁判员的尴尬角色中解脱出来，发挥信息、人才等优势，找准自己的社会坐标，发挥应有的作用。文化馆应通过职能转变，从无所不包的"大文化"逐渐向艺术文化靠拢，承担普及社会美育，发展艺术教育，指导民间艺术团队活动，培训社会艺术人才等职能，与艺术馆职能接轨，形成明确的社会文化职能。文化站要改变目前既无力办文化又无权管文化的状况，由政府赋予一定权力，成为城镇文化行业管理部门，协助政府协调乡镇社会文化活动，管好文化市场，使社会主义先进文化方向得到真正的贯彻和坚持。

18.3 东部地区农村文化艺术建设存在的问题

18.3.1 资金来源渠道单一

农村文化公共品供给需要大量资金，充足的资金是进行农村文化建设的前提。但是就目前大多数农村地区的文化建设来看，大部分资金主要来源于国家拨款或者文化专项资金的运用。在市场经济不断发展的情况下，引入私人或社会个体是一种很好的选择。比如政府可以和企业等组织合作，让企业出资进行农村文化建设。当然，政府要创造出一个利益共享的机制，保证企业有足够的积极性去进行农村文化建设。另外，政府也可鼓励一些公益机构或慈善家支持农村文化建设。

18.3.2 农民参与的积极性不高

大部分农民意识不到积极、健康的文化对他们的重要性。在他们眼里，如何挣到钱才是最根本的。因此，他们可能更热衷于赌博活动，而不愿意参加没有立竿见影效果的文化大院等活动。很多地方，图书馆、文化站建起来了，可是冷清得很，没有农民真正来支持这些活动。农民是农村文化建设的主体，缺乏他们的参与和支持，那么进行农村文化建设就是空谈。

18.3.3 缺乏有效的管理

当政府提供了很多文化设施或者活动时，如何进行有效的后继管理就显得非常重要。可是，现有的大多数文献都侧重于对如何提供公共品的研究，而对于如何进行管理则研究得很少。没有有效的管理，农村文化建设活动就不可能持续不断地发挥作用，农民也就没法从中受益。政府如何针对不同形式的文化建设找到不同的管理方法是进行农村文化建设要研究的重点课题。

18.3.4　没有切实把农村文化建设当作惠及农民的手段

很多政府官员之所以大力进行农村文化建设不是因为想从根本上改变农村文化贫乏的状况，而是为了政绩需要。为了良好的政绩，他们大办"形象"工程使农村文化建设活动没有获得应有的效果，农民也没有从中受惠。而且一旦这一任领导走了，下一任领导为了政绩，就会开始新的农村文化建设计划，导致政策缺乏延续性。政策上的不延续性严重阻碍了农村文化建设的发展，给切实改善农村文化环境带来极大的挑战。

18.4　小结

从前文的分析可知，虽然农村文化艺术建设的形式多种多样，内容也比较丰富，但是起到的作用却十分有限。而且，很多农村文化艺术建设的管理面临许多挑战。农村文化艺术建设的资金主要来源于政府。农民和其他社会团体并没有真正充当该有的角色。

第 19 章　中西部地区农村文化艺术建设的典型案例研究[①]

19.1　引言

鸿沟日益扩大的城乡差距是近年来"三农"热点问题之一，实际上城乡差距不仅表现在经济发展上面，也表现在文化上，新农村建设必须改变农村文化建设薄弱的状况。在我国改革开放的进程中，农村文化建设取得了历史性的进展，但同时存在着突出的问题。农村文化处于边缘化境地，投入严重不足，不少地方的农民文化生活贫乏、枯燥，人们"早上听鸡叫，白天听鸟叫，晚上听狗叫"，低俗和消极文化乘虚而入，侵蚀农村优秀的传统文化，甚至在不少地方"黄、赌、毒"卷土重来，封建迷信活动猖獗。在新农村建设中，必须改变这种农村文化建设薄弱、农民文化生活贫乏的局面。

随着我国全面小康社会建设进程的加快，国家制订了"生产发展、生活宽裕、乡风文明、村容整洁、管理民主"的发展策略，农村生活条件不断改善，广大农村居民必然对文化生活的需求越来越迫切，需求标准也将越来越高。特别是农村社区文化建设远远落后于城市文化建设的事实，促使社会各界思考：如何推进农村文化建设，满足农民日益增长的文化需求，丰富他们的精神生活，为农村小康社会建设提供智力支持和精神动力。

19.2　中国中西部地区农村典型文化现象

19.2.1　乡镇文化站——湖北模式

19.2.1.1　乡镇文化站状况　乡镇文化站是农村中唯一的公益性文化事业单位，是农村文化的前沿阵地，农村精神文明建设的重要窗口。它肩负着农村群众文化活动的示范和导向作用，是政府和农村基本群众感情连接的桥梁和纽带。

---

① 执笔人：杨秀峰。

乡镇文化站从 20 世纪 50 年代开始建设，那时，从农村成长起来的文化人，对当年的文化站有着美好的记忆。花一分钱可以租一天图书杂志，他们的文学启蒙大多是从文化站开始的。那时的文化站往往是村镇中最热闹的地方，除了下棋、看书，还经常有人写字、画画、讲故事，村里最有文化的人都集中在文化站。

乡镇文化站建立后，做了大量的文化工作，成绩显著。他们积极组织开展图书报刊阅览、群众文艺演唱、美术书法、图片展览、电影放映、电视放映、幻灯放映，以及游戏、体育等活动；对生产大队、生产队的群众文化活动进行辅导；同时，不少文化站协助农村行政领导，对农村群众文化事业、民间艺人和文化个体户进行管理。文化站通过丰富多彩、生动活泼的文化活动，对满足广大农民群众文化生活的迫切需要，宣传党的方针政策，普及科学技术知识，推动生产发展等方面都发挥了积极作用。文化站的活动吸引了广大青少年，丰富了他们的文化生活，满足了他们学科学、学文化的要求，促进了后进和失足青少年的转变。许多农村群众对文化站工作感到满意，说政府为农民办了件好事；农村基层干部也说农村精神文明建设和生产发展，都有文化站一份功劳。据统计，截至 2005 年，全国已建立乡镇综合文化站机构 34593 个，占乡镇总数的 97%。

然而，从 20 世纪 90 年代开始，由于各种各样的原因，我国的乡镇文化站多数出现严重的困境：经营难以为继、名存实亡，甚至一度从农民的视线中消失，相当一部分乡镇文化站是"四无"文化站，即无人员（文化人员被政府长期调用）、无经费、无阵地、无活动，文化站是个"空壳"。

因此，曾经存在着对乡镇文化站的存废之争，甚至有的地方将乡镇文化站与别的部门合并，但是鉴于乡镇文化站在农村文化建设中的重要意义和地位，党中央、国务院颁布的《"十一五"国民经济发展规划纲要》和建设社会主义新农村要求中明确指出：要建设综合型的乡镇文化站，建设县（市、区）文化馆、乡镇文化站、农村文化室三级文化网，借此推动和促进农村文化事业的快速发展。从全国各地乡镇文化站的复兴中，我们可以看出该纲要对重建乡镇文化站的重要性。

19.2.1.2 湖北经验 从 2003 年年底开始，湖北省在探索乡镇综合配套改革的过程中，同步推进农村文化管理体制改革，将乡镇文化站由原来的公益性事业单位改制为市场化运作的实体，初步建立起"以钱养事""政府购买服务"的新机制，不仅使沉寂多年的乡镇文化站重新焕发生机，同时也破解了农村基层文化缺失的共性难题。其主要做法可以归纳为以下几点：

19.2.1.2.1 政府主导、社会参与、市场化运作。2003 年年底，湖北省在全面推开乡镇综合配套改革的同时，大刀阔斧推进乡镇文化体制改革，其基本思路是"政府主导，社会参与，市场化运作"，通过改革原乡镇文化站的投入机制、用人制度和服务方式，建立"以钱养事"，即"政府购买服务"的新机制。

文化站改革的主要做法是"人员竞聘，目标责任，合同管理"，形成乡村两级模式：乡镇文化站与政府脱钩，由事业单位整体转制，原有人员退出事业编制序列，脱离财政供养关系，同时建立全员基本养老保险制度，重新组建文化与体育、广播影视、科技推广、科普培训和青少年校外活动等于一体的综合文化站和文化中心。综合文化站承担乡镇公益性文化服务的职能，人员公开招考，竞争上岗，签订聘用合同，实行动态岗位管理。公益文化服务则实行项目合同管理，县级文化行政部门和乡镇政府分别作为聘用方或监督方，服务人员作为受聘方，三方共同签订年度服务项目合同，按合同进行季度和年度考核。县（市、区）、乡镇政府作为提供农村公益文化服务的责任主体，按照"财政出钱，购买服务，合同管理，考核兑现"的要求组织和督促落实。村组一级则按照"民办公助、一主多业"的思路，大力扶持农民自建"文化中心户"，由农民自主经营，县市以结对帮扶、对口援建、税费减免等方式统一挂牌扶持。"文化中心户"以公益性文化活动为主，另加一项或多项经营项目，如小商店、小作坊、小诊所、小餐馆等，相互补充促进。目前，湖北省农村文化中心户已发展到1 万多家，促进了农村"草根"文化的生长和发育。

19.2.1.2.2 坚持"四个保留"，推动实现"五化"。湖北省这一"吃螃蟹"之举，立即在全国产生了较大反响，并一度引发争议。改革之初，一些文化工作者表示担忧，文化站改制后，农村文化阵地会不会"弱化"，农村文化行政职能会不会被"虚化"。2005 年，《中共中央办公厅、国务院办公厅关于进一步加强农村文化建设的意见》下发后，湖北省委、省政府又进一步明确了乡镇文化体制改革的思路与具体操作办法，于 2006 年 11 月出台《关于进一步加强全省农村文化建设的实施意见》，既衔接贯彻了中央文件精神，又结合了湖北省乡镇综合配套改革的要求。

据湖北省委常委、宣传部长张昌尔介绍，为了保证农村文化阵地建设需要，湖北省在推进农村文化体制改革中，坚持对乡镇文化站做到"四个保留"：一是保留公益性文化服务职能，二是保留阵地，三是保留经费，四是保留文化站的牌子。

"四个保留"有效地保证了新机制的顺利实施，从而实现了"五化"：一是文化投资主体"多元化"。文化站在保持原文化设施功能的前提下，采取多种方式对现有文化设施进行改造、更新，盘活现有文化资源，同时鼓励和支持集体、个人采取多元投资的方式参与文化产业经营。二是公益性文化事业"订单化"。政府将节庆大型文化活动、群众文体活动，搜集整理民族民间文化艺术遗产等公益文化事业，制定目标责任书，与乡镇文化单位签订责任目标协议书，年终进行量化考核，并视任务完成情况，由政府买单拨付文化事业经费。三是文化队伍建设"社会化"。文化人才培养实行政府主导，社会主办，动员学校或文化专业人员开办文艺培训班，组织各种民间文化协会，走自我培养、自我发展的路子，同时积极引导和扶持民间文艺团体的发展。四是经营性娱乐文化"市场化"。政府有关部门制定了文化市场发展计划，大力培养多元文化市场主体，引导和培育农村文化市场，满足农村群众的文化娱乐需求。此外，鼓励新的文化站在履行公益文化服务职能的前提下，积极开展经营性文化服务。五是文化市场管理"规范化"。他们发挥乡镇文化机构人员责任心强、懂文化、熟悉政策的优势，各县（市）区文化管理部门和乡镇政府通过签订委托函，委托乡镇文化机构协助开展辅助性行政执法管理工作，明确管理办法、内容及权限，保证农村文化市场管理的经常化、制度化。

实践证明，乡镇宣传文化站是加强新农村文明建设的有效载体，也是提高农民文化素质，实现农村经济长足发展的重要阵地。建设规范化、制度化、经常化、效益化的乡镇文化站，对于促进新农村文化建设事业的发展具有长足深远的影响。

19.2.2　文化大院——河南探索

文化大院是指在乡镇、行政村建立的群众自娱自乐，开展文化活动的文化场所（大院），它包括文化活动中心、文化活动室、图书室、文化墙（即宣传栏、阅报栏）、健身器械及场所。从内容上看，文化大院和乡镇文化站有许多相似之处，但是实际上，农村文化大院更像是一种乡村式的公共文化场所，所有村民都可以在这里接受文化的熏陶。

河南省是在全国最先提出"农村文化大院"建设的，针对文化大院的建设与运行，河南省还专门出台了《河南省文化厅关于印发河南省示范文化大院标准（试行）的通知》（豫文社〔2006〕38 号）。文化大院可单独成院，也可与村委会共建共享。其中文化场所使用面积占 150 米² 以上。室内活动场所应包括图书室、阅览室、活动室、多功能教室等。室外活动场所应有 1 个占地面积 500 米² 以上的广场，建有 1 面文化墙（宣传板、橱窗）。图书室藏书 3 000 册以上，报纸杂志订阅 10 种以上，且常年开展借阅活动；活动室文体活动器材 5 种以上，其中有 1 种以上供业余文艺表演队伍使用的成套设备（器材）；多功能教室在 30 座（桌椅）以上，并配备有电视以及播放设备。室外一般应有 2 种以上体育活动场地和设备（篮球、羽毛球、乒乓球、门球等）。文化大院应集图书阅读、广播、宣传教育、文艺演出、科技推广、科普培训、体育和青少年校外活动等功能于一体，尤其在促进新农村建设、形成文明村风、巩固农村稳定等方面发挥重要作用。

河南许昌县是全国农村"文化大院"的发源地，目前，全县文化大院已发展到400 多座，几乎达到每个行政村一座。近年来，这个县的决策者通过调研更认识到，"文化大院"立足农村，服务农民，为农民所欢迎，也必将在建设社会主义新农村过程中发挥更大作用。为此，他们按照"因地制宜、量力而行、积极发展、注重实效"的原则，引导各村拓宽投资渠道，增强服务功能，进一步提高了文化大院的建设档次和水平。目前，这个县的农村文化大院大部分场地宽敞、设施齐全，都配备了图书杂志、电教设备、科普光盘、娱乐器材等，有 108 家"文化大院"还建起了篮球场、乒乓球室等健身设施①。

目前，以文化大院为依托，全县已发掘恢复龙狮会、曲艺队等民间艺术团体 170个，个体电影放映队和农民业余剧团 213 个，全县先后有 5 个乡镇获得"全省文化先进乡镇"，3 个村被文化部命名为"中州文化村"。

19.2.3 "农家书屋"工程——河南品牌模式

河南省"农家书屋"工程启动之际，有关部门的工作思路是从品牌化、专业化、标准化出发，服务新农村建设。在操作运行上则选择了从基层做起的切入点，从基层、从实践、从服务上，以最贴近农村农民的方式，寻求科学模式与运行机制，创建品牌与特色。他们的主要做法是：

19.2.3.1 以"品牌化服务"体现创新理念 为树立"农家书屋"服务"三农"、规范运作的良好形象，河南统一设计并赠给"农家书屋"具有浓郁文化特色和乡村特色的标志、图书印章、借书证以及书架书柜等设施，最终确定由鲁迅墨迹"农家书屋"为标志，并已在河南省和国家工商总局注册认证。

19.2.3.2 以"标准化装备""专业化书目"体现惠农服务 根据河南各地农村不

---

① 许昌，400 座农村文化大院 20 年薪传不衰，2006 年 01 月 20 日，新华网。

同的经济承受能力、人口资源状况以及风俗习惯等特点，河南出版集团和省新华书店设计了经济型、标准型、示范型的"农家书屋"标准化装备模式供农民选择。

19.2.3.3　以"协同规范的管理"建立长效服务机制　为确保书屋长期发挥作用，河南已在探索一种由各地宣传部、文化局、新华书店协同指导农村文化专业干部或村委会指定人员进行书屋管理的模式。许多县委宣传部还签订协议与考评办法，要求各示范村的书屋图书年流转借阅率在 5 次以上。同时，有效协同团省委、省农业厅、省扶贫办等部门定期开展读书竞赛书法比赛、科技讲座、技能培训、读书致富成果展等各类活动以激发农民读书、用书的积极性。

19.2.3.4　以全方位的品牌化服务赢得支持　"新农村书屋"以建设性的创新举措赢得了各级领导和新闻传媒的高度重视和大力支持，河南省委宣传部曾在 2006 年将其列为 2006 年河南省农村精神文明建设拟办的十件实事之一。2006 年 6 月 5 日，河南省文化产业发展和文化体制改革工作领导小组办公室编发第 37 期《简报》——《河南省新华书店新举措　建设"新农村书屋"　实现村村有书屋》；8 月 14 日，河南省人民政府办公厅编发 339 号《政府工作快报》："河南出版集团'新农村书屋'工程引起全国关注"，向全省通报；8 月 15 日，河南省委书记徐光春同志批示："'新农村书屋'工程是出版系统新理念、新境界、新思路的产物，希望把这一新事物办好，真正成为新农村建设的助推器、新农民培养的知识库。推广固然必要，如何做到'书屋'不倒、不散则更加重要，关键是要有长效机制。"

应该说，从品牌学角度观察"农家书屋"的品牌建设，其特征明显，具备了鲜明的品牌定位和品牌核心价值，已形成了长远的品牌规划。

19.2.4　农村文化低保工程——山西长治现象

《国家"十一五"时期文化发展规划纲要》最让人眼睛一亮的，是一个简练而形象的说法："文化低保"[①]。"农民生活有'低保'，文化也要有'低保'，即要有满足农民群众基本文化需求的最低保障"（周和平，2002）。

所谓"文化低保"工程，即以构建和谐文化为中心，以保障人民群众文化权益为重点，以"建"文化、"送"文化、"种"文化和"养"文化等举措为抓手，对有文化意愿而没有条件参加或有经济条件但无文化生活品位追求者的文化弱势群体进行有效

---

① 　国家文化部，国家"十一五"时期文化发展规划纲要，2006。

帮扶和引导，促进物质和精神双提高的文化惠民工程。"文化低保"对象重点是农民工、残疾人、五保户、五老人员、特困户、计生"二女户"、外来人员中有文化意愿而无条件参加者。这些人员都应享受基本的文化权利。

针对广大农业人口，以及远离乡土又无法融入城市文明的农民工这一群体，从基本文化权利保障的角度，铺设一条"文化低保"线，是非常必要的。它不仅仅是对低收入者的精神补给，对于提高国民素质和"幸福指数"、重建民族文化精神，更会起到很好的潜移默化作用①。

长治市地处山西省东南部太行山西麓，辖 10 县 2 区 1 市和 1 个高新开发区，有 325 万人口，其中，农村人口占 61.5%。截至 2006 年年底，长治市还有 835 个贫困村、困难村和近 30 万贫困农民。受经济条件、自然条件的限制，这些农村缺少最基本的文化设施，农民缺少最基本的文化读物、视听设备，不能参加最基本的文化娱乐活动，绝大部分村四五年没有唱过一场戏，没演过一场电影。就是一些经济状况较好的村，文化建设投入不足、文化基础设施薄弱、文化生活匮乏的问题也比较突出。根据 2006 年 11 月长治市委宣传部对襄垣县夏店镇的调查显示，这里农民人均纯收入虽然比全市农民人均纯收入高出 496 元，但近五年来，有 52.5% 的行政村文化建设投入为零；有 37.5% 的行政村平均一年看不到一场戏，50% 的行政村平均一年看不到一场电影（其中有 12.5% 的农村连续五年没有放映过一场电影）；有 90% 的行政村没有图书室，57.5% 的行政村没有文化活动室。村民度过空闲时间的主要方式是看电视、闲聊、打扑克和打麻将，甚至时有迷信、赌博现象。

农村文化生活贫乏的状况引起了长治市委、市政府的高度重视。根据《国家"十一五"时期文化发展规划纲要》和《中共中央国务院关于推进社会主义新农村建设的若干意见》的要求，长治市委、市政府于 2007 年年初提出实施农村"文化低保"工程。农村"文化低保"工程的提出和决策的形成给农村群众带来了实实在在的精神文化享受。据统计，截至 2007 年年底，长治市农村"文化低保"工程已为贫困农村送戏 857 场，送电影 5 038 场，送图书 24.6 万册，市、县两级财政共投入资金 579.786 万元，近 30 万贫困、困难农民开始不同程度受益。文化正在改变着农民的生活。以前，往往是"一个月忙、三个月闲、其余时间在赌钱"；如今，唱大戏、看电影、到"农民书屋"读书，已经成为新的时尚。"文化低保"工程因此受到了农民群众的欢迎，广

---

① 资料来源：山西日报。

大村民纷纷反映："文化也低保，是件新鲜事，是政府给咱办的一件大实事、大好事。"还有不少村民说："以前想找些种植、养殖技术资料什么的，要跑老远去新华书店。'文化低保'建立了农民书屋，真是太方便了"（中共山西省委政策研究室，2008）。

不少农民说实施"文化低保"之前是：村里实在没什么文化生活——早上听鸡叫、中午听鸟叫、晚上听狗叫；但是实施"文化低保"后，村里的文化生活可不一样了——早上听广播、中午有电视、晚上瞧电影。

19.2.4.1　长治市"文化低保"工程的具体做法

19.2.4.1.1　注重统筹规划，强化组织领导　为了确保工程顺利实施，长治市把"文化低保"工程纳入了《长治市"十一五"时期文化发展计划纲要》；2007 年的全市宣传思想工作会议把"文化低保"工程纳入全年宣传思想战线十大重点工作之列。为了切实加强工程的实施，成立了以市长任组长、宣传部长任副组长，市直宣传、文化、财政、农业、电影、图书等职能部门和单位主要领导为成员的长治市"文化低保"工程领导组，负责全市"文化低保"工程的组织领导和督促指导工作。

19.2.4.1.2　设立专项资金，严格专款专用　农村"文化低保"工程要落到实处，资金保障是关键。设立专项资金，纳入财政预算，确保低保资金按时足额到位。长治市农村"文化低保"工程所需资金全部由市、县两级财政拨付。全市农村"文化低保"工程从 2007 年实行开始，在"十一五"时期，市、县两级财政各按每年实际低保数额 50% 专项资金，列入财政预算。其中，每场戏补贴 4 000 元，每场电影补贴 100 元，图书人均补贴 6 元。并随着财政的增长，补贴额度逐年增长。2007 年按照全市农村"文化低保"工程确定的 835 个贫困村、困难村和 30 万贫困人口的需要，市、县两级财政共列支"文化低保"工程专项资金 564.1 万元，其中专项戏剧演出资金 334 万元，专项电影放映资金 50.1 万元，专项图书资金 180 万元。同时，严格把关、层层审核，确保"文化低保"工程资金专款专用。

19.2.4.1.3　整合文化资源，确保任务落实　长治市将全市演出团体、电影放映单位统一安排调度，形成团队优势，以工程项目为载体，以责任制为纽带，以实现目标为落脚点，全面铺开、整体推进，确保"文化低保"工程力量到位、任务落实。不但整合了文艺演出团体和电影放映队伍，而且要求市直剧团年内要下乡分别为每个县各演出 10 场以上，演出总场次要在 130 场以上。

19.2.4.1.4　搭建文化平台，创优文化环境　为了让"文化低保"工程有限的资源发挥出最大的效益，长治市努力搭建平台，创优环境。为了充分发挥资助图书的作用，在赠送农民图书的过程中，本着农民朋友"需要什么送什么、急需什么先送什么"的原则，确定了农民迫切需要的文明新风建设类和种养殖业、科技、文化、生活、法律、医药、卫生等共计 10 大类图书。精心挑选优秀传统剧目和容易吸引农民的电影片目，在时间安排方面，送戏避开农忙时节，选择乡镇庙会日、重要活动日等，放映电影则选择在周末学生放假的时候进行。

19.2.4.2　长治市"文化低保"工程经验总结

19.2.4.2.1　"文化低保"是促进城乡区域文化协调发展的有效途径　长期以来，城乡二元结构不仅造成了城乡物质生活水平的巨大差距，而且造成了城乡文化水平的巨大差距，使农民在面对知识经济、信息经济浪潮时束手无策，农村经济的抗风险能力极差。在新的历史时期，这种城乡差距还有进一步扩大的趋势。加快农村和谐社会建设，实现文化大发展大繁荣，在下大力气解决城乡发展不协调问题的同时，必须解决农村经济文化发展不协调的问题。实践证明，农村"文化低保"工程是促进农村经济文化协调发展的一个较好的切入点。

19.2.4.2.2　"文化低保"是建设和谐文化的重要内容　和谐文化是以崇尚和谐、追求和谐为价值取向的文化精神、文化理念。在现阶段由于经济等因素的制约，我国广大农村还有相当一部分群众仍处于文化贫困中，文化生活也存在明显的不公平现象：一部分人文化生活比较丰富，受教育程度较高，能够享受高水准的文化消费；另一部分人则文化生活相当贫乏，受教育程度低，几乎与文化生活无缘。没有弱势群体文化生活的丰富，建设和谐文化就无从谈起。实施"文化低保"工程，可以有效消除文化贫困、维护文化公平，有效保障基层群众、困难群众的基本文化权益，引导人们用和谐的思想认识事物，用和谐的态度对待问题，用和谐的方式处理矛盾，在全社会培育和谐精神、倡导和谐理念，促进农村的和谐社会建设。

19.2.4.2.3　"文化低保"是丰富基层群众文化生活的重要载体　近几年来我国经济快速发展，人民生活水平有了较大程度的提高，而与之相适应的精神文化需求还相对滞后，一些群众性文化艺术组织长期没有基本的办公场所、办公经费，基本处于瘫痪或半瘫痪状态，特别是在一些山区和集体经济相对薄弱的村组，文化基础设施、文化读物更为贫乏，群众性文化活动无法正常开展。实施"文化低保"工程可以有效地缓解文化艺术组织办公场所和办公经费紧缺的问题，充分发挥其职能作用，不断丰富群众的文化生活；指导、援助或活跃偏远山区和村组群众的文化生活，为低收入群体提供精神补给，为提高广大群众的整体素质和"幸福指数"、构建群众精神家园、重塑民族文化精神起到积极的推进作用。

19.2.4.2.4　"文化低保"是改善基层演出团体生存环境并促其健康发展的重要举措　在社会主义市场经济条件下，各类基层演出团体如何生存和发展，一直是困扰我们的一个难题，特别是随着财政体制的改革变化，基层演出团体列入"差额预算""自收自支"事业单位以后，大都陷入惨淡经营，不少县级剧团因之销声匿迹。而实施"文化低保"工程的实质，是政府通过购买服务的方式，满足广大贫困农民基本的文化消费，这就使农村演出市场形成了稳定和正常的供需关系，从而改善了县级演出团体生存环境，并促进其健康发展。目前，得益于"文化低保"工程的带动，长治市、县两级 22 个演出团体阵容整齐，演出活跃，经营景气，为农村文化产业的发展繁荣壮大了市场主体。

总之，"文化低保"工程是保护好、实现好、发展好人民群众基本文化权益的重要措施，是加强农村文化建设的切入点和基本内容，对提高农民素质，推进新农村建设发挥着重要作用。人们殷切期待"文化低保"更多地走进寻常百姓的精神生活，期望"文化低保"的阳光照亮农村的每一个角落，以优秀的文化浸润和影响新一代农民，为全面提高农民文化素质、培育新型农民、推进新农村建设发挥更大的作用。

19.2.5　河南宝丰农民争取"文化饭"

文化资源是可再生、可创造的资源，在每一次的开发中都可以增值和创新。关键是要用经济的眼光，站在产业发展的角度审视、梳理和整合文化资源，并发展壮大成为一种"新经济"。河南宝丰县就是一个典型。该县民间表演团体的影响力以赵庄乡为中心迅速辐射到其他乡镇，全县很多农民依靠"艺术致富"甩掉了"穷帽子"。目前，全县有魔术、小品、杂技、歌舞、武术、气功等民间表演团体 1 200 余家，民间艺人 5 万余人，占全县总人口的 1/8，全县出现了一批民间艺术专业村、专业户，拥有 50 个以上团体的民间艺术专业村就有 5 个。全国民间艺人有近 10 万，宝丰就占了一半多，全县有 5 万多农民吃上了"文化饭"，农民艺人年收入超亿元，占当地农民人均纯收入的 70% 以上，被文化部称为"宝丰现象"。

"宝丰现象"不仅是农村演出市场繁荣活跃、民间艺术产业前景无限的有力佐证，而且也凸显出民间职业演出团体在由自发向自觉的跃升过程中，对突破自身种种局限、探索长远发展的强烈愿望。为此，在加强农村文化市场建设，弘扬和保护民族民间艺术的主旨之下，各地可以通过培训学习、实地观摩及论坛研讨和座谈会多种形

Shennong
Series

式，多角度、立体化地为挖掘和抢救民族民间艺术，开发民间艺术资源，建立民间艺术市场运作机制，使民间艺术成为经济发展和社会进步新的支撑点，进行了一系列具有开拓意义的工作。

19.3 中西部地区农村典型文化存在的问题

19.3.1 农村文化供给不足，投入乏力

目前城乡文化工作发展欠协调，特别是农村文化建设"动作"不大。在一些地方，农村文化工作"提起来千斤，放下去八两"，不受重视。乡镇文化站基本上是"空壳"。有些乡镇文化站没有基地，没有设施，没有文化用品（书籍、报纸及体育器材等）；有些文化站财产被乡镇政府卖掉或出租干其他事；有些乡镇文化站工作人员被拉去"打杂"，干些"不务正业"的差事；还有些乡镇把上级拨给文化站"以钱养事"的钱挪作他用。

农村文化设施总体上处于数量不多、设施陈旧和经营不善的状态。除了一些经济较发达的地区外，许多地方的农村文化建设可以说是空白，虽然建有文化站，但是没有专职的工作人员，没有专门的活动场所，致使文化站相应的文化活动被迫停止，文化站工作处于瘫痪境地。

笔者在河南嵩县调研时也发现，不少政府主导的农村文化大院或农家书屋甚至沦为村委会领导班子几名成员的私人财产了，因为不少文化大院是与村委会建在一起的，平时不对外开放，只有村委会成员们才有机会看到。

实际上，不止是农村文化大院一项，无论是农家书屋、"文化低保"，还是乡镇文化站，由于长期以来存在的体制和机制弊端，以及严重的以钱养人现象，使得政府和民间的大量投资未能实现初始效果。农家书屋成私人牟利工具、农村文化大院成少数人特权，等等，这些绝非个人现象。

归结起来，这种现象的根源在于养人的农村文化运行体制。县乡文化部门在"养人"式农村文化运行体制中，根本就没有能力和积极性为农民提供文化服务，致使乡村文化体系"空壳化"。特别是大多数农村基层文化部门的工作人员，不懂农村文化为何物，业务素质低，其从事文化工作的主要原因是希望拥有一个编制和身份。在财政包干体制下，县以上的文化管理部门由于经费紧张，又极力养人，以至出现把国家投入的文化设施租借出去作为娱乐场所来维持职工生存的现象。这种文化体制是一种

典型的养人体制，不能为农民文化生活带来福利。农村文化体制与农村的市场经济越来越不相适应，阻碍了农村文化事业的发展，成为阻碍农村文化发展的瓶颈。

19.3.2　投入与产出比例不协调

"文化低保"作为一项政府文化扶贫工作，自2006年来在全国不少地方开展得十分火热，但是一些地方的"文化低保"工程建设的结果却是农民利益没照顾上，不少亏损、濒临倒闭的单位却起死回生了。

山西长治市"文化低保""送戏下乡"的机会，大部分给了各县剧团，各县电影公司的放映队负责送电影下乡，每演一场电影可获补助100元。据媒体报道，长治市开过"文化低保"会后，平顺县也开了文化工作会。县委书记在会上说，县里每年要给剧团10万元，再给8个全财政指标，10个半财政指标。这下农民的文化享受还没开始，倒把剧团的人乐坏了。剧团该缴的养老金以前一直没缴过，要想缴，得补100多万元，现在一搞"文化低保"，养老金也能缴了。

类似这种专项资金被挪用的现象，在农村文化建设中极为普遍，这也表明了农村文化建设中出现的资金问题，在许多环节都存在着脱钩现象。

这种现象则源于政府建设"文化低保"工程中的机制问题，即政府出钱，请文化部门和文化团体为农民办事，造成投入者（财政）无法监督，受益者（农民）无权监督，这种机制不改，财政投入再多也没有效益。

19.3.3　供给迎合农民口味的民间投资力量薄弱

笔者在山西忻州调查时看到，在忻府区东楼村有两个文化大院，属于政府投入的文化大院实际上仅仅是一个图书室，而且图书多为20世纪七八十年代的过时图书，有的甚至是五六十年代的图书，随手翻看一本，竟然有时隔几十年的中小学生模拟试题。除了应付上级各级政府检查的日子，图书室就是一个小卖部，书架上堆满了各种日用品，图书则散落在地上。

而在同一村的由退休干部张林郁创办的文化大院则是另外一种景象：图书分类细致，有农业科技类、子女教育类、小说类，还有十来种报纸、杂志，充分满足了农民的阅读需求。张林郁老人还针对本村在读学生创办了"文化长廊"，从儿歌到文学常识，让在读学生大开眼界。而且，他还将农闲时节的农民组织起来进行扭秧歌等文艺表演，深受农民欢迎。

不过，让张林郁老人烦心的是，因为他坚持为农民提供实用、趣味图书，而且每年要订阅多份报纸，一年下来少说也要三五千元，这对退休金并不高的他来说，是个很大的经济负担。他希望有关企业或机构能给予支持，让这个农村文化大院长久地存在下去。

笔者在山东、河南等地调研时也发现了不少类似情况，如有的个人创办的农村文化大院、农家书屋等起初红红火火，但由于缺少后续的资金支持，多数都不了了之。

19.4 中西部农村典型文化现象的启示

19.4.1 体制方面：转向市场运行机制

从 2003 年年底开始，湖北省在 7 个县市区开展乡镇综合配套改革试点，对乡镇"七站八所"进行大规模合并、撤销或转制，乡镇文化站则脱钩转制成为自收自支、企业化经营的经济实体。由于乡镇文化站是国家明文规定的公益性事业单位，因此，湖北省这一在全国带有"吃螃蟹"意义的改革探索，引起了人们的广泛关注。

湖北省按照"职能不变、阵地不丢、经费不减"的原则，推广"养事不养人"的机制改革乡镇文化站体制。新设立的乡镇文化中心实现了公益性文化事业"订单化"、文化阵地建设投资主体"多元化"、文化队伍建设社会化、经营娱乐性文化项目"市场化"、文化市场管理法制化，农村文化建设开始形成新的发展机制和格局。政府改变对文化机构的投入方式，实行公益性文化事业项目采购，变人头经费为事业经费，变"养人"为"养事"和"养项目"。改革带来了农村文化工作的深刻变化，改制后的各文化中心在切实履行公益文化服务职能的前提下，积极开展经营性文化服务，改过去的"等"事做为"争"事做。

从长远来说，要把市场机制和政府行为结合起来。作为开拓农村出版物市场的一部分，办得规范的"农家书屋"允许出版物经营，以最便宜的价格批发给他。有一个地方的"农家书屋"，一个月收入有四五百块钱。如果有这个机制，一年有一些收入，既可以保证管理人员的报酬，还能有一些结余。通过这样的办法使"农家书屋"长期存在下去，而且常办常新。

湖北改变乡镇文化站的运行机制和体制，取得了意想不到的效果，再次以实践证明了将农村文化建设以市场化运作的可行性和显著效果。这对作为新兴事物的"农家书屋"工程来说，是个很好的借鉴。

19.4.2　投入方面：鼓励社会力量捐助和兴办公益性文化事业

实践证明，来自民间的投资更有力量和长久。目前，农民追求丰富多彩的文化生活的愿望日益强烈，仅仅依靠政府加快建立农村文化公共服务体系，丰富农民的文化生活，对于缓解当前农村文化短缺、建立"农民本位"的农村文化是不够的。创造条件，动员社会力量，激活民间资本投入农村文化建设，将会成为农村文化建设的主力军。针对一系列政策导向，一些地方开始尝试引入社会力量创新农村文化建设新机制，积累了一些经验，对于引入社会力量发展农村文化机制设计有很强的借鉴作用。

河南省镇平县通过政府投资一部分、县直有关单位帮衬一部分、村里筹集一部分的方式，积极发动企业家回乡投资建设文化公益事业，先后在全县建起了 175 个文化大院。每个乡镇、村还以农村文化积极分子和文化能人为基点，让民间资本参与基层文化建设，变"送文化"下乡为"种文化"到村，培养长期扎根农村的文化队伍，如今该县已培育出民间剧团、乐队、秧歌队、锣鼓队等业余文化团体 1 000 余个，演艺人员达 5 000 多人，有效弥补了"文化下乡"密度上的不足。

19.4.3　管理方面：建立"两条腿走路"的农村文化管理体制

我国农村文化的供给和管理一直以来都是以政府为主导，中央政府转移支付大量资金，或者层层下达指标到乡镇政府，对农村公共品供给和管理上给予支持并提出要求，最终带来的是价廉质劣的文化供给及服务，甚至导致公款挪用、无影无踪。

此外，政府机构在提供和管理农村文化时，效率低，从建到管，大多地方政府执行上级要求时，"利益"和"政绩"等行为突出，建和管考核指标少甚至没有考核指标，成了典型的农村文化"输血"，输血后如何有效管理，许多地方政府显得极其茫然。

要改变现状，就应当建立"两条腿走路"的农村文化管理体制，就像湖北和江苏让乡镇文化站与政府脱钩，面向市场，自主经营，自负盈亏一样。因为，不论农村文化体制怎么改革，农村文化市场怎么发展，政府在文化建设中的主导作用，只能加强，不能削弱，要做到既不包办，也不缺位。另外，以上文化典型应按照企业化、社会化、市场化的要求，转变为企业化的经济实体。这样不仅可以增加政府对文化事业的投入，还能拓展文化站的功能和生存空间，由过去单向接受政府投资、组织文化活动，转变为争取多渠道投资，大力开展各类文化艺术活动，向农民奉献丰富多彩的

"文化大餐"，满足当前农民多元化的精神文化需求。

19.4.4　参与方面：鼓励作为受众主体的农民参与

2007年文化部教育科技司组织"关注农民文化需求"调查，结果显示：67.89％的农民不参加或不常参加文化站组织的活动；有的地区这一比例更高达91.3％。这种本应属于农村文化却与农村格格不入，非"农民本位"的农村文化建设应该叫停，但这种情况在全国却屡见不鲜。

农民是农村文化建设的主体，也是需求中心，是文化建设的参与者和服务对象，是农村文化建设成败的关键。农村文化建设的目标、内容必须从农民需求出发，反映农民要求，吸引农民参与，建设成果要让农民来评判。只有这样，才能真正调动起农民在农村文化建设中的积极性，发挥农民的主观能动性，文化资源才能真正被有效地配置到农民实际需求的地方去。"一头热"式大包大揽的做法，很大程度上难以满足农民的真正需求。

在河南调研时，当我们问及农民需要何种文化娱乐形式时，农民们的回答是没见过、没接触过，因此不知道何种文化适合自己；而当问到集体组织相关公共文化活动，愿意做参与者还是观看者时，多数人的回答是愿意做参与者。因此，建设新农村文化，农民的参与意识是很强烈的。

农民是农村文化建设的主体，所以推动农村文化发展的关键是让农民成为农村文化建设的真正主体。当前，政府和学者们都认为发展农村文化事业就是增加投入，让政府多投钱来促进农村文化的发展，殊不知，这只是一种救世主的心态，农民并不是政府和学者们心中的建设主体。事实上，农民开展文化建设既有热情，又有信心，也有能力办好。

19.4.5　文化建设项目要切合农民需求

"我们农民最想的就是看看书、读读报、学学技术，可是没有场所，没人指导，闲得无聊的我们不打牌、喝酒，又能干些什么呢？""虽然村里有一个阅览室，但里面的几本破书已经看了好几遍，大家都没兴趣，一到晚上心里都闷得慌。"近年来，江西安远县农村经济得到了快速发展，农民的吃、穿都不成问题。农民最关注、最需要的是什么呢？江西安远县委宣传部组织文化、科技等部门进行走访调查，发现许多农民最关注的就是业余文化生活。把准农民的脉搏之后，安远县把创建农村文化大院作为农村宣传思想工作的重要内容。

　　农村文化大院能否真正发挥作用，让农民满意，还必须开展形式多样的文化科技活动，以看得见、摸得着的变化和成效增强吸引力和凝聚力。该县发挥赣南采茶戏发源地、中国楹联之乡的优势，组建楹联学会、采茶剧演出队等县、乡、村文化文艺团体89个，以身边事、身边人为题材，开展采茶戏演出、楹联书作等活动，在寓教于乐中引导农民见贤思齐、锐意进取。凤山乡凤山村农村文化大院每月举办"致富论坛"，组织依靠种菇先富起来的农民现身说教，如今，该村80％以上的农民种了小蘑菇，户均年收入突破4万元，成为小蘑菇生产示范村。欣山镇下庄农村文化大院开展了"学政策、学科技、学法律、学市场经济知识"的"四学"活动，向农民传播新理念和新知识，培养懂科学、懂市场、守法纪的新型农民，使该村成为小有名气的种果专业村。

第 20 章　新农村文化建设机制研究[①]

20.1　农村文化的机遇与问题

20.1.1　战略机遇——农村文化得到高度重视

文化是国家和民族的灵魂，集中体现了国家和民族的品格。文化的力量，深深熔铸在民族的生命力、创造力和凝聚力之中，是团结人民、推动发展的精神支撑。五千年悠久灿烂的中华文化，为人类文明进步做出了巨大贡献，是中华民族生生不息、国脉传承的精神纽带，是中华民族面临严峻挑战以及各种复杂环境屹立不倒、历经劫难而百折不挠的力量源泉[②]。

文化产生于社会生活，同时也反哺于社会生活。从深层次考究，文化影响着人们的生活和生存方式、社会发展进路、社会规则的制定等。发扬我国传统文化中的优秀成分，使其成为新农村建设的助推器是当前备受关注的话题。党的十六届五中全会审议通过《中共中央关于制定国民经济和社会发展第十一个五年规划的建议》（以下简称《建议》），明确指出建设社会主义新农村（以下简称"新农村建设"）是"我国现代化进程中的伟大历史任务"，是"立党为公，执政为民"的具体体现，也是贯彻科学发展观、构建和谐社会的必然选择。"生产发展、生活富裕、乡风文明、村容整洁、管理民主"是新农村建设五大具体任务，大力加强新农村文化建设是新农村建设的关键所在（辛秋水，2006；温铁军，2005；贺雪峰，2005；刘湘波，2006；余方镇，2006；仝志辉，2006）。以新农村建设的难点在农村这一论断为突破口，实行工业反哺农业、城市反哺农村，农村文化作为农村发展的一个指标，也迎来了发展的历史机遇。

20.1.2　农村文化存在主要问题

20.1.2.1　农村文化日渐式微　在现代化发展进程中，经济的发展是国家一个时期的追求，寻求经济发展，追求 GDP 指标，成为工作重心。在这种片面追求经济建

---

① 执笔人：慧卫刚。
② 《国家"十一五"时期文化发展规划纲要》，2006 年。

设的环境下，各级政府形成一种压力型体制关系，上级政府对下级政府的考核多注重于经济发展指标，以至于对农村文化建设关注不够。这表现在：地方政府对农村文化建设的投资太少，农村公共文化设施的建设滞后，政府在农村文化活动上组织力度不够。在农村税费改革之前，乡镇文化站主要围绕乡镇政府所谓的"中心"工作（如收费征税、计划生育等）而运转，几乎没有将精力放在农村文化服务上；农村税费改革以后，现有乡镇财政在只能勉强维持单位人员工资的情况下，农村文化建设方面资金投入更是捉襟见肘；加之农村文化发展很难在短期内彰显政绩，以至农村文化发展在农村基层政府的工作中处于边缘化状态（吴理财，2006），主要表现为：一是政府供给的农村公共文化资源严重匮乏，部分村庄的公共文化阵地被寺庙、教堂所占领；二是政府组织的公共文化活动不但数量少，而且极少针对农民的文化需求开展农村文化活动；即使举办了一定的文化活动，也主要限于节庆等特定场合，或者是为了满足政府经济活动（如招商引资）方面的需要，而不是为了满足农民日益增长的文化需要。正是在这种情况下，农村文化工作的"边缘化"，以及一些地方乡镇机构改革中乡镇文化站的"虚设"，导致了农村公共文化服务的严重匮乏，难以满足农民日益增长的、文明的公共文化生活的需要。

20.1.2.2 农村文化陷入贫困 贫困文化的概念由美国人类学家刘易斯（O. Lewis，1959）最早提出[1]，他将文化贫困视为穷人贫困的根源，并将之解释为穷人的一种生活方式。布尔迪厄（P. Bourdieu）在《世界的贫困》中阐述道，穷人的窘迫往往源于他们没有选择，而没有选择的主要原因之一是穷人在市场竞争中缺乏必要的文化资本。而 D. P. Moynahin[2]（1969）认为这种文化的缺失会形成恶性循环。生活在贫困中的人，受贫困文化熏陶，缺少上进的动力，环境也难使他们有较高成就，而低的上进心使受教育机会少，缺乏竞争能力，因此，处于社会底层，同时低的收入使他们更贫困。而独特的贫困亦形成一种文化，哈瑞顿（1962）亦认为，由于文化的传承性，贫困易形成恶性循环怪圈[3]。他们对人类贫困现象的研究从根本上实现了贫困

---

① 贫困文化（the culture of poverty）的概念最早是由美国的人类学家奥斯卡·刘易斯（Oscar Lewis）于1959年在其著作《五个家庭：关于贫困文化的墨西哥实证研究》一书中提出的，他认为社会文化是贫困问题产生的重要原因，穷人之所以贫困和他的价值观念有关，即和农民自身的生存伦理和道德评价体系有关。

② 参见 D·P·莫伊尼汉著《认识贫困》，基础图书出版公司，纽约，1969年。转引自李强主编：《中国扶贫之路》，第17页，云南人民出版社1997年版。

③ 转引自周怡：贫困研究：结构解释与文化壁垒，社会研究，2002年第3期。

解释框架的重大转变，实现了从贫困现象的结构解释转向了文化解释。文化贫困是一个多层次、多内涵的丰富概念，是相对于社会发展、进步及其要求而言的动态范畴。黄蔚（2004）认为，中国农村经济、政治、文化发展滞后，是制约农民增收、农村全面建设小康社会的根本原因。而贺雪峰（2006）则认为，物质文化盛行与农民物质需求不能得到满足的两难现状长期存在导致农民精神贫困加深。农村的贫困，更为根本的贫困是精神贫困。贾俊民（1999）在《贫困文化：贫困的贫困》中，则详述了中国贫困文化的各种具体特征。简单概括为：听天由命、消极无为的人生观，安于现状、好逸恶劳的幸福观，不求更好、只求温饱的消费观，老守田园、安土重迁的乡土观，小农本位、重农抑商的经济观，"等、靠、要"的度日观等。综合上述学者的研究，我们认为，农村文化贫困和贫困文化的存在制约了农村地区的自主创新，农村经济的发展首先是农村文化的自主创新所引致的价值观念的革新和农村社区价值观的统一。

20.1.2.3　农村文化阵地濒临失陷　后税费改革时代，实行税费改革后，基层政府财政收入骤减，使原本已经负债累累的农村文化事业无人管理，农村文化出现真空地带，非正义文化（比如封建迷信、赌博、非正式宗教活动等）逐渐侵入，引发农村文化市场的混乱及一些深层次社会问题。这种现状引发国内不少学者投入到对农村文化现状的研究中去。《瞭望》记者日前走访陕北、宁夏、甘肃等地发现，在西部部分农村地区，各种地下宗教、邪教力量和民间迷信活动正在快速扩张和"复兴"，一些地方农村兴起寺庙"修建热"和农民"信教热"，正在出现一种"信仰流失"，并有愈演愈烈之势（路宪民，陈蒲芳，2006）。比如，针对江苏、河北、西南山区、山东青岛、河南、湖北、辽宁及东南沿海农村等地的调查表明，宗教在当地农村发展较快。多位受访的专家和基层干部都认为，农村"信仰流失"的出现，是一些农村基层组织薄弱、文化精神生活缺乏的表现，并有可能成为产生社会新矛盾的土壤。因此，重视农村居民的精神文化生活，增强基层组织的社会组织能力，探索新时期群众工作新思路，应成为我国新农村建设的重要组成部分。农村思想文化建设亟待加强，要用文化去抓住老百姓，创造文化氛围，形成主流文化场，提供丰富的文化产品。

周林刚（2006）等学者对农村目前势头越演越烈的六合彩问题进行研究发现，近些年来，在全国20多个省（市、自治区）的农村地区兴起了一股地下"六合彩"的赌博之风，与新农村"乡风文明"的要求格格不入，亟待改变。另外，农村社区还存在打架斗殴、道德观念下滑等种种现象，引起学者的普遍关注。农村文化阵地迫切需要先进性文化的指引，而这些深层次问题的存在仅仅靠政府组织的有限的"文化三下

乡"等显然是不够的，迫切需要农村文化的自主创新，从而促进农村社区的自我
发展。

20.2　政府发展农村文化的措施

20.2.1　我国农村文化的发展模式

新中国成立以来，我国社会经历了新民主主义向社会主义初级阶段的过渡，社会
主义初级阶段的计划经济体制，改革开放后计划经济向市场经济的转型和社会主义市
场经济体制四个发展阶段。作为时代的反映，文化自然也不能跳出时空的局限，至于
今天所提出的文化发展战略，不免存在"路径依赖"。时至今日，文化建设滞后于经
济建设，使现实社会中存在着不少不着边际的假话、空话、大话；难以面对和回答的
现实中层出不穷的新情况、新矛盾、新问题；难以为广大人民群众所理解、接受的行
为。新中国成立后文化建设的经验教训告诉我们：文化建设的成功与否、成效如何，
从根本上取决于文化建设的内容能否正确反映一定历史发展阶段的社会经济、政治状
况和发展趋势，能否正确反映人民群众的利益、愿望和要求，能否代表大多数人的最
大化利益。因此，正确认识文化建设所处的社会发展阶段，立足于现实国情，是切实
搞好现阶段我国农村文化建设的前提和关键。图 20.1 是我国农村文化发展的模式比
较，从中可以看出我国农村文化发展的历史及方向。

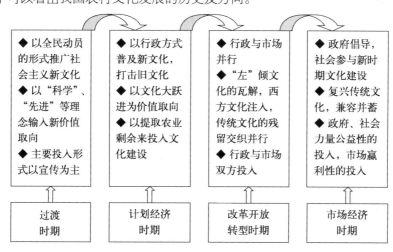

图 20.1　我国农村文化发展的模式

从这个模式可以看到，以政府、市场、社会力量三方参与的文化建设模式正在推行，其所代表的时代重音是以人为本，突出人的全面发展，保障农民作为公民的文化享有权与参与权，其实现途径是国家的投入、政策扶持与引导，农民参与和社会资源的整合。

20.2.2 新时期政府的举措

政府主导的重点建设项目有：

20.2.2.1 农村文化设施和重点工程建设 加快欠发达地区综合文化站的改扩建和农村危旧公共文化设施的改造，实施农村文化重点工程建设，改善、提升农村公共文化基础设施条件和服务水准。加快"广播电视村村通"工程，推进广播电视进村入户，为广大农村地区提供套数更多、质量更好的广播电视节目。推动农村电影放映工程，加快推进农村电影数字化放映，加强农村电影院更新改造，增加固定或流动放映点，基本实现全国农村一村一月放映一场电影。逐步完善乡镇综合文化站建设，在欠发达地区新建、改扩建综合文化站，配备必需的设备，完成对农村危旧公共文化设施的改造。实施流动综合文化服务车，为县乡配备流动文化服务车、流动电影放映车，开展集影视放映、文艺演出、图片展览、图书销售和借阅、科技宣传为一体的流动文化服务。

20.2.2.2 文化资源向农村的倾斜 中央和省级党报、党刊、电台、电视台加大农村和农业报道的分量，增加农村节目、栏目和播出时间，开办农村版和农村频率、频道。加大对农村题材重点选题的资助力度，把农村题材纳入舞台艺术生产、电影、广播剧和电视剧制作、各类书刊和音像制品出版计划，保证农村题材文艺作品在出品总量中占一定比例。政府补贴重要文化项目和文化产品，购买适合农村的优秀剧本版权，免费供给基层艺术院团使用、改编并为农民演出。加强"三农"读物出版工作，开发出版适合农村经济社会发展，农民买得起、看得懂、用得上的音像制品和图书等各类出版物。实施"送书下乡"工程，重点面向西部地区国家扶贫开发工作重点县的图书馆和乡镇文化站、农村文化室配送图书。县（市）图书馆逐步形成统一采购、统一编目的图书配送体系，充分发挥县图书馆对乡镇、村图书室的辐射作用，促进县、乡图书文献共享。通过援赠设备器材和文化产品、共享文化资源、业务合作、人员培训、工作指导等方式，通过东部地区对西部地区、城市对农村开展"一帮一"对口支援活动，帮助农村解决文化产品和服务相对缺乏的问题，支持其文化建设。在"三支一扶"等活动中动员大学生参与、带动、丰富农村文化。

20.2.2.3　扩大公共财政覆盖农村的范围　加大财政投入，保证一定数量的中央财政转移支付资金用于乡镇和村的文化建设，文化领域新增加的财政投入应主要用于农村。据文化部统计，截至 2007 年，全国已建立乡镇综合文化站机构 34593 个，占乡镇总数的 97%①。保证文化馆（站）开展业务必需的经费、基层公共图书馆购书经费、广播电视发射转播台正常运转必需的经费、"广播电视村村通"运行维护经费和农村电影放映补助经费。建立健全基层文化单位的评价体系，将服务农村、服务农民作为基层文化单位工作的重要考核内容。

20.2.2.4　普及文化知识　在农村广泛开展人文社科、文艺欣赏、法制、科技卫生等基础知识的普及工作。加强村镇文化建设，推动文学、戏剧、音乐、舞蹈、曲艺、雕塑、绘画、工艺品、风俗、技艺等到农村。高度重视农村义务教育阶段的文化普及教育，使广大中小学生掌握基本的文化常识和传统文化技艺。重视传统节日、重大节日中文化成分的督导与宣传，组织文艺工作者深入基层演出，鼓励和支持专业艺术院团、民间艺术团体开展群众性文艺辅导或展演活动。

20.2.2.5　支持公益性文化事业　引导和支持兴办图书馆、博物馆、文化馆等，在用地、税收等方面给予政策优惠。社会力量通过依法成立的非营利公益性组织和国家机关向公益文化事业的捐赠，纳入公益性捐赠范围。动员城市单位、居民以各种方式捐赠电视机、收音机、计算机和农民群众需要的图书杂志、音像电子出版物等。鼓励权利人许可基层文化单位无偿使用其作品或音像制品。机关、企业、学校的文化设施要尽可能向社会开放，积极开展文化服务。

20.3　政府农村文化发展机制的问题

政府力量无法在广大农村设计出文化进步的捷径，政府在提供公共品服务社会时，往往倾向于"中位选民"的偏好，不可能在质和量方面满足各方面的需求。社会多样性的发展，人类价值观和需求的多样性，传统第一种力量无法单独满足这种多样性需求。市场能力更是无法完成（李长健，2006）。农村文化的严重缺失，给我国经济

---

①　数据来源：IUD 中国领导决策数据分析处理中心，农村文化投入严重不足，人均文化事业费仅 1.48 元，数据中国，2008 年 8 月第 30 期。

社会发展带来很大的影响，部分地方出现发展后劲不足，增长无力，党和政府在农村的影响力日渐下降等现象。

面对农村文化问题的逐渐凸显，政府也拟定了一系列农村文化发展方案，但缺乏针对性，只是按照一种很自我、想当然、非农民本位的思路去提供农村文化，对于解决当前农村文化突出的问题及发展的长效性问题力度有限。

20.3.1　缺乏基层政府文化供给的激励机制

郭熙保（1995）将农村公共产品的供给不足归因于家庭联产承包责任制缺乏对公共产品的投资激励。张军（1996）从制度变迁的角度分析改革开放前的集体农作制向家庭联产承包责任制的非集体化方向转变诱致了农村公共产品供给机制的变化，一些原来由国家供给的公共产品部分转化为俱乐部或私人产品。林万龙（2000）的研究也表明，并不是家庭联产承包责任制的实施带来了农村公共产品供给方面的问题，而是由于家庭联产承包责任制的实施，原有的公共产品供给制度不再适用了。

从政府对地方官员的考核制度来分析，抓经济建设有明显的杠杆和目标，且考核办法具体，文化很少有量化指标，这就造成地方官员刻意追求经济指标的提高，即便是造假也在所不惜，而对文化建设则长久忽视，甚至置之不理。虽然从中央到地方都强调"两手抓"，但真正落实到农村，特别是边远地区的农村，农村文化建设就显得比较疲软，这是没有建立有效激励机制造成的。在已有的政府对农村提供的文化公共品制度上可以看出其所存在的三种弊端：一是先城市后农村，尽管国家用于农村文化公共品的投入在绝对量上逐年增加，但农村文化公共品的普及率还远远落后于国家发展水平。二是对于本应由地方政府提供的公共品没有提供，本是农民自身急需的公共文化品却因不能出政绩或是官员个人偏好而错位，给农民的，往往是政府部门的一厢情愿供给，农民并不买账。三是更深入的研究表明，城乡公共产品供给制度的差异性实质上是具有深厚历史延续性的城乡关系、城乡差别以及国家与农村、农民的关系状况等深层逻辑在制度设计和政策配置上的反映。这些从根本意义和基础性层面架构了当前农村公共产品供给的问题指向（李海金，2007）。

过去的农村文化活动并不单调，少数民族地区尤为明显，只是在现代环境的长期忽视下，许多民间文化才走向衰落。我国的民间舞蹈、戏曲、歌曲本来就来自农村，都是农民自己创造的成果，千百年来农民一直靠这些文化自娱自乐。如今，农村似乎成了被主流文化遗忘的角落。以农民热衷的电影为例，农村题材影片在 20 世纪 80 年代极为红火之后，便日渐衰颓，只能靠些许政府的专项资金资助勉强维持，却难以走向电影市场，也就更难让农民观览。环顾中国农村文化建设，这样的"难堪"，还在经常上演。当然令人欣慰的是，国家高度重视农村的文化建设，发了专门文件，也加大了投入。同时我们热情寄望于"一切有理想有抱负的文艺工作者"，寄望于他们"关心群众疾苦，体察人民愿望，把握群众需求"，为亿万农民创作，让文化垃圾无处立足。

20.3.2　政府农村文化供给力度欠缺

在城市，文化中心、学校、医院、图书馆等公共文化设施要由国家来提供，而农村的同类文化设施主要靠农民自身解决，因而农村出现了各种各样的由农民自己想方设法满足精神需求的现象，如赌博、拜神，甚至还有脱衣舞表演等。多年来，农民负担重主要重在农村公共基础设施建设上，扣除生活等项开支，用于文化投资就少得可怜。根据有关统计资料，2000 年全国农民上缴的各种农业税、三提留五统筹费和各种社会摊派约为 1 355 亿元，其中三提留五统筹费和各种社会摊派接近 900 亿元，人均达到 95 元。另据一项研究成果分析，2000 年农民上缴的各种农业税、三提留五统筹费、各种社会负担和以资代劳费共计 1 770 亿元，其中三提留五统筹费、各种社会负担和以资代劳费为 953 亿元，农民人均 101 元。同城镇居民相比，农民的年均纯收入仅相当于他们的 1/3，可是令人不解的是，为什么收入水平相对较高的市民要由国家来提供公共品，而收入水平较低的农民却无法享受这种待遇（马晓河，2002）？

2003 年农村税费体制改革在全国范围内推行，改革的初衷是减轻和规范农民负担，改善农民的生产和生活环境，现在看来，农村税费体制改革在减轻农民负担，规范政府税费收缴方式，防止基层政府的乱集资、乱摊派、乱收费行为，减少乡村机构和人员的供养经费等方面确实取得了重大进展，但是又加重和恶化了农村公共产品的供给。农村税费体制改革在"倒逼"基层政府的同时又反过来引发基层政府对中央政府的"反倒逼"，减少或者根本不向农民提供公共服务就是其中的行动策略之一（李芝兰等，2005）。基层政府在农村税费体制改革后，不得不逐渐减少或放弃农村公共产品的供给，村庄和农民自身囿于资金匮乏和制度供给不足也无力实现农村公共产品的有效供给（叶子荣等，2005）。

数据显示，2006 年，各级财政对农村文化共投入 44.6 亿元，仅占全国财政对文化总投入的 28.5%，对城市文化投入比重高达 71.5%，超过农村 43 个百分点。全国农民人均文化事业费仅 1.48 元。公共财政文化投入的严重不足，造成大部分地区农村文化设施落后，农民文化生活贫乏。据文化部统计，截至 2007 年，全国已建立乡镇综合文化站机构 34 593 个，占乡镇总数的 97%，但实际上，全国还有 26 712 个乡镇没有文化站设施或站舍面积在 50 米² 以下。2007 年，全国有图书室（文化站）的村占全部村的比重为 13.4%，从不同省份来看，2007 年，有图书室（文化站）的村比重在 60% 以上的有 1 个省份，在 40%～50% 的有 2 个省份，在 20%～30% 的有 5 个省份，在 10%～20% 的有 15 个省份，在 10% 以下的有 8 个省份[1]。

20.3.3 自上而下的政府文化供给决策机制缺少农民参与

长期以来，我国农村公共品的供给通过制度外财政为主的公共资源筹集制度和自上而下的制度外公共产品供给决策机制来实现。从乡村对公共品的需求来看，至少有三类主体：上级政府、乡镇政府和村级组织、社区农民。公共选择理论告诉我们，仅就决策模式的选择而言，上级政府或乡镇政府受目标多样、有限信息、决策时滞、环境多变和决策机制缺陷等因素的影响，对农村公共品需求的决策难以达到帕累托最优。而只有社区居民对公共品的需求才具有效益性。

在对山西吕梁市、忻州市调查发现，在国家重点扶持的贫困县方山县的峪口镇，镇里的文化站总面积有 460 米²，还有一些音响设施，在全县算较好的文化站。而文化站内灰尘满地，设施尘封已久。文化站站长李秀保介绍说，平时就是我在这里练练字，也没什么活动，上次活动还是上级领导来人检查、验收的时候组织的。而在忻州市神池县东湖镇，文化站仅挂着一块牌子。村民们说，文化站几年都没有一项活动。乡镇中心兴建文化站是一些地方政府建设农村文化的重心，然而这个重心却少有农民看重[2]。2007 年文化部教育科技司组织"关注农民文化需求"调查，结果显示：67.89% 的农民不参加或不常参加文化站组织的活动；有的地区这一比例更高达91.3%。这种"植入"的农村文化与农村格格不入，非"农民本位"的农村文化建设应该叫停。

类似的情况在全国屡见不鲜。农民是农村文化建设的主体，也是需求中心，是文化建设的参与者和服务对象，是农村文化建设成败的关键。任何不以农民为主体的改

---

① 数据来源：IUD 中国领导决策数据分析处理中心，农村文化投入严重不足，人均文化事业费仅1.48 元，数据中国，2008 年 8 月第 30 期。

② 人民网，山西贫困山区多数文化站呈现"四无"状态，2005 年 1 月 11 日。

革和运动，最终都会因为缺乏农民的积极回应而失败，最后的结果就像梁漱溟所总结的那样，是"我们运动而乡民不动"。长期以来，我国农村公共品的供给种类和数量主要是由上级主管部门或领导集团的行政指令决定，而不是由农村社区内部需求决定，有时甚至是为了满足地方政府的"政绩"和"利益"需要。这说明原有的决策机制缺乏科学性，容易造成农村公共品的供需结构失衡、公共资源浪费（鲜宇亮，2007）。"一头热"式大包大揽的做法，很大程度上难以满足农民的真正需求。

20.3.4　缺乏有效农村文化管理机制

从监管的角度看，监管者并非是天然的社会福利最大化者，而是追求自身利益最大化的博弈参与人。官员或者因追求自身利益，或者被特殊的利益集团包括所监管的行业"俘获"，从而导致"渎职"现象（Stigler，1971）。

我国农村文化的供给和管理一直以来都是以政府为主导，中央政府转移支付大量资金，或者层层下达指标到乡镇政府，在对农村公共品供给和管理上给予支持并提出要求，最终带来的是价廉质劣的文化供给及服务。

二元经济结构下，农村经济发展缓慢，农民收入相对较低，支付能力有限，对有偿文化消费较少且居住分散，这就使得引入市场机制提供农村文化变得范围狭小，因而增加了操作成本，对于缓解农村文化短缺矛盾作用不大。此外，政府机构在提供和管理农村文化时，存在低效率，从建到管，大多地方政府执行上级要求时，"利益"和"政绩"等行为突出，建和管考核指标少甚至没有考核指标，成了典型的农村文化"输血"，输血后如何有效管理，许多地方政府显得极其茫然。一些地方组织了专门的文化队伍，但目前这支队伍的素质和数量还不能适应农村文化事业发展的需要。有的地方由于编制问题长期得不到解决，文化站专职干部队伍不够稳定，人员流失现象严重，造成文化站无法开展活动。不少乡镇、农村基层文化站既无人员也无办公场所，形同虚设。电影放映队也纷纷解散，农民一年甚至几年间看不到一场电影。农村图书室空空如也，没有一本农民需要的书籍。更有甚者，少数村庄赌博成风，封建迷信活动泛滥。这绝对不是新农村建设的方向。

20.3.5　政府动员机制乏力

乡镇政府，是我国当今最基层的政权组织。乡镇级的财政状况，对于基层政权建设和巩固有着举足轻重的作用。除少数经济发达的地区外，我国大部分乡镇一级财政收支困难。在对四川南充、广元、阆中、西充、南部、仪陇、剑阁、苍溪等 23 个县（市、区）的 1 000 个乡镇的财政情况进行的调查，发现没有负债的乡镇共 129 个，账面余额为 2 800 万元，平均不足 22 万元，最高的是 43 万元，最少的只有 1.5 万元，而负债的 871 个乡镇已陷入债台高筑的窘境，累计负债为 48 亿元，最高的负债 3 200 多万元，最少的负债 180 万元，平均负债 550 余万元。

这种财政困难形成的主要原因有：20 世纪 90 年代兴办的农村合作基金会，由于管理机制不配套，融资措施不完善，成为了乡镇财政沉重的包袱；超过财政实力提供公共产品，如学校普及九年制义务教育、乡村公路建设、场镇建设、兴办乡镇集体企业和一些文化公益事业。由于支柱性税源很少，大部分乡镇级财政收入主要依靠农业税，自 2006 年以后，中国延续了 2 000 多年的农业税终于退出了历史舞台，乡镇财政问题就更加突出了。

面对农村文化需求的快速增长，农村文化公共品明显供给不足，呈严重短缺之势。中央集权过度，地方政府的文化公共品供给职能难以充分有效发挥。由于沿袭计划经济时期自上而下行政命令式的机制，那些不得不提供的短缺的文化公共品消耗了地方政府大量的人力、物力、财力，给地方政府带来沉重的包袱。那么，仅仅依靠政府提供公共品就不是最优选择。分配不公、贫富差距过分扩大，使得一部分社会资源被集中起来，大量的物力、财力被集中起来，而引导这些资源同农村闲置劳动力结合来发展农村文化是解决当前农村文化供给不足的有效途径。

20.4 构建有效的农村文化发展机制

新制度经济学认为，制度重于技术和资本。我国农村文化投入逐年增大，但农民需求并未得到满足，其原因就是投入制度一直是以政府投入为主，企业以及社会投资者鲜有涉足，这就造成制度的无效率。同时在计划体制下，资本始终只能产生低效率，只有引入市场经济体制，让市场在资源配置中发挥基础性作用，资本才能产生高效率（刘毅，2008）。

目前农民追求丰富多彩的文化生活的愿望日益强烈，仅仅依靠政府加快建立农村文化公共服务体系，丰富农民的文化生活，对于缓解当前农村文化短缺、建立"农民本位"的农村文化是不够的。创造条件，动员社会力量，激活民间资本投入农村文化建设，将会成为农村文化建设的主力军。

在理论界，很多学者指出社会主义新农村的文化发展需要大量的资金投入，国家财政要增加对农村文化设施的资金投入。但我国毕竟还是一个发展中国家，我国农村所占比重太大，不可能全部依靠政府投入。我国新农村文化发展的目标应该是满足农民群众日益增长的文化需求，依托文化内涵提高农民收入，逐步解决"三农"问题，实现这些目标的根本还是依农村文化的制度保障，即在制度上为农村文化创造一个可以大力发展的空间，使农村文化有一个大的飞跃。

20.4.1 典型案例

为农民群众提供丰富多彩、喜闻乐见的文化产品应该是从农民群众的实际需求出发，突出"农民本位"，引导农民积极参与，激发农村文化建设的活力，由政府倡导的引入社会力量参与农村文化建设，为农村文化注入新的活力，成为了农村文化发展新的亮点。针对一系列政策导向，一些地方开始尝试引入社会力量创新农村文化建设新机制，积累了一些经验，对于引入社会力量发展农村文化机制设计有很强的借鉴作用。

20.4.1.1 湖北省"以钱养事"模式 湖北省自2002年开始进行农村税费改革，该项改革使原本就十分窘迫的县乡财政供养压力遽然加大，不得不进行乡镇综合配套改革。据统计，湖北省在改革前财政供养系数达1∶32，高于全国平均水平，供养人数超过200万，其中事业单位5万多个，职工130多万人。3/4的财政供养人员集中在县乡两级，而大头又在乡镇事业单位。据保守估计，湖北全省乡镇事业单位人员至少有23万人（湖北省社会科学界联合会、湖北省经济学界团体联合会、华中师范大学中国农村问题研究中心联合课题组，2007）。"以钱养事"供给模式是湖北省在乡镇综合配套改革过程中探索出的一种新型的农村公共服务模式，概括地说，就是"项目量化、公开招标、合同管理、农民签单、政府买单、奖惩兑现"。即将原来承担农村公共服务的乡镇事业站所（包括乡镇文化站），按照"行政职能收归政府、经营职能走向市场、服务职能转给社会"的总体思路，进行"收章、摘牌、转制、人员整体分流"改革。即撤销乡镇事业站所，对其工作人员实行身份置换，取消行政事业单位编制，退出财政供养体系，由单位人转变为社会人；撤销的乡镇事业站所经过整合以后组建为（在民政部门登记注册的）从事农村公益文化服务的非营利性组织（如乡镇文化站撤销后，组建了农村文化服务中心等组织）；通过政府委托或者"竞标"获得政府的财政支持从事农村公共服务，向社会公开采购，凡是具有相应资质的个人、企业、社会性组织均可参加竞标，或者将量化的公共服务项目委托给非政府组织生产、供给；乡镇政府与中标者或代理者签订合同，明确各自的责权利，实行契约管理；中标者或代理者的服务情况要通过农民签字认可、政府考核认定以后，根据其服务绩效由政府兑现报酬和奖惩（吴理财，2008），以此来构建服务主体多元化、服务行为社会化、服务形式多样化、政府扶持和市场引导相结合、无偿服务和有偿服务相结合的新型农村公益性服务体系。

20.4.1.2 河北省"民间融资"模式 近年来随着中央支农惠农力度的不断加大，农村经济快速发展，逐渐富裕起来的农民对文化生活的需求越来越迫切，河北省一些农村借鉴或采用市场经济手段自办文化团体的热情日渐高涨，探索以民间资本"入股"方式发展农村文化，形成了形式多样的农村文化建设的新模式。在推进民间资本参与农村文化建设的过程中，主要出现三种类型的融资方式：一是企业资助型，主要是依托当地大型企业和企业集群兴办农村文化，这一模式多集中在城市郊区和各类开发区的周边农村。由于筹资渠道便利，其文化设施和文化活动具有规模大、设施全、层次高、效果好的特点，基本形成了文化生态园区。园区内通常设有剧场、图书室、各类球场、农民健身中心、老年活动中心等，各类文体活动长年不断，村民们可以享受到与城镇居民同样的文体生活。二是集体投资型，这一模式集中在集体经济比较雄厚的农村，体现了富裕以后的农民对精神文化的迫切需求。依靠集体投资方式建立文化活动中心，吸引农民参与各种村民舞会和文化活动，成了当地一大亮点，村里上访、赌博、斗殴、封建迷信等现象大大减少。文化活动还加强了村委与村民的沟通，形成了共谋发展的良好局面。三是村民集资型，村民自凑资金，集资入股，自娱自乐，政府加以引导。这一模式主要集中在经济还欠发达的农村。这些农村发展多种形式的"股份文化"，农民自筹资金，以凑份子（入股）等形式成立了"股份戏""股份球""百家书"等民间文化团体。

这些通过各种融资形式发展的民间文化遍地开花，大大丰富和活跃了群众文化生活。但由于农村民间文化团体的基本成员还缺乏专业训练，更缺乏文化经营理念，基本上仍是小打小闹，尚未形成大型经营团体。这些农村民间文化相对集中，形成若干聚集区，具有由兴趣活动小组向文化经营团体过渡的特点，即以自我娱乐为主兼顾经营发展。

20.4.1.3 山东省"文化产业"模式 农村文化产业以市场为导向，以提高经济效益为中心，以农民为创作与生产主体，以民间文化传统为产业资源，将地域性的传统历史文化资源转换为文化商品和文化服务的现代产业形式。农村文化产业与其他文化产业相比,具有更为强烈的资源依赖性,作为特色文化产业,它的产业根基就是传统民间文化资源。山东省突出各地农村文化资源的特色与优势,在区域范围内逐步形成具有竞争优势和地方特色的主导产品和支柱产业,已对传统文化资源开展了不同程度的设计与开发,实现了形式或形态的初步转换,加强手工产品的文化内涵与技艺内涵,最大化文化内容、文化信息的承载,广泛激发农民的创造力,将创造力转化为文化价值,自 2005 年以来,手工文化产业产值居全国第二位。2007 年,山东省手工文化产业产值达 412.2 亿元,实现利税 36 亿元,完成出口交货值 167.5 亿元。全省规模以上手工艺企业 822 家,从业人员 25 万人,带动农村加工队伍近 200 万户,年投放农村加工费 80 多亿元。农村手工文化产业为当地农村的经济、社会、文化建设做出了巨大贡献。目前农村手工文化产业组织形式主要有三种:经销公司+中间人+农户;前店后作坊;经销商+作坊+农民画师,既发展了农村文化产业,亦丰富和繁荣了农村文化。但农村文化产业普遍存在品牌意识差的问题,导致产业主要利润集中于流通领域,作为生产主体的农民往往被置于生产供销链条的末端,使创造力受限。而积极打造区域品牌,组建大型手工艺产业集团,是开展品牌推广、进行产业运作的有效途径①。

从以上实例似乎可以看到,只要在制度上整合各种资源,发展农村文化就不会处处碰壁,农民喜闻乐见的文化才能够得以保障,良好的制度将对发展农村地区文化起到最大的促进作用。

20.4.2 机制创新

当前社会是一个冲突不断、日新月异的社会,也是一个文化多样性的社会,具有多元不足、整合不够的特点,这种特点在广大农村地区表现得尤为突出。进行农村可持续文化动力的建设应对农村内生资源进行原创性创新,以建立长效的促进机制。文化创新应具备四个条件:一是动力,没有动力的文化创新是不可想象的;二是资源,包括人力、物力和财力等方面;三是机制,高效的机制将促使各种元素有效结合并运作起来,形成资源整合;四是价值,创新的价值应当具有可感知性,并能给社会发展带来利益 (李长健,2006)。

---

① 资料来源:山东农村文化产业调查及发展对策,文化传播网,2008 年 10 月 21 日。

20.4.2.1　文化内容的创新机制　农民是农村人文的主体。农民的主体素质状况，制约着农村人文环境的创建，决定或影响着它的变化。必须通过农村思想道德建设和教育科学文化建设，来全面提高农民的思想道德素质、科学文化素质和其他人文素养，着眼点应放在以下几个方面：一是以先进文化占领农村文化阵地，降低腐朽文化死灰复燃的可能性，依靠文化大院、广播站等文化宣传窗口，使农民普及科技文化，减少封建愚昧；宣传农业政策、法律法规，使农民了解形势；弘扬传统文化和社会主义新风尚，逐步树立诚实、谅解、尊重、关爱的人性品格；开展和谐社会、文明社区活动，培育助人为乐、家庭和睦、邻里团结的风气，并以此促进农村文化创新。

社会资源很大程度上带有私有性，其优越性在于高效率，它是以资源的有效配置为目的。以一种有效率的资源激发农村文化的内生变量，使内在因素与外部动力良好结合，才能激发农村文化创造力。农村不是文化的空白区，有着极为丰富的乡土文化，分散于广大农村的"乡村文艺人"生长在农村，对农村文化有着很好的继承，如2006年我国就有6 800余家民营文艺表演团体，常年活跃于田间地头，演出形式多样，贴近群众生活。同时，部分农民又以独到的思维方式对农村文化加以理解或是创新，他们是农村文化的代表人物，是农村文化最积极、最活跃的部分，可以构成农村文化的内生变量。

因此，对农村文化艺人进行扶植和帮助是农村文化创新的必要保证。通过以下几点可以促进农村文化的内容创新：一是依靠政府资金扶植，对有能力继承、完善和创新农村传统文化的民间艺人和团体给以资金扶持，保证创作的物质准备。二是加强培训，对农民艺人进行相关文化题材的培训，开阔视野，拓展思维，以新形式表达农村文化。三是鼓励农村文化适应现代农民需求，以农民喜闻乐见的形式表达。

20.4.2.2　融资渠道创新　相当多的农村问题研究者将造成农村公共品供给严重失衡的现状归因于财政体制，尤其是基层财政体制的扭曲造成了公共品供给主体的错位或缺失（叶兴庆，1997；叶子荣等，2005）。他们通过比较计划经济时期人民公社内与改革后家庭承包制下的公共品供给机制，说明了人民公社制度下农村公共品的提供主要采取的是分级供给方式：一是通过国家财政渠道由政府以计划的方式供给公社层级；另一个是依靠各级集体经济组织。农村改革后，农村文化筹措主要由地方政府和村组织进行，由于农民负担过重加之地方政府和官员对于政绩的渴望，农村文化始终没有得到重视和发展。

农村文化建设是一项十分艰巨、复杂而繁重的任务。一个很重要的事实是，政府在农村文化供给中力度不大、底气不足、供给乏力。虽然公共服务是政府义不容辞的职能，但并不表示公共服务的主体只能是政府，也不意味着公共服务一定要政府直接提供，政府也可引进市场机制，通过"外包"或"购买"的形式提供公共服务，这样可以大大提高公共服务的绩效。比如对一些特定地区可采用当地村民融资的方式，对于某些资金数额需要较大而又迫切需要农村文化的地区可引入市场机制，按市场化方式融资及运营。此外还可以采用农民自筹、社会投资和政府补助、鼓励相结合等融资形式，实现供给主体的多元化，有助于缓解农村公共品供给不足的压力。

引导、动员、支持、整合各方面力量，特别是要重视发挥民间组织、社会公益团体、集团、文化企业的作用，开展多种形式合作，合力推进农村文化建设。主要包括以下几点：

一是保障社会投资的合法收益权（包括名誉权）。促进社会力量积极参与农村文化建设，在资源整合和积极引导的过程中，首先应该制定一个好的规划，明确任务和职责，探索建立一种能够适应当地并且充分发挥各方优势的合作机制，以推动农村文化得到持续发展。关键是选择的方式、目标和路线，为农村文化发展创造良好的环境，鼓励各种社会力量积极参与农村信息化建设。二是开展示范引导，鼓励各种社会力量积极参与农村文化建设。充分发挥政府部门有限的资金和项目资源，一方面加强农村文化关键设施建设，提高资金使用效益，强力推进集电视播放、图书借阅、报刊阅览、棋牌及体育活动于一体的文化设施建设；另一方面选择重点领域和关键环节，加强与各种社会力量的合作，发挥政府投资的作用，引导社会力量加大对农村信息化建设的投入。三是搭建服务平台，推动各种社会力量参与农村文化领域的交流与合作。政府部门只需做好服务工作，搭好舞台，发挥桥梁和纽带作用，为各种社会力量参与农村文化建设提供交流与合作的条件。

20.4.3.3　协同发展机制创新　政府作为公众利益的集中代表，必然成为农村文化的主要提供者。因而政府可适当采用财税政策上的倾斜、优惠和引导措施，引入市场机制，开创农村公共品供给主体多元化的新格局。

尽管我国经济已经取得举世瞩目的成就，但我国农村地域广阔，农民居住分散，文化传播设施及手段相对落后，经费不足，对发展农村文化带来一定的阻力。改革开放以来，农村文化基础设施虽然有了较大改善，但与农民日渐增长的需求相比则显得比较短缺，建立及完善农村文化活动阵地和文化活动体系十分迫切，并且任务艰巨。因而继续加大对农村文化的资金投入的方针不能变，主要应做好以下几个方面的工作：一是逐步建设农村文化馆、图书馆、科技馆、文化大院和文化娱乐中心等农村需要的基础设施，但不能毫无原则随意建设，应根据农民的需要建，从供给角度上不断满足农民的文化需求。二是加强农村黑板报、宣传窗、农村信息服务站、文艺队和广播站等建设，以群众喜闻乐见的形式宣传新风尚，净化生活环境。三是继续农村电视、网络及通信设施投资，使农民能够及时了解各种信息，跟得上时代发展的步伐。在财政支持环节，完善财政投入机制，把农村公共文化建设资金投入到各级财政计划之中，并随着国民经济的发展逐年按比例提高，为文化建设工作提供资金和物质保障。制定和完善相应的政策，建立多元化的农村公共文化建设投入机制，可以考虑建立农村公共文化建设专项资金，保证不同发展阶段都有一定比例的资金用在农村公共文化建设上。

单纯依靠政府投入解决农村文化短缺显然跟不上农民需求的日益增加。这样，政府转变职能就成为时代的迫切要求。逐渐把政府的职能由主要办文化转到社会管理和公共服务上来。依靠政府动员社会力量、民间团体参与农村文化，积极扶持农民自办文化，鼓励文化产业，并给予适当的政策照顾。农村文化产业既可以满足农民自身文化需求，又是一个既没有污染又不消耗能源，既不占用土地又无需大资金投入，而且资源永不枯竭的新产业，有能够成为建设社会主义新农村可靠和有效的潜力。很多出自农妇之手的"文化农产品"，如剪纸、皮影、布艺、刺绣、编织、泥塑、农民画、麦秆画等，以往艺术价值被严重低估，只能在街边小摊上出售，现在已经开始登入了大雅之堂。农民渴望增收、城里人希冀返璞归真的愿望，已经形成了推动农村文化产业发展的合力（郭玉兰，2007）。

江西省上犹县适应农民需求，变政府主导为政府引导，让群众唱主角。该县支持和引导村、组建立文艺演唱队、唢呐队、舞狮队等 32 个农民文艺团体，带动全县农村文化的发展。目前，全县涌现出 1 200 多户农户自筹资金，自找场所，自我消费等形式多样的家庭文化室。该县还采取"以物代补"的方法，调动农民新写或翻新客家门匾的积极性。2007 年，全县有 2 600 多栋新房书写了门匾，有 5 600 多户农户对自家陈旧或脱落的门匾进行修葺。如今，该县农村文化氛围逐渐浓厚，"劳动回家锄头放，吃罢饭来搞文化"成为新时期上犹农民生活的真实写照[①]。

20.4.3.4　管理机制创新　首先必须完善财政保障体制，要明确界定各级政府的

---

① 资料来源："三变"走出新路　上犹县创新农村文化建设机制，商务部网站，2006 年 07 月 11 日。

权力和责任，使各级政府财权与事权相匹配。从管理角度看，文化大院、文化站、图书馆等文化设施建了，却没有被使用，很大程度上是由于管理缺位，农民在这些文化机构受到"冷遇"使他们不再使用这些文化品。竞争机制的引入可带来农村公益性文化服务的一系列变化，尤其是形成了农民群众检验、优胜劣汰的局面，可激发农村文化服务人员工作的积极性和主动性，改变了传统科层制低效率、高成本的状况。如湖北省的"以钱养事"模式，解决了传统文化体制、机制激励不足的弊病，激发了农村基层文化服务人员的工作热情。新的文化管理体制力图用市场的力量来改造政府，在公共部门中引入市场机制，在公共部门与私人部门之间、公共部门与非营利性公益服务组织之间、非营利性公益服务组织内部人员之间展开竞争，以缩小政府规模，促进非营利性公益组织的发育，提高农村文化公共服务的效率。而让一部分农民自主管理文化设施是对政府公共文化管理的有效补充，发展农村文化离不开广大农民群众的广泛参与。通过农民自己管理、政府监督的办法发动广大农民群众的积极投入和热情参与，同时在参与过程中使农民群众的文化需求偏好以及对文化服务的意见得到顺畅的表达。从服务角度看，逐步确立以农民为主导的农村文化服务问责体系；严格界定各级政府在农村公共文化服务上的权利和责任；建立农村文化服务的评价指标体系和绩效考评机制，增加农村公共文化服务在各级政府干部考核中的权重；逐步建立以农村居民为主的公众监督和责任追究机制。逐步转变政府职能，以经济发展为导向向以人民公共需求为导向的公共服务型政府转变。

农村文化服务采取新机制，它不仅承认政府是农村文化服务的安排者，而且还认识到政府、社会组织、企业都能成为农村文化服务的生产者，强调公共服务供给过程中的政府与社会合作，打破了政府是单一的生产者这一传统思维。

20.4.3.5　决策机制创新　农村文化供给的决策机制应当尽快实现由"自上而下"向"自下而上"的转变，表达农民真正的需求。因此，必须加强农村基层民主建设，推进政府与农民之间的互动，建立公共品的需求表达机制，实现由内部需求决定外部供给。历史教训也警示我们，新农村建设缺乏农民的参与和支持注定也是功亏一篑。20世纪30年代以梁漱溟的"乡村建设运动"为代表的一系列乡村改良运动最终都以失败而告终，其重要原因是他们都没有真正了解农民的需求和乡村的问题所在，而只是一味地改造农民。另外，对于新农村建设的核心内容——农村文化供给而言，就是要扭转供给主导型的决策体制，建构需求主导型的供给体制，强化农民的主体地位。这一体制有三大操作性机制，一是以农民需求位序结构为依归的供给机制，二是农民参与的供给决策机制，三是克服集体非理性公共选择困境的农民需求表达和显真机制（刘义强，2006）。

我国农村有着丰富的文化资源，具有鲜明地方特色和浓郁乡土气息的农村文化活动深受农民喜爱。在农民当中，也不乏有文化内涵、有文娱天赋、有组织才干的农民，只要将他们的积极性调动起来，激发他们进行文化建设的热情，这些"民办文化"完全可以成为"官办文化"供给的有效补充。这些"乡土艺术家"生在农村，长在农村，他们的艺术养分直接来自农村，和农民有着天然的相通性，是农村文化事业中最活跃的因子。他们以特有的方式满足农民自演自赏、自娱自乐、自我发展的精神追求，深受农民的喜爱。通过设立基金、文化项目或者扶持资金等形式，让有能力创造适应农村文化的农民申请这些资金扶持，从资金上保障其创造活动的进行。同时通过宣传，积极提供我国优秀文化传统的各种素材，丰富创作源泉。积极培训和扶持一支农村文化人才队伍，培育农村文化的内生机制，让农村"土生土长"的文化发展壮大起来。

参 考 文 献

闭伟宁 . 2001. 改革开放与基督教在我国沿海农村的变迁——基督教在斜侨镇发展状况调查与思
　考 [J]. 武汉大学学报：哲学社会科学版，54 (5)：636 - 640.

张斌 . 2007. 文化经济学：个人的视角 [J]. 国外理论动态 (3)：50 - 52.

财政部教科文司，华中师范大学全国农村文化联合调查课题组 . 2007. 中国农村文化建设的现状
　分析及战略思考 [J]. 华中师范大学学报：人文社会科学版，46 (4)：101 - 111.

曹海林 . 2005. 村落公共空间：透视乡村社会秩序生成与重构的一个分析视角 [J]. 天府新论
　(4)：88 - 92.

曹志来 . 2006. 以政府为主导发展农村公共文化事业的政策建议 [J]. 经济研究参考 (95)：12.

常永青 . 1991. 河南省农村基督教活动情况调查 [J]. 社会学研究 (3)：77 - 85.

陈炳水 . 2008. 浙江新农村乡风文明建设的战略目标与战略措施 [J]. 宁波大学学报：人文科学
　版，21 (2)：127 - 131.

陈国清 . 2008. 当代中国农村民间宗教转型的原因及趋势 [J]. 时代人物 (5)：160 - 161.

陈朋 . 2006. 乡村政治文化与精英政治化、政治社会化——基于湖北省 9 个村的调查比较分析
　[J]. 学习与实践 (9)：97 - 101.

陈蒲芳，路宪民 . 2006. 从基督教的传播看现阶段农村的精神文明建设 [J]. 甘肃农业 (2)：
　27 - 28.

陈仁铭 . 2007. 略论当前农村文化主要矛盾 [J]. 社会主义研究 (2)：62 - 63.

陈玮，毛国庆 . 2004. 当代世界宗教发展趋势及其对我国宗教的影响 [J]. 攀登，23 (3)：
　92 - 95.

陈文胜，陆福兴 . 2006. 新农村文化建设的战略思考 [J]. 中国发展观察 (12)：41 - 44.

程俊飞，刘宪俊 . 2007. 基督教在晋南农村盛行的实证研究———以晋南 A 村为例 [J]. 山西农
　业大学学报：社会科学版，6 (1)：11 - 16.

程鹏飞，杨海珍 . 2000. 县级公共图书馆读者群萎缩原因及对策 [J]. 图书馆建设 (2)：47 - 48.

代俊兰，史艳红 . 2007. 当代中国农民精神生活质量解析 [J]. 当代世界与社会主义 (6)：
　128 - 132.

戴康生，彭耀 . 1998. 宗教社会学 [M]. 北京：社会科学文献出版社 .

Shennong
Series

〔德〕英·乌格里诺维奇 . 1989. 宗教心理学〔M〕. 北京：社会科学文献出版 .

董建波，李学昌 . 2004. 中国农村宗教信仰的变迁〔J〕. 上海行政学院学报（5）：100 - 109.

董瑞敏 . 2005. 论我国农村社区的图书馆建设〔J〕. 图书·情报·知识（3）：34 - 37.

杜滇峰 . 2007. 农村文化建设新模式的调查〔J〕. 大舞台艺术（2）.

杜景珍 . 2004. 当代农村基督教信仰调查〔J〕. 中国宗教（1）：54 - 55.

樊宝洪，王荣，罗仁福 . 2007. 新农村建设中乡村财政的基本情况和公共职能研究——以江苏省
泰州 4 市 1 区 11 个乡镇为例〔J〕. 农业经济问题（3）：57 - 65.

樊小庆，秦腊英 . 2007. 民办公助：破解乡镇图书馆（室）建设难题——鄂州市农村文化中心户
的创建调查与思考〔J〕. 图书馆论坛，27（1）：34 - 36.

范大平 . 2005. 论中国农村文化生态环境建设〔J〕. 求索（2）：95 - 97.

范松仁 . 2007. 论社会主义新农村建设中的农民休闲〔J〕. 改革与战略（12）.

方辉钱 . 2007. 构筑前沿文化　推进新农村建设〔J〕. 当代经济（6）：35.

方立天 . 2005. 和谐社会的构建与宗教的作用〔J〕. 中国宗教（7）：18 - 19.

费孝通 . 乡土中国生育制度〔M〕. 北京：北京大学出版社 .

符骏 . 2002. 21 世纪乡镇图书馆发展趋势探讨〔J〕. 图书馆理论与实践（2）：78 - 80.

付云东 . 2006. 另类的科学与另类的发展——印度喀拉拉邦民众科学运动的科学观与发展观〔J〕.
科学学研究，24（5）：653 - 657.

高芝兰 . 2007. 对农村文化建设的思考〔J〕. 湖南行政学院学报（1）：73 - 74.

龚学增 . 2005. 构建社会主义和谐社会与宗教〔J〕. 中国宗教（8）：18 - 21.

杨曾文，学诚，詹石窗，等 . 2005. 构建和谐社会与宗教的理论审视〔J〕中国宗教（10）.

顾亚林，侯星芳 . 2004. 逐渐走进更多农民心中的上帝——对农村基督教社会功能的分析〔J〕.
绥化师专学报，24（2）：58 - 60.

郭晓君，郑颖，郝宗珍，等 . 2003. 关于文化研究的几个问题〔J〕. 哲学研究（11）：81 - 87.

郭晓君 . 2005. 农村文化建设要不断满足农民的精神需求〔J〕. 小城镇建设（10）：20 - 22.

郭延成 . 2006. 和谐社会中的宗教及其走势〔J〕. 世界宗教文化（2）：10 - 12.

郭玉兰 . 2007. 浅谈我国农村文化产业的发展〔J〕. 经济问题，330（2）：88 - 89.

H. 范里安 . 微观经济学：现代观点〔M〕. 费方域，等译 . 上海：上海三联书店，上海人民出
版社 .

韩明谟 . 2001. 农村社会学〔M〕. 北京：北京大学出版社 .

郝锦花，王先明 . 2006. 从新学教育看近代农村文化的衰落〔J〕. 社会科学战线（2）：128 - 133.

何慧丽 . 2005. 新乡村建设试验在兰考〔J〕. 开放时代（6）.

何兰萍 . 2007. 关于重构农村公共文化生活空间的思考〔J〕. 学习与实践（11）：122 - 126.

何志伟 . 2006. 社会主义新农村文化建设的思考与建议 [J]. 调研世界 (12): 25 - 26.

河北省艺术研究所调研组 . 2007. 农村文化建设的新模式调查 [J]. 大舞台 (2): 19 - 20.

贺雪峰, 仝志辉 . 2002. 论村庄社会关联——兼论村庄秩序的社会基础 [J]. 中国社会科学 (3): 124 - 134.

贺雪峰 . 2004. 如何进行新乡村建设 [J]. 中国农村观察 (1) .

贺雪峰 . 2006. 农民本位的新农村建设 [J]. 开放时代 (4): 39 - 41.

贺雪峰 . 2008. 农民公共品需求偏好的表达与供给 [J]. 学习月刊 (15) .

侯杰, 范丽珠 . 世俗与神圣——中国民众宗教意识 [M]. 天津: 天津人民出版社 .

侯松涛, 洪向华 . 2008. 关于北方农村基督教信仰状况的调查与分析——以山东省 T 县为个案 [J] . 科学社会主义 (3): 95 - 97.

胡诚林 . 2006. 试谈道教文化与构建社会主义和谐社会 [J]. 中国道教 (2): 52 - 54.

胡潇 . 1991. 世纪之交的乡土中国 [M]. 长沙: 湖南出版社 .

湖北省社会科学界联合会, 湖北省经济学界团体联合会, 华中师范大学中国农村问题研究中心 联合课题组 . 2007. 发展新文化、培育新农民、建设新农村——湖北农村文化建设研究报告 [J]. 理论月刊 (2): 12 - 21.

黄群莲 . 2006. 巩固和发展乡镇图书馆的若干思考 [J]. 科技情报开发与经济, 16 (4): 19 - 20.

黄蔚 . 2004. 中国农村全面小康之路: 农村经济、政治、文化全面发展 [J]. 管理世界 (9): 141 - 142.

贾立君, 任会斌 . 2006. 乡村 "文化大院" 的困惑 [J]. 瞭望新闻周刊 (18): 58 - 59.

姜岱敏 . 2006. 解决农民的 "文化温饱" 靠什么? ——山东省文登市农村文化建设的实践与思考 [J]. 求是 (4): 48 - 49.

金吉龙 . 1994. 韩国的新村运动和中国农村的脱贫致富事业 [J]. 外向经济 (4): 13 - 14.

赖少芬 . 2007. 农村电影: 数字取代拷贝 [J]. 瞭望 (52): 40.

雷敏 . 2000. 论乡镇图书馆的建设途径 [J]. 西南民族大学学报: 哲学社会科学版 (s2): 180 - 182.

雷敏霞 . 2006. 我国农村图书馆 (室) 十年研究综述 [J]. 图书馆理论与实践 (2): 115 - 116.

雷宇 . 2008 - 08 - 27. 中国乡村治安调查: 缺少男人的村庄谁来保护 [N]. 中国青年报 .

冷选英 . 2006. 浅谈乡镇图书馆的发展 [J]. 内蒙古科技与经济 (5): 159 - 160.

李春光 . 2002. 金湖县基督教信徒人数减少给我们的启示 [J]. 江苏省社会主义学院学报 (1): 40 - 42.

李丰春 . 2007. 当前农村贫困文化的成因及其消解 [J]. 现代农业, 28 (11): 105 - 106.

李海金 . 2007. 农村公共产品供给、城乡统筹与新农村建设 [J]. 东南学术 (2): 46 - 53.

李红菊，等 . 2004. 乡民社会基督教信仰的原因探析——对豫北蒋村教堂的调查 [J]. 中国农业大学学报：社会科学版 (4)：73 - 76.

李加斌 . 2002. 加强小城镇图书馆工作、促进城乡建设 [J]. 图书馆论坛，22 (5)：122 - 125.

李少惠，崔吉磊 . 2007. 论我国农村公共文化服务内生机制的构建 [J]. 经济体制改革 (5)：175 - 178.

李学昌 . 2003. 危机与出路：当前农村社会问题研究述评 [J]. 史林 (4)：77 - 85.

李莹华 . 2006. "三农" 框架下的西部农村文化建设研究 [D]. 兰州：兰州大学 .

李长健，伍文辉 . 2006. 社会主义新农村建设中的文化创新研究 [J]. 东南学术 (6)：15 - 21.

李芝兰，吴理财 . 2005. "倒逼" 还是 "反倒逼" ——农村税费体制改革前后中央与地方之间的互动 [J]. 社会学研究 (4)：44 - 63.

李宗涛 . 2007. 社会主义新农村建设背景下的农村文化建设研究 [D]. 济南：山东大学 .

林盛根 . 2001. 宗教和民间信仰对福建沿海地区部分农村基层组织建设的影响及对策 [J]. 中共福建省委党校学报 (2)：54 - 59.

林祥国 . 2003. 江苏省农村宗教状况及对策 [J]. 江苏省社会主义学院学报 (3)：7 - 10.

罗秉祥 . 2000. 基督教与近代中西文化 [M]. 北京：北京大学出版社 .

刘建芝 . 2002. 印度的乡村图书馆——公共生活的开拓 [J]. 中国改革：农村版 (5) .

刘丽 . 2007. 新农村建设中乡镇图书馆的现状分析及对策 [J]. 图书馆 (3)：122 - 123.

刘澎 . 2006. 国家 . 宗教 . 法律 [M]. 北京：中国社会科学出版社 .

刘亚军 . 2007. 农家书屋创建中国农村文化新品牌——河南省农家书屋的品牌实施与创建 [J]. 中国出版 (9)：26 - 29.

刘彦武 . 2008. 农村文化产业发展规律分析 [J]. 农村经济 (8)：35 - 37.

刘义强 . 2006. 建构农民需求导向的公共产品供给制度——基于一项全国农村公共产品需求问卷调查的分析 [J]. 华中师范大学学报：人文社会科学版，45 (2)：15 - 23.

刘忠卫 . 1997. 目前我国农村宗教盛行原因之剖析 [J]. 青海社会科学 (1)：104 - 108.

龙新民 . 2007. 中国农村公共产品供给失衡研究 [D]. 厦门：厦门大学 .

卢子博 . 2000. 乡镇图书馆工作 [M]. 北京：北京图书馆出版社 .

鲁帆，魏昌斌 . 2003. 透视农村地区宗教热问题 [J]. 前沿 (4)：78 - 80.

陆益龙 . 2008. 新农村建设中的农民需求及影响因素——基于 2006 年中国综合社会调查的分析 [J]. 中国人民大学学报，22 (3)：89 - 96.

路文琼 . 2000. 南非的联办图书馆对中国贫困地区图书馆事业的启示 [J]. 图书馆建设 (2)：81 - 82.

路宪民，陈蒲芳 . 2006. 从基督教的传播看现阶段农村的精神文明建设 [J]. 甘肃农业 (2)：27 - 28.

罗秉祥，江丕盛．基督宗教思想与 21 世纪［M］．北京：中国社会科学出版社．

罗兴佐．2006．农民行动单位与村庄类型［J］．中国农村观察（3）：54-59.

吕朝阳．1999．苏北农村基督教发展现状及其原因分析［J］．南京师大学报：社会科学版（6）：41-46.

吕洪奎，李颖萍．2008．农村文化建设着力点探析［J］．今日中国论坛（6）．

麻福水，辛敏．2007．新农村建设是农民思想观念整合的趋向标［J］．理论学刊（12）：89-91.

麻文连．2008．农村文化事业的现状及对策［J］．学理论（11）：31-32.

买文兰．2001．社会转型期中国农村宗教的特点［J］．洛阳师范学院学报，20（3）：35-37.

毛国庆．2006．宗教工作与社会主义和谐社会建设问题研究［J］．中共济南市委党校学报（1）：113-117.

宓容，甘胜．2006．新农村文化建设与乡镇图书馆的发展［J］．图书馆（4）：109-111.

牟德刚．2004．新时期的农村文化建设：问题与措施［J］．中州学刊（5）：182-184.

牟钟鉴．2005．民族宗教与社会和谐［J］．中国宗教（4）：7-10.

彭继红．2005．宗教政策与公共精神生活管理的内在联系辨析［J］．武汉大学学报：社会科学版，58（3）：334-339.

任大鹏．2002．印度的农业和农村发展政策［J］．世界农业（11）：30-32.

桑吉．2004．中国宗教［M］．北京：五洲传播出版社．

申作青．2006．当前沿海发达地区农村文化建设存在问题的实证分析［J］．晋阳学刊（5）：52-55.

盛荣．2006．印度政府建设农村的努力［J］．乡镇论坛（23）：39-40.

施贵竹．2008．农村文化中心户建设与发展思考［J］．图书馆杂志（5）．

时国轻．2005．"中国味"的基督教信仰者［J］．领导之友（5）：29.

疏仁华．2007．论农村公共文化供给的缺失与对策［J］．中国行政管理（1）：60-62.

宋清华．2002．一些农村宗教活动产生原因的探析［J］．洛阳师范学院学报，21（3）：40-41.

孙金荣．2005．山东省农村文化产业发展研究［J］．山东社会科学（11）：131-133.

孙培钧，华碧云．2003．印度的经济改革：成就、问题与展望［J］．南亚研究（1）：3-11.

孙善玲．1995．中国民间基督教［J］．当代宗教研究（1）．

孙尚扬．2001．宗教社会学［M］．北京：北京大学出版社．

孙雄．2004．全球化处境中的宗教发展［J］．浙江社会科学（3）：151-156.

谭炳才．2008．巴西"贫民窟"现象的启示［J］．广东经济（2）：41-43.

谭志云．2007．农村文化产业的功能定位及发展路径［J］．南京社会科学（12）：113-117.

汤树俭．2006．关于中国乡村图书馆（室）构建模式的探讨［J］．农业图书情报学刊，18（3）：

43－45.

唐卫彬，黎昌政．2004．保住农村文化阵地［J］．瞭望新闻周刊（42）：6.

陶笑眉．2007．新农村文化建设是一项复杂的系统工程——新农村文化建设的基本思路和主要任务［J］．湖北社会科学（2）：71－73.

铁柱．2006．加快和谐新农村文化建设［J］．实践：思想理论版（9）：39－40.

Vinod Raina，等．2004．探讨另类发展的可能性（中国—印度乡村建设交流会摘要）［J］．博览群书（1）：4－22.

汪礼俊，初蕾．2007．浅析新农村建设过程中信息化的战略、模式及文化意义［J］．中国软科学（12）：22－27.

汪维藩．1991．谈基督教的现状问题［J］．宗教（1）．

王广深，王金秀．2008．我国文化事业财政支出结构的优化分析［J］．华东经济管理，22（5）：48－51.

王海冬．2004－12－23．农村传统文化的传承与现代化［N］．社会科学报．

王俊文．2007．反贫困必由之路：我国农村贫困地区"文化扶贫"的关键解读［J］．农业考古（6）：342－346.

王莉华．2006．乡镇图书馆（室）发展缓慢的原因及对策［J］．图书馆理论与实践（3）：121－122.

王申红．2002．皖西北农村基督教信仰状况探析［J］．当代宗教研究（2）：31－35.

王习明，彭晓伟．2007－08－15．新农村建设的国际经验［N］．中国人口报．

王习明．2007－04－30．新农村文化建设应以村社为本位、农民为主体［N］．学习时报．

王晓丹．2006．印度的农村建设［J］．南亚研究（2）：31－35.

王长青．2000．农村的图书馆意识与图书馆建设［J］．图书馆建设（2）：17－19.

王郑华．2006．发展文化中心户　促进乡风文明［J］．学习月刊（12）．

王治心．1996．中国宗教思想史大纲［M］．北京：东方出版社．

王作安．2005．构建和谐社会与宗教工作新理念［J］．中国宗教（9）：16－19.

卫金平．2005．对农村宗教问题的调查与思考［J］．湖北省社会主义学院学报（4）：30－31.

魏德东．2005．从经济学角度看宗教［J］．世界宗教文化（1）：59.

魏建国．2004．浙江省嘉善县农村文化建设的调查［J］．江南论坛（9）：44－45.

温铁军．2005．"三农"问题与世纪反思［M］．北京：生活·读书·新知三联书店．

温铁军．2006．新农村建设［M］．北京：北京出版社．

温铁军．2006．新农村建设理论与探索［M］．北京：文津出版社．

温铁军．2007．政府退出之后的农村信息化问题［J］．农经（7）．

吴娟，郑霄阳．2008．在"建、管、用"上下功夫——福建省农村文化读书场所和"农家书屋"
　　建设调查思考 [J]．出版发行研究 (5)：23 - 25．

吴理财，夏国锋，2007．农民的文化生活：兴衰与重建——以安徽省为例 [J]．中国农村观察
　　(2)：62 - 69．

吴理财，夏国锋．2006．农民公共文化生活的衰落与复兴——以安徽省农村文化调查为例 [J]．
　　学习月刊 (15)．

吴理财．2006．农民公共文化生活的式微与重建 [J]．中国乡村发现 (1)．

吴理财．2008．非均等化的农村文化服务及其改进对策 [J]．华中师范大学学报：人文社会科学
　　版，47 (3)：10 - 17．

吴淼．2007．论农村文化建设的模式选择 [J]．华中科技大学学报：社会科学版，21 (6)：
　　108 - 112．

吴少华．1996．关于农村宗教活动的调查 [J]．农村发展论丛 (6)：51 - 52．

吴雨才，朱振如，陆守明．2003．农村社区文化建设的思考 [J]．农村经济 (12)：33 - 34．

罗秉祥．2001．基督宗教思想与 21 世纪 [M]．北京：中国社会科学出版社．

武俊平，伊丽．2008．农民主体 乡村本位——新农村文化建设的两大原则 [J]．实践 (6)．

席升阳，等．2002．河南农村宗教活动对基层政权的影响及对策研究 [J]．河南科技大学学报：
　　社会科学版，20 (1)：42 - 47．

肖唐镖．2003．二十余年来大陆的乡村建设：观察与反思 [J]．二十一世纪 (4)．

辛秋水．2006．重视农村的文化扶贫 [J]．瞭望新闻周刊 (8)：49．

邢福增．2001．从社会阶层看当代中国基督教的发展 [J]．建道学刊 (15)．

徐承英．2007．对社会主义新农村文化建设的思考 [J]．探索与争鸣 (1)：40 - 43．

徐铬，马哲海．1994．江西武宁县农村基督教变迁之探讨 (1982—1992) [J]．宗教 (2)．

徐明．2006．马庄：苏北农村文化建设的一颗明珠 [J]．农村工作通讯 (8)：12 - 13．

徐楠．2007 - 07 - 05．韩国如何建设新农村 [N]．南方周末．

徐世强．2003．中国西南偏远山区农村基督教徒的宗教社会素描 (上) [J]．西南民族大学学报：
　　人文社科版 24 (12)：387 - 392．

徐晓军，张必春．2007．当代中国农村文化的风险与危机 [J]．学习与实践 (8)：152 - 158．

徐学庆．2007．社会主义新农村文化建设研究 [D]．武汉：华中师范大学．

徐学庆．2008．农村文化设施建设：问题、成因及推进思路 [J]．中州学刊 (1)：141 - 145．

薛恒．2003．县乡基督教发展的量化分析和功能考察 [J]．世界宗教研究 (2)：98 - 106．

颜敏．2003．中国农村基督教的重兴与农民的精神需求 [J]．唯实 (Z1)：28 - 31．

杨翠萍．2003．用市场化手段建设村级图书馆——贫困山区农村文化建设初探 [J]．图书馆杂

志，22（12）：43-44.

杨宏山．1994．皖东农村"基督教热"调查与思考［J］．江淮论坛（4）：30-37.

杨在军，王晓霞．2006．转型期农村文化困境及对当前政策的认同与困惑［J］．调研世界（8）：13-17.

叶小文．1997．苏北基督教问题考察报告［M］．北京：中共中央党校出版社．

尹栾玉．2007．社会主义新农村文化建设的制度经济学分析［J］．税务与经济（2）：50-54.

尹长云．2008．农村公共文化服务的弱势与强化［J］．求索（6）：67-68.

余方镇．2006．新农村面临的文化困惑与建设策略［J］．江西社会科学（4）：24-27.

余孝恒．2001．长江上游地区宗教现状与社会稳定［J］．宗教学研究（1）：88-91.

袁世文．2008．论社会主义新农村的文化队伍建设［J］．重庆理工学院学报：社会科学版，27（1）：51-52.

臧旭恒，孙文祥．2003．城乡居民消费结构：基于 ELES 模型和 AIDS 模型的比较分析［J］．山东大学学报：哲学社会科学版（6）：122-126.

曾曦，马俊，艾福海，等．2008．农村草根文化三大亮点　新形式新机制新题材［J］．半月谈．

扎洛．2005．西藏农村的宗教权威及其公共服务——对于西藏农区五村的案例分析［J］．民族研究（2）：20-30.

张葆君．2004．现代化进程中的宗教走势［J］．江汉论坛（11）：81-83.

张厚军．2005．宗教对精神文明建设的影响——对苏北农村信教现象的分析及思考［J］．科学与无神论（4）：51-54.

张乐天．1998．告别理想——人民公社制度研究［M］．上海：东方出版中心．

张丽平．2005．确保乡镇图书馆永续利用的换位思考［J］．图书馆建设（2）：106-108.

张瑞琴．2008．当前农村文化建设存在的主要问题和解决途径［J］．科技资讯（4）．

张泰富．2005．整合宗教和谐资源　服务和谐社会建设［J］．云南社会主义学院学报，28（4）：30-32.

张晓明，胡惠林，章建刚．2007．中国文化产业发展报告［M］．北京：社会科学文献出版社．

张新文．2002．农村现代化中的社会转型和文化发展［J］．经济与管理（6）：17-18.

张秀生，胡吉嵘．2007．农村公共品供给的制度创新［J］．求是（13）．

张志科，陈立权，毕英涛，等．2007．新农村建设中的农民文化利益问题研究［J］．理论与改革（6）：24-26.

张祝平．2008．失衡与重塑：农村文化发展问题［J］．探索（2）．

章剑华．2006．江苏农村公共文化服务体系的构建与发展［J］．艺术百家（6）：1-6.

赵伯乐．2002．浅析印度现代化进程中的文化产业［J］．南亚研究季刊（3）：51-56.

赵琼 . 2006. 宗教势力的发展对农村基层组织的影响及对策 [J]. 科学与无神论 (5)：8 - 10.

赵宇，姜海臣 . 2007. 基于农民视角的主要农村公共品供给情况——以山东省 11 个县（市）的 32 个行政村为例 [J]. 中国农村经济 (5)：52 - 62.

郑风田，刘璐琳 . 2008. 新农村建设中的农村文化现状、问题与对策 [J]. 中南民族大学学报：人文社会科学版，28 (1)：112 - 115.

中共襄樊市委宣传部课题组，陈仁铭 . 2007. 论农村文化配置的结构性失衡 [J]. 求实 (3)：77 - 79.

周维刚 . 2008. 浅谈乡镇图书馆的发展现状与发展思路 [J]. 大众文艺：理论 (10)：191 - 192.

朱春雷，杨永 . 2007. 重构农民的公共文化生活空间——以鄂、豫、皖三省农村文化发展为例 [J]. 中国农村观察 (2).

Altonji, Joseph G., Hayashi, Fumio, Kotlikoff, Laurence J. 1997. Parental altruism and inter vivos transfers：theory andevidence [J]. Journal of Political Economy, 105 (6)：1121 - 1166.

Berman, Eli. 2000. Sect, Subsidy and Sacrifice：An Economist's View of Ultra-Orthodox Jews [J]. Quarterly Journal of Economics, 115 (3)：905 - 953.

Berman, Eli and Ara Stepanyan. 2003. How Many Radical Islamists? Evidence from Asia and Africa [D]. UCSD mimeo.

Bittlingmayer, G. 1992. The elasticity of demand for books, resale price maintenance and the Lerner Index [J]. Journal of Institutional and Theoretical Economics, 148 (4)：588 - 606.

Bock, E. W., Cochran, J. K., & Beeghly, L. 1987. Moral Messages：The Relative Influence of Denomination on the Religiosity-Alcohol Relationship [J]. The Sociological Quarterly, 28 (1)：89 - 103.

Carr, Jack L., Janet T. Landa. 1983. The Economics of Symbols, Clan Names, and Religion [J]. J. Legal Stud., 12 (1)：135 - 156.

Chiswick, Barry R. 1983. The Earnings and Human Capital of American Jews [J]. J. Human Res., 18 (3)：313 - 336.

Cox, Donald. 1987. Motives for private income transfers [J]. Journal of Political Economy, 95 (3)：508 - 546.

Daniel M. Hungerman. 2005. Are church and state substitutes? Evidence from the 1996 welfare reform [J]. Journal of Public Economics, 89：2245 - 2267.

Deaton, Angus. 1992. Household saving in LDCs：credit markets, insurance, and welfare [J]. Scandinavian Journal of Economics, 94 (2)：253 - 273.

Diener, Ed, Suh, Eunkook M., Lucas, Richard E., Smith, Heidi L. 1999. Subjective well-

Shennong
Series

being: three decades of progress [J]. Psychological Bulletin, 125 (2): 276 – 303.

Eli Berman, David D. Laitin. 2008. Religion, terrorism and public goods: Testing the club model [J]. Journal of Public Economics, 92 (10 – 11): 1942 – 1967.

Ellison, Christopher G. 1991. Religious involvement and subjective well-being [J]. Journal of Health and Social Behavior, 32 (1): 80 – 99.

Fenggang Yang. 2006. The red, black, and gray markets of religion in CHINA [J]. The Sociological Quarterly, (47): 93 – 122.

Fishwick F. , Fitzsimons S. 1998. Report into the effects of the abandonment of the net book agreement [M]. Book Trust, London.

Foster, Andrew, Rosenzweig, Mark. 2001. Imperfect commitment, altruism, and the family: evidence from transfer behavior in low-income rural areas [J]. Review of Economics and Statistics, 83 (3): 389 – 407.

Genicot, Garance, Ray, Debraj. 2003. Group Formation in Risk-Sharing Agreements. Review of Economic Studies, 70 (1): 87 – 113.

Gertler, Paul, Gruber, Jonathan. 2002. Insuring consumption against illness [J]. American Economic Review, 92 (1): 51 – 70.

Goolsbee, A. , &Chevalier, J. 2003. Price competition online: AmazonVersus Barnes and Noble [J]. Quantitative Marketing and Economics, 1 (2): 203 – 222.

Gordon C. Whiting and J. David Stanfield. 1972. Mass Media Use and Opportunity Structure in Rural Brazil [J]. The Public Opinion Quarterly, 36 (1): 56 – 68.

Hull, Brooks B. and Frederick Bold. 1989. Towards an Economic Theory of the Church [J]. Int. J. Soc. Econ. , 16 (7): 5 – 15.

Iannaccone, Laurence R. 1992. Sacrifice and Stigma: Reducing Free-riding in Cults, Communes, and Other Collectives [J]. Journal of Political Economy, C: 271 – 291.

Jonathan Gruber, Daniel M. Hungerman. 2007. Faith-based charity and crowd-out during the great depression [J]. Journal of Public Economics, 91: 1043 – 1069.

Laurence R. Iannaccone. 1994. Why Strict Churches Are Strong [J]. The American Journal of Sociology, 99 (5): 1180 – 1211.

Lehrer, Evelyn L. and Carmel U. Chiswick. 1993. Religion as a Determinant of Marital Stability [J]. Demography, 30 (3): 385 – 404.

M. R. Nouni, S. C. Mullick, T. C. Kandpal. 2008. Providing electricity access to remote areas in India: An approach towards identifying potential areas for decentralized electricity supply [J].

Renew. Sustain. Energy Rev, 12 (5): 1187 - 1220.

N. P. Singh and P. M. Shingi. 1975. Rural Telecast for Development: An Impressionistic Model [J]. Economic and Political Weekly, 10 (36): 1433 - 1435, 1437 - 1438.

Pargament, Kenneth I. 2002. The bitter and the sweet: an evaluation of the costs and benefits of religiousness [J]. Psychological Inquiry, 13 (3): 168 - 181.

Paul. M. Neurath1962. Radio Farm Forum as a Tool of Change in Indian Villages [J]. Economic Development and Cultural Change, 10 (3): 275 - 283.

Perkins, Dwight, Shahid Yusuf. 1984. Rural Development in China [M]. Baltimore: Johns Hopkins University Press.

Prieto-Rodríguez, J., Romero-Jordán, D., & Sanz-Sanz, J. F. 2006. Is a tax cut on cultural goods consumption actually desirable? A microsimulati survey data, journal of culture economics (30): 141 - 155.

Rajeev Dehejia, Thomas DeLeire, Erzo F. P. Luttmer. 2007. Insuring consumption and happiness through religious organizations [J]. Journal of Public Economics (91): 259 - 279.

Sabine Baum, Christian Trapp and Peter Weingarten. 2004. Typology of Rural Areas in the Central and Eastern Europe EU New Member States. [J]Iamo Discussion Papers.

Smith, Timothy B., McCullough, Michael E., Poll, Justin. 2003. Religiousness and depression: evidence for a main effectand the moderating influence of stressful life events [J]. Psychological Bulletin, 129 (4): 614 - 636.

Stark, R., & Bainbridge, W. S. 1998. Religion, Deviance, and Social Control [M]. Routledge: New York, NY.

Strawbridge, William J., Shema, Sarah J., Cohen, Richard D., Roberts, Robert E., Kaplan, George A. 1998. Religiosity buffers effects of some stressors on depression but exacerbates others [J]. Journals of Gerontology, 53B (3): 118 - 126.

Sullivan, Dennis H. 1985. Simultaneous Determination of Church Contributions and Church Attendance [J]. Econ. Inquiry, 23 (2): 309 - 320.

Townsend, Robert M. 1994. Risk and insurance in village India [J]. Econometrica, 62 (3): 539 - 591.

Turnock, David. 1995. The Rural Transition in Eastern Europe [J]. GeoJournal, 36 (36): 420 - 426.

Vidar Ringstad, Knut Løyland. 2006. The demand for books estimated by means of consumer survey data [J]. Journal of Cultural Economics.